50 Aufgaben zur modernen Physik

Allgemeine Relativitätstheorie

Quantenphysik

Kernphysik

Vorwort:

Der Autor will in seiner Abhandlung über die moderne Physik die Teilbereiche „Allgemeine Relativitätstheorie; Quantenphysik; Quantenmechanik und Kernphysik" behandeln. In dem vorliegenden Buch werden diese durch Einstein (ART), Planck (Quantenphysik), Heisenberg (Quantenmechanik), sowie die Koryphäen der Kernphysik revolutionierende Theorien näher beschrieben. In anschaulichen Beispielen kann der Leser diese wichtigen und bahnbrechenden Entdeckungen der modernen Physik anhand von Beispielen ergründen.

Zweifellos hat Einstein mit der Relativitätstheorie eine neue Zeitgeschichte der theoretischen Physik eingeläutet. Das Gravitationsgesetz – mit dem Newton die die Anziehung schwerer Massen postulierte – hat Albert Einstein neu geschrieben. Die Newtonschen Berechnungen haben bis heute ihre Richtigkeit, doch erst Einstein gelang es, die Gravitation absolut genau zu beschreiben.

Der große Physiker hat mit seiner Allgemeinen Relativitätstheorie die Raum-Zeit-Krümmung als Grund für die Korrespondenz schwerer Massen, also deren „Anziehung" neu formuliert. Der Durchbruch der Bestätigung dieser Theorie war ein Experiment. Edison gelang es die Ablenkung eines Lichtstrahls an der Sonne zu messen. Ab nun an war Einstein in aller Munde. „Alles ist relativ" – diese Worte wurden zum Gesprächsthema Nummer eins in der gehobenen Gesellschaft. Heute gilt seine Theorie als anerkannt. Dutzende Male hat man sie bestätigt!

Doch die ART ist nicht nur ein Konstrukt von komplizierten Formeln; sie hat auch für den Nichtphysiker ihre Relevanz – es sei nur das GPS-System genannt. Was Einstein zunächst nur in Ableitungen beschrieben hat (Gravitationswellen, Schwarze Löcher) hat die experimentelle Physik erst jüngst bewiesen. Gravitationswellen, die den Raum mit Lichtgeschwindigkeit durchlaufen, hat man mit einer Apparatur auf der Erde nachgewiesen, ja sogar sichtbar gemacht.

Der große Astrophysiker Stephen Hawkins hat sich in seiner Arbeit mit den Schwarzen Löchern auseinandergesetzt. Heute weiß man; wenn die Masse in den Ereignishorizont eintritt, dann wird sie „spaghettisiert , d.h. sie wird durch die große Gravitation auseinandergerissen. Wenn dies geschieht, entsteht Röntgen-Strahlung. Hawkins berechnete die Lebensdauer eines massereichen Schwarzen Loches auf 10^{64} Jahre. Der Stand der Dinge ist, dass in jedem Zentrum jeglicher Galaxie ein Schwarzes Loch existiert. Eine große Errungenschaft der experimentellen Physik war der Nachweis dieser Schwarzen Löcher: ja man hat sie sogar fotografiert.

Ein weiteres großes Gebiet der theoretischen Physik ist die Quantenphysik. Sie geht auf Max Planck zurück. Er wurde am 23. April 1858 in Kiel geboren und besuchte die Universitäten München und Berlin.

1885 wurde er als Professor für Physik an die Universität Kiel berufen und übte das gleiche Amt von 1888 bis 1928 an der Berliner Universität aus. 1899 postulierte Planck, dass Energie in kleinen, diskreten Einheiten abgestrahlt wird, die er als Quanten bezeichnete. Bei einer Weiterentwicklung dieser Theorie fand er eine universelle Naturkonstante, die als Planck'sches Wirkungsquantum bekannt wurde. Nach diesem Gesetz ist die Energie elektromagnetischer Strahlung gequantelt.

Plancks Entdeckungen, die später von anderen Wissenschaftlern bestätigt wurden, bildeten die Grundlagen für ein völlig neues Gebiet der Physik - die sog. Quantenphysik. Zu seinem 90. Geburtstag plante man eine große Feier, doch Planck starb einige Monate vorher am 4. Oktober 1947.

Eine wichtige Arbeit zur Quantenphysik leisteten unter anderem Wolfgang Pauli und Erwin Schrödinger.

Wolfgang Pauli, der schweizerisch-amerikanische Physiker österreichischer Herkunft (1900-1958), wurde durch die Definition des Ausschlussprinzips in der Quantenmechanik bekannt. Er wurde am 25. April 1900 in Wien geboren. Er studierte Physik bei Arnold Sommerfeld an der Universität München. 1921 schloss Pauli sein Studium erfolgreich mit der Promotion ab. Nach dem Pauli-Prinzip - auch Pauli Verbot genannt - kann ein durch drei Quantenzahlen (Haupt- Neben- und magnetische Quantenzahl) beschriebenes Atomorbital maximal von zwei Elektronen besetzt werden, wobei sich die Elektronen in ihren Spinquantenzahlen unterscheiden (+1/2 und - 1/2).

Mit anderen Worten ausgedrückt, kann ein Quantenzustand - beschrieben durch eine räumliche Wellenfunktion und eine Spinquantenzahl - von nur einem Teilchen (Elektron) besetzt werden. Seine Hypothese von 1931 zur Existenz des Neutrinos war ein grundlegender Beitrag zur Mesonentheorie. 1945 erhielt Pauli den Nobelpreis für Physik. Er starb am 15. Dezember 1958 in Zürich.

Erwin Schrödinger lebte von 1887 bis 1961. Er wurde weltbekannt durch seine mathematischen Studien zur Wellenmechanik. Schrödingers bedeutendster Beitrag zur Physik lag in der Entwicklung der nach ihm benannten Gleichung. Es handelt sich dabei um eine nichtrelativistische Bewegungsgleichung für ein quantenmechanisches System.

Neben der Quantenphysik gibt es ein weiteres wichtiges Gebiet der Physik – die Quantenmechanik. Werner Karl Heisenberg war einer der Begründer der Quantenmechanik. Er wurde am 5. Dezember 1901 in Würzburg geboren und studierte mathematische Physik, Mathematik und Astronomie an der Universität München. 1923 habilitierte er sich bei Max Born an der Universität Göppingen. Von 1924 bis 1927 hielt er sich zu Forschungszwecken bei dem dänischen Physiker Niels Bohr an der Universität Kopenhagen auf. Heisenberg, einer der bedeuteten theoretischen Physiker des 20. Jahrhundert, der die Physik und die Philosophie nachhaltig beeinflusste, leistete seine wichtigsten Beiträge zur Theorie der Atomstruktur. 1925 begann er mit der Entwicklung einer besonderen Form der Quantenmechanik.

Die darin enthaltene mathematische Formulierung basiert auf den Frequenzen und Amplituden der Strahlung, die das Atom absorbiert und emittiert, sowie auf den Energieniveaus des atomaren Systems. Heisenbergs Unschärfe-Relation spielt eine wichtige Rolle bei der Entwicklung der Mechanik und übte großen Einfluss auf die moderne Philosophie aus, da das von ihm formulierte Prinzip den klassischen Determinismus in Frage stellte. Ein weiteres interessantes Gebiet der Physik ist die Kernphysik.

Nachdem Becquerel Uranmineralien in einem dunklen Raum auf eine Fotoplatte gelegt hatte, bemerkte er, dass die Platte eingeschwärzt worden war. Dies war ein Beweis dafür, dass Uran Energie abstrahlt. Später bezeichnete man diese unbekannte Strahlung als Radioaktivität. Becquerel wies nach, dass die Radioaktivität Stoffe in allen Aggregatzuständen durchdringt. Ferner entdeckte er in der Strahlung Elektronen, also die später sog. Betastrahlung. Marie Curie war die Erste, die den Begriff radioaktiv zur Beschreibung von Elementen verwendete, die bei der Spaltung ihrer Atomkerne Strahlung abgeben. Pierre Curie beendete seine eigene Arbeit zum Magnetismus, um sich an der Forschung seiner Ehefrau zu beteiligen; 1898 gaben die Curies dann die Entdeckung zweier neuer Elemente bekannt: Polonium (von Marie zu Ehren Polens so genannt) und Radium. Man sagt, dass sowohl Marie als auch ihr Mann Pierre Curie praktisch in den radioaktiven Strahlungen lebten - selbst ihr Kochbuch strahlte noch viele Jahre nach ihrem Tode.

Schließlich starb sie dann am 4. Juli 1934. Die Curies hatten zwei Töchter, von denen eine ebenfalls Nobelpreisträgerin wurde: Irene Joloit- Curie und ihr Ehemann Frederic erhielten 1935 den Nobelpreis für Chemie für die Synthese neuer radioaktiver Elemente.
Ernest Rutherford: Im Jahr 1919 führte er ein wichtiges kernphysikalisches Experiment durch. Durch den Beschuss von Stickstoff mit Alphastrahlen wurden die Atome eines Sauerstoffisotops sowie Protonen freigelegt. Mit dieser Umwandlung von Stickstoff in Sauerstoff war die erste künstliche Kernreaktion vollzogen. Sie forderte die intensive Forschung späterer Wissenschaftler heraus. Die Theorie, die Rutherford und der britische Physiker Frederick Soddy über die Radioaktivität entwickelten, wird von Wissenschaftlern heute noch akzeptiert.
Niels Bohr: In Cambridge traf Bohr mit Rutherford zusammen, der einen solchen Eindruck auf ihn machte, dass er im November 1911 nach Manchester ging, um an einem experimentellen Kurs über radioaktive Messungen teilzunehmen.
Während er auf die Ankunft auf die radioaktive Quelle wartete, arbeitete er zunächst an einem Thema, das in Rutherford Labor gerade Mode war: am Durchgang von Alpha-Teilchen durch Materie.
Enrico Fermi: Er entwickelte auch eine Theorie des Beta-Zerfalls und forschte ab 1934 an der Erzeugung künstlicher Radioaktivität, indem er Elemente mit Neutronen beschoss. Für letztere Arbeit wurde Fermi 1938 der Nobelpreis für Physik verliehen.

Er zündete im Dezember 1942 an der University of Chicago die erste kontrollierte Kernspaltungskettenreaktion und arbeitete bis zum Ende des 2. Weltkriegs in Los Alamos an der Atombombe mit. Später widersetzte er sich der Entwicklung der Wasserstoffbombe.

Nach dem Krieg (1946) wurde Fermi Professor für Physik und Direktor des neu eröffneten Institute of Nuclear Studies an der Universität of Chicago. Wie schon in Rom, so kamen auch jetzt Studierende aus aller Welt, um bei ihm zu lernen. Er starb am 28. November 1954 in Chicago. Der Enrico-Fermi-Preis wird jährlich für besondere Leistungen in der Kernforschung verliehen.

Schlussendlich gelang es Otto Hahn eine Kernreaktion zu vollbringen. 1917 entdeckte er mit dem österreichischen Physikerin Lise Meitner das Element Protactinium. Gemeinsam mit seinen Mitarbeitern Meitner und dem Chemiker Fritz Strassmann setzte Hahn die Forschungsarbeiten fort, die der italienische Physiker Enrico Fermi durch den Beschuss von Uran mit Neutronen begonnen hatte. Bis 1939 glaubten die Wissenschaftler, dass die Elemente mit Ordnungszahlen größer als 92 - die sog. Transurane - entstehen, wenn man Uranatome verwendet.

Aufgabe (1):

Newton hat mit seinen Prinzipien der Menschheit eine große Erkenntnis vermacht, nämlich das Gravitationsgesetz. Er fand heraus, dass die Körper neben der Trägheit noch eine weitere universelle Eigenschaft besitzen: sie üben eine Schwerkraft, auch Gravitation genannt, aufeinander aus, deren Ursache die schwere Masse der Körper ist. Die von einem Körper hervorgerufene Schwerkraft ist der schweren Masse des Körpers proportional. Für zwei getrennte Massenpunkte mit den schweren Massen m (s) und M (s), die sich im Abstand r voneinander befinden, hat die Schwerkraft den Betrag

$$G = y_N \ \frac{m(s)\ M(s)}{4\pi\ r^{\underline{2}}}$$

d.h. sie nimmt mit dem Quadrat der Entfernung der Körper voneinander ab.

Im Gedankenexperiment soll die Schwerkraft berechnet werden, welche die Sonne auf die Erde auswirkt. Dazu gilt:

m (s) Erde = 6,0 10 ^{24} kg

M (s) =Sonne 1,993   10 ^{30} kg

Der Abstand von der Erde zur Sonne ist r = 149, 6 10 ^{6} km

Es gilt:

$$G = y_N \ \frac{m(s)\ M(s)}{4\pi\ r^{\underline{2}}}$$

r = 149,6 10 ^{6} km = 149, 6 10 ^{6} km 10 ^{4} cm.

m (s) Erde: 6,0 19 ^{24} kg = 6,0 19 ^{24} kg 1000 g = 6,0 10 ^{27} g.

M (s) Sonne: 1,993 10 ^{30} kg = 1,993   10 ^{30} kg 1000 g = 1,993 10 ^{33} g.

$$G = 6{,}67 \cdot 10^{-8} \text{ cm}^3 / \text{g s}^2 \ \frac{6{,}0 \cdot 10^{27} \text{ g} \cdot 1{,}993 \cdot 10^{33} \text{ g}}{4\pi \left(1{,}469 \cdot 10^{12}\right)^2 \text{ cm}^2}$$

$$= 6{,}67 \cdot 10^{-8} \ \frac{1{,}1658 \cdot 10^{61}}{2{,}81237385 \cdot 10^{25}} \text{ cm} / \text{s}^2$$

$$= 6{,}67 \cdot 10^{-8} \cdot 4{,}14 \cdot 10^{35} \text{ cm} / \text{s}^2$$

$$= 2{,}76 \cdot 10^{28} \text{ cm} / \text{s}^2 = 2{,}76 \cdot 10^{28} \cdot 0{,}01 \text{ m} / \text{s}^2$$
$$= 2{,}76 \cdot 10^{26} \text{ m} / \text{s}^2$$

Aufgabe (2):
Leiten Sie die Formel

$$G = y_N \frac{m(s)\, M(s)}{4\pi\, r^3}\, r \quad \text{mit folgender Beziehung her!}$$

$$a = y_N \frac{m(s)}{m_T} \frac{M(s)}{4\pi\, r^3}\, r$$

Es gilt:

$$m_T\, a = y_N \frac{m(s)}{m_T} \frac{M(s)}{4\pi\, r^3}\, r$$

Für m_T gilt:

$$F = y_N \frac{m_T}{r^3}\, r$$

$$m_T = F / G\, r^2$$

$$a = y_N \frac{m(s)}{\frac{F}{G} r^2} \frac{M(s)}{4\pi\, r^3}\, r = y_N \frac{m(s)\, G}{F\, r^2} \frac{M(s)}{4\pi\, r^3}\, r = y_N$$

$$\frac{m(s\, G)}{G\, r^2} \frac{M(s)}{4\pi\, r^3}\, r$$

$$= y \, \text{N} \, \frac{m\,(s)}{r^{\underline{2}}} \, \frac{M\,(s)}{4\,\pi\,r^{\underline{3}}} \, r \;\; = \;\; y \, \text{N} \frac{m\,(s)\,M\,(s)}{4\,\pi\,r^{\underline{3}}} \, r$$

$$F = m_\text{T} \, G \, r^2$$

Aufgabe (3):

Berechnen Sie die Schwerkraft der Erde.

$$a = y \, \text{N} \, \frac{m\,(s)}{m\,\text{T}} \, \frac{M\,(s)}{4\,\pi\,r^{\underline{3}}} \, r$$

Mit $\dfrac{m\,(s)}{m\,T} = 1$ **folgt** $a = 4\,\pi \;\; 6{,}67 \times 10^{-8} \; \text{cm}^3 \,/\, \text{g s}^2 \; \dfrac{M\,(s)}{4\,\pi\,r^{\underline{3}}} \, r$

$$a = 6{,}67 \; 10^{-8} \; \text{cm}^3 \,/\, \text{g s}^2 \; \frac{M\,(s)}{r^{\underline{2}}}$$

$$a = 6{,}67 \; 10^{-8} \; \text{cm}^3 \,/\, \text{g s}^2 \; \frac{6{,}0 \;\; 10^{\underline{24}} \, 1000 g}{\left(6378 \;\; 10^{\underline{5}} km \right)^{\underline{2}}} = 6{,}67 \; 10^{-8} \; \text{cm}^3 \,/\, \text{g s}^2$$

$$1{,}4749667 \times 10^{10} \; \text{cm} \,/\, s^2$$

$$a = 983{,}8028 \; \text{cm} \,/\, s^2 = 983{,}8028 \; \frac{0{,}01\,m}{s^{\underline{2}}}$$

$$a = 9{,}838028 \; \text{m} \,/\, s^2$$

Aufgabe (4): (1)

Das Michelson-Interferometer:
**Dieses Experiment ist fest mit der Erde verbunden. Es
weist also eine Relativbewegung gegen den Weltäther auf,
dessen Existenz wir bei der Konzipierung dieses Versuches
voraussetzen wollen, um ihn auf diese Weise ad absurdum
zu führen.**

Als Analogie zur Erde wird durch das Interferometer, eine kurze Zeit als den näherungsweise geradlinig angenommen Weg um die Sonne durch den Weltäther beschrieben. Sie rast dahin und so kann man sich ein auf der Erde fahrendes Auto vorstellen, das eine Relativbewegung gegenüber der Luft besitzt. Aus der Lichtquelle L kommend, trifft nun ein Lichtstrahl unter einem Winkel von 45 ° auf die einseitig leicht versilberte planparallele Glasplatte P. Ein Teilstrahl gelangt durch Reflexion nach Durchquerung der Glasplatte P`, die von derselben Art wie die Glasplatte P sei und dazu parallel stehen soll, auf den Planspiegel S 1, wird dort reflektiert und dringt nach Durchquerung von P `und P in das Fernrohr F ein. Der zweite Teilstrahl wird an der Glasplatte P gebrochen, trifft auf den Planspiegel S 2, wird reflektiert, durchdringt P bis zur Stelle 0, wird reflektiert und gelangt ebenfalls in das Fernrohr F. In 0 kommen die beiden Teilstrahlen zur Interferenz und da ihre Lichtwege verschieden sind, wirkt sich die Reflexion des einen Teilstrahls an S 2 so aus, als wäre er an dem gedachten Planspiegel S `1 reflektiert worden, so dass wir uns ersatzweise eine Interferenz der an S 1 und S `1 reflektierten Lichtstrahlen vorstellen können. Die Hilfsplatte P` wurde dabei deshalb eingeführt, damit beide Teilstrahlen dreimal das Glas durchqueren, also eine Phasenverschiebung infolge einer unsymmetrischen Durchquerung des Glases vermieden wird. Im Fernrohr werden dann die Interferenzstreifen ausgewertet.

a) Auf der Basis dieser Versuchsanordnung soll nun die Laufzeitdifferenz der beiden Strahlen in Abhängigkeit von der vermeintlichen Relativgeschwindigkeit v = 0,634 c gegen den Äther ermittelt werden. L1 und L2 sind dabei die Armlängen des Interferometers; Es soll gelten: L1 = 1m,25 Meter; L2 = 0,86 Meter.

b) Als nächstes wird nun die gesamte Apparatur um 90 ° gegen den Uhrzeigersinn gedreht. Diese Drehung ist deshalb nötig, um eine Bezugsmessung auszuführen zu können, da man die Erde nicht stillstehen lassen kann. Wir brauchen jetzt nicht alle Überlegungen noch einmal vom Anfang an durchzugehen, sondern sehen, dass diese Drehung lediglich bedeutet, dass die beiden Spiegel S 1 und S 2 ihre Funktion vertauschen. Berechnen Sie nun die „gedrehte" Laufzeitdifferenz.

c) Bildet man nun die Differenz dieser beiden Laufzeiten, rechnet diese in die korrespondierende Phasendifferenz und diese weiter in die Linienverschiebung in Streifenbreiten um, so findet man für v / c 1, d.h. für Relativgeschwindigkeiten, die gegenüber der Lichtgeschwindigkeit sehr klein sind, bei etwaiger Gleichheit der Interferometer Arme (l1 = l2 = l) den Ausdruck

$$\Delta = \frac{2\,L}{Lamda}\; \frac{v^{\frac{2}{}}}{c^{\frac{2}{}}}$$

Berechnen Sie Delta t mit den Daten: v = 0,005 c und l = 1,5 Meter.

a) Es gilt:

$$(\Delta t)_I = \frac{2}{c}\left(\frac{l_1}{1-\frac{v^2}{c^2}} - \frac{l_2}{\sqrt{1-\frac{v^2}{c^2}}}\right)$$

$$= \frac{2}{c}\left(\frac{1{,}25\,m}{1-0{,}634^2} - \frac{0{,}86\,m}{\sqrt{1-0{,}634^2}}\right)$$

$$= \frac{2}{c}(2{,}09614 - 1{,}1120694) = \frac{2}{c}(0{,}9780) = 6{,}52\cdot10^{-6}\,s$$

b)

$$(\Delta t)_{II} = \frac{2}{c}\left(\sqrt{\frac{l_1}{1-\frac{v^2}{c^2}}} - \frac{l_2}{1-\frac{v^2}{c^2}}\right)$$

$$= \frac{2}{c}\left(\frac{1{,}25\,m}{\sqrt{1-0{,}634^2}} - \frac{0{,}86\,m}{1-0{,}634^2}\right) = \frac{2}{c}(1{,}61637 - 1{,}43802)$$

$$= \frac{2}{c}(0{,}1783) = 1{,}18905\cdot10^{-6}\,s$$

c)

$$\Delta = \frac{2L}{Lamda}\,\frac{v^2}{c^2}$$

$$= \frac{1{,}5\,m\cdot 2}{375\cdot10^{-9}\,m}\,\frac{0{,}005\,c^2}{c^2} = 8000000 \times 0{,}005 = 40\,000\,s$$

Aufgabe (5):

Längenkontraktion und relativistische Zeitdilatation
Die Lorentz -Transformation lautet:

$$x` = \frac{x - vt}{\sqrt{1 - \frac{v^2}{c^2}}} \qquad\qquad y` = y$$

$$t` = \frac{t - \frac{vx}{c^2}}{\sqrt{1 - \frac{v^2}{c^2}}} \qquad\qquad z` = z$$

Jetzt schreiben wir die Formeln der Lorentz-Transformation einmal für das Ende 1 (Anhängen des Index 1) und einmal für das Ende 2 (Anhängen des Index 2) auf und subtrahieren die Gleichungen. Das Resultat lautet:

$$x_2` - x`1 = \frac{(x2 - x1) - v\,(t2 - t12)}{\sqrt{1 - \frac{v^2}{c^2}}} \qquad\qquad (1)$$

$$y_2` - y_1` = y_2 - y_1 \qquad\qquad z`2 - z`1 = z_2 - z_1$$

$$t_2` - t_1` = \frac{(t2 - t1) - \frac{v}{c^2}(x2 - x1)}{\sqrt{1 - \frac{v^2}{c^2}}} \qquad\qquad (2)$$

Diese raumzeitlichen Relationen haben wir nun physikalisch sinnvoll zu interpretieren, wobei wir auf die festgehaltene Verknüpfung der beiden Inertialsysteme I und I `Bezug nehmen wollen.

An dieser Stelle kommt nun das zum Tragen, was wir früher allgemein über den Messprozess ausgesagt haben. Messen wir erst die Angabe der genauen Bedingungen des Messprozesses. So kommen wir zu einer eindeutigen Operation. Im Einzelnen gehen wir folgendermaßen vor: ein Stab möge in dem Inertialsystem I `ruhen und dort die Länge $L_0 = x_2' - x_1$ `besitzen. Die Messung soll so erfolgen, dass im Inertialsystem I, von dem aus betrachtet wird, sich der Stab mit der mit der Geschwindigkeit v vorbeibewegt, die Enden des Stabes gleichzeitig angestrahlt werden, d.h. $t_2 = t_1$. Bezeichnen wir die Länge des Stabes im Inertialsystem I mit $l = x_2 - x_1$, so folgt aus der Formel (1) sofort:

$$x_2' - x_1' = \frac{(x_2 - x_1) - v\,(t_2 - t_1)}{\sqrt{1 - \frac{v^2}{c^2}}} \quad \gg \quad l_0 = \frac{l - 0}{\sqrt{1 - \frac{v^2}{c^2}}} \quad \gg$$

$$l = l_0 \sqrt{1 - \frac{v^2}{c^2}} \tag{3}$$

Betrachten wir nun im Inertialsystem I eine feste Stelle ($x_2 = x_1$, von der im zeitlichen Intervall $T_0 = t_2 - t_1$ Signale ausgehen). Den zeitlichen Abstand dieser Signale registrieren wir sodann in dem vorbei bewegten Inertialsystem I `.

Gemäß Formel (1) müssen wir erkennen, dass für einen Beobachter in diesem Inertialsystem I`die Signale im Abstand

$$x2` - x1` = \frac{(x2-x1) - v\,(t2-t12)}{\sqrt{1-\frac{v^2}{c^2}}} = \frac{0 - v\,T0}{\sqrt{1-\frac{v^2}{c^2}}} = -\frac{v\,T0}{\sqrt{1-\frac{v^2}{c^2}}}$$

entfernt voneinander gelegene Punkten herkommen. Außerdem beträgt das Intervall $T = t`_2 - t`_1$ der Signale für einen solchen Beobachter gemäß Formel (2):

$$t`_2 - t`_1 = \frac{(t2-t1) - \frac{v}{c^2}(x2-x1)}{\sqrt{1-\frac{v^2}{c^2}}} \quad \gg \quad T = \frac{T0 - (\frac{v}{c^2}\,0)}{\sqrt{1-\frac{v^2}{c^2}}} \quad \gg$$

$$T = \frac{T0}{\sqrt{1-\frac{v^2}{c^2}}} \tag{4}$$

a) Berechnen Sie die relative Länge eines erdachten Raumschiffes, das sich mit der Geschwindigkeit von 0,8c im Raum bewegt. Die Ruhelänge soll

- 1000 Meter
- 200 000 Kilometer
- 6000 Meter

sein.

b) Ein Raumschiff fliegt mit der Geschwindigkeit von 0,945 c im Raum. Auf der Erde sind 20 Jahre vergangen. Wie viel Jahre sind an Bord vergangen.

a):

- $l = l_0 \sqrt{1 - \dfrac{v^2}{c^2}} = 1000 \text{ m} \sqrt{1 - 0,8c^2} = 600 \text{ m}$

- $l = l_0 \sqrt{1 - \dfrac{v^2}{c^2}} = 200\,000 \text{ km} \sqrt{1 - 0,8c^2}$
  $= 120\,000 \text{ km}$

- $l = l_0 \;\gg\; = 6000 \text{ m} \sqrt{1 - 0,8c^2} = 3600 \text{ m}$

b):

$$T = \frac{T0}{\sqrt{1 - \dfrac{v^2}{c^2}}} \;\gg\; T_0 = T_{Erde} \sqrt{1 - \dfrac{v^2}{c^2}} = 20 \text{ a}$$

$$\sqrt{1 - 0,945^2} = 6,54 \text{ Jahre}$$

Aufgabe 6:

Laut Einstein gilt, dass bei seinem Zugang zur Relativitätstheorie das Problem der Gleichzeitigkeit von Ereignissen an zwei Körpern, die sich relativ zueinander in Bewegung befinden, eine herausragende Rolle gespielt hat. Einstein hat mittels des Prinzips der Konstanz der Vakuum-Lichtgeschwindigkeit die Gleichzeitigkeit von Ereignissen gefasst. Seine Definition der Gleichzeitigkeit ist sehr beeindruckend.

Zwei Ereignisse an voneinander entfernten Orten sind gleichzeitig, wenn das zur Zeit der Ereignisse auesandte Licht sich in der Mitte der Verbindungsstrecke trifft.

In der vorigen Aufgabe 5 haben wir einen Einblick in das Phänomen der Zeitdilatation nehmen können.

Eng mit der Relativierung des Zeitintervalls ist die Relativierung der Gleichzeitigkeit verbunden. Das bedeutet, dass Ereignisse, die in einem Inertialsystem als gleichzeitig registriert werden, in einem dagegen bewegten Inertialsystem in einem zeitlichen Abstand auftreten. Mathematisch ist diese Gelegenheit außerordentlich leicht einzusehen. Zu diesem Zweck stellen wir uns im Inertialsystem I an der Stelle x_1 und x_2 ein gleichzeitiges Ereignis vor; ($t_1 = t_2$), das von vorbei bewegten Inertialsystem I` aus betrachtet werden soll. Gemäß der Formel (2) von Aufgabe 5 folgt sofort der nichtverschwindende Zeitabstand:

Es gilt:

$$t`_2 - t`_1 = -\ \frac{(t2-t1) - \frac{v}{c^2}(x2-x1)}{\sqrt{1 - \frac{v^2}{c^2}}}\ ; \text{ mit } t_1 = t_2 \text{ gilt:}$$

$$\Delta t` = t_2` - t_1` = \frac{u}{c^2 \sqrt{1 - \frac{v^2}{c^2}}}\ (x2-x1)$$

Es soll gelten: $x_1 = 50$ ms; $x_2 = 30$ ms; $v = 0,8$ c

$$\Delta t` = - \frac{0,8\,c}{c^2 \sqrt{1.-0,8\,c^2}} = - \frac{0,8}{c\,0,6}\,(-20\text{ ms}) = - \frac{1\frac{1}{3}}{c}\,(-20\text{ ms})$$

$$= -4\frac{4}{9}\,10^{-6}\,(-20\text{ ms}) = 8\frac{8}{9}\,10^{-5}\text{ ms} = 8,8 \times 10^{-5}\text{ ms}$$

Für den bewegten Beobachter, d.h. für diesen Beobachter liegen die Ereignisse hintereinander. Er registriert sie also nicht als gleichzeitig!
Anhand der Beispielaufgabe wird eine Welt Uhr mit einer absoluten Zeitangabe damit zur Illusion.

Aufgabe 7:

Schwarzschildlösung:

Im Rahmen der Newtonschen Gravitationstheorie hat das Gravitationspotential einer Kugel konstanter Massendichte sowohl für den statischen als auch für den rotierenden Fall im Vakuum-Außenraum die Gestalt:

$$\emptyset = - \frac{y\,N\,M}{4\,\pi\,r} \qquad (1)$$

(M Kugelmasse) und im Innenraum die Form:

$$\emptyset_i = \frac{3\,y\,N\,M}{8\,\pi\,R0}\left(1 - \frac{r^2}{3\,R0^2}\right) \qquad (2)$$

(R₀ Kugelradius). Die Angabe der Schwarzschildlösung erfolgt in der Regel nicht so, dass man alle Komponenten des metrischen Tensors g mn einzeln aufschreibt, sondern man gibt gleich die quadratische Form des Linienelements ds an. Für den Außenraum lautet dieser Ausdruck:

$$(ds)^2 = \frac{(dr)^2}{1-\frac{rg}{r}} + r^2((d\,\theta)^2 + \sin^2\theta\,(qp^2) - (2 - \frac{rg}{r})\,c2\,(dt)^2)) \quad (3)$$

Dabei sind r, θ, qp räumlichePolarkoordinanten, und t ist die sogenannte Koordinatenzeit. Die Konstante

$$r_g = \frac{xx\,Mc^2}{4\,\pi} \quad (4)$$

ist der Gravitationsradius (Schwarzschildradius). Verschwindet die Kugelmasse M, so wird auch der Gravitationsradius Null, und das Linienelement spezialisiert sich auf den Minkowski-Raum, beschrieben in Polarkoordinaten. Für den Innenraum, hat die Schwarzschildlösung die Gestalt:

$$(ds)^2 = \frac{(dx)^2}{1-\frac{r^2}{a^2}} + r^2(\,(d\,\theta^2) + \sin^2\theta\,(d\,qp)^2\,) - \frac{1}{a}$$

$$3\sqrt{1 - \frac{R0^2}{v^2}} - \sqrt{1 - \frac{t^2}{v^2}}\,c^2\,(dt)^2 \quad (5)$$

Dabei ist a ein durch den Kugelradius R_0 und den Gravitationsradius rg bestimmter Parameter:

$$a^2 = \frac{R0^{\,3}}{r\,g} \tag{6}$$

Für verschwindende Kugelmasse M wird a unendlich, so dass sich dann das Linienelement ebenfalls auf den Minkowski-Raum spezialisiert. Die Druckverteilung in der Kugel wird durch folgende Formel wiedergegeben:

$$qp = \frac{1}{xx\,a^2}\left(\frac{2\sqrt{1-\dfrac{r^2}{a^2}}}{3\sqrt{1-\dfrac{R_0^{\,2}}{a^2}}-\sqrt{1-\dfrac{r}{a^2}}}-1\right)$$

An der Kugeloberfläche ($r = R_0$) muss natürlich der Druck p verschwinden. Im Inneren der Kugel ist der Druckverlauf ziemlich kompliziert. Er kann sogar sein Vorzeichen wechseln, was für den Gravitationskollaps und die daran anschließende vermutliche Bildung der Schwarzen Löcher von prinzipieller Bedeutung ist. Wenn nun in der Einstein'schen Theorie die Raum-Zeit um den Zentralkörper Sonne gemäß der Schwarzschildlösung gekrümmt ist, so sind relativistische Korrektureffekte zur Newtonschen Physik zu erwarten.

Bereits 1915 hat Einstein die drei herausragenden Effekte berechnet, die als Einstein'sche Effekte in die die Literatur eingegangen sind: Perihel Drehung der Planeten, Lichtablenkung an der Sonne, Verschiebung der Spektrallinien des Lichtes auf dem Weg von der Sonne zur Erde.

a) Berechnen Sie die konstante Massendichte der Sonne für den Vakuum-Außenraum und den Innenraum.

b) Berechnen Sie die Druckverteilung der Sonne für $r = R_0$ und $r = R_0{}^{1,3}$

a):

$$\emptyset = -\frac{\mu n M}{4 \pi r} = \frac{-6{,}67 \ 10^{-8} \ cm^3 / gs^2 \ 1{,}993 \ 10^{30} \ 1000g}{4 \pi \ 636060 \ km} =$$

$$-\frac{1{,}32 \ 10^{26} \ cm^3 / s^2}{7992965{,}693 \ km} = -1{,}66 \ 10^{-19} \ cm^3 / km \ s^2$$

b)

$$\emptyset = -\frac{3 \mu n M}{8 \pi R0} \left(1 - \frac{r^2}{3 R0}\right) ; \ \text{mit } r = R_0$$

$$= \frac{-3 \times -6{,}67 \ 10^{-8} \ cm^3 / gs^2 \ 1{,}993 \ 10^{30} \ 1000g}{8 \pi \ 636060 \ km} \times (1 - 1/3)$$

$$= -\frac{3{,}987993 \ 10^{26}}{17998922} (1 - 1/3) = -2{,}228993476 \times 10^{19} \times \frac{2}{3}$$

$$= -1{,}5193 \times 10^{19} \ cm^3 / km \ s^2$$

Es gilt:

$$qp = \frac{1}{xx\, a^{\underline{2}}} \left(\frac{2\sqrt{1-\dfrac{r^{\underline{2}}}{a^{\underline{2}}}}}{3\sqrt{1-\dfrac{R_0{}^{\underline{2}}}{a^{\underline{2}}}} - \sqrt{1-\dfrac{r}{a^{\underline{2}}}}} - 1 \right)$$

Mit $a^2 = \dfrac{R_0{}^{\underline{3}}}{xx\, a^{\underline{2}}}$ **; rg = 2,9 km ; R_0= 696260 km ; r = R_0 folgt:**

$$xx = \frac{rg\, 4\pi}{M\, c^{\underline{2}}} = 6{,}07\, 10^{-35} \gg \frac{1}{qp\, a^{\underline{2}}} = 1{,}925451424 \times 10^{\,17}$$

$$qp = \frac{1}{xx\, a^{\underline{2}}} \left(\frac{2\sqrt{1-\dfrac{4{,}84 \times 10^{\underline{11}}}{1{,}16 \times 10^{\underline{17}}}}}{3\sqrt{1-\dfrac{4{,}84 \times 10^{\underline{11}}}{1{,}16 \times 10^{\underline{17}}}} - \sqrt{1-\dfrac{4{,}84 \times 10^{\underline{11}}}{1{,}16 \times 10^{\underline{17}}}}} - 1 \right)$$

$$= \frac{1}{xx\, a^{\underline{2}}} \left(\frac{2 \times 0{,}9999979138}{3 \times 0{,}9999979138 - 0{,}9999979138} - 1 \right) = \frac{1}{xx\, a^{\underline{2}}}$$

$$\left(\frac{1{,}999995828}{2 \times 2{,}999993741 - 0{,}9999979138} - 1 \right) = \frac{1}{xx\, a^{\underline{2}}} \left(\frac{1{,}999995828}{1{,}999995828} - 1 \right) = 0$$

$$qp = \frac{1}{xx\, a^{\underline{2}}} \left(\frac{2\sqrt{1-\dfrac{r^{\underline{2}}}{a^{\underline{2}}}}}{3\sqrt{1-\dfrac{R_0{}^{\underline{2}}}{a^{\underline{2}}}} - \sqrt{1-\dfrac{r}{a^{\underline{2}}}}} - 1 \right)$$

Mit $a^2 = \dfrac{R_0{}^{\underline{3}}}{xx\, a^{\underline{2}}}$ **; rg = 2,9 km; R_0= 696260 km; r = $R_0{}^{1{,}3}$**

folgt:

$$xx = \frac{rg\, 4\pi}{M\, c^2} = 6{,}07 \cdot 10^{-35} \;\gg\; \frac{1}{qp\, a^2} = 1{,}420212404 \times 10^{17}$$

$$qp = \frac{1}{xx\, a^2}\left(\frac{2\sqrt{1 - \dfrac{1{,}55 \times 10^{15}}{1{,}16 \times 10^{17}}}}{3\sqrt{1 - \dfrac{4{,}84 \times 10^{11}}{1{,}16 \times 10^{17}}} - \sqrt{1 - \dfrac{1{,}55 \times 10^{15}}{1{,}16 \times 10^{17}}}} - 1 \right)$$

$$= \frac{1}{xx\, a^2}\left(\frac{2 \times 0{,}993296479}{3 \times 0{,}9999979138 - 0{,}993296497} - 1 \right) = \frac{1}{xx\, a^2}\left(\frac{1{,}986592994}{2{,}006697244} - 1 \right)$$

$$= \frac{1}{xx\, a^2}(-0{,}01) = \frac{1}{6{,}07 \times 10^{-35} \times 1{,}16 \times 10^{17}}(,0{,}01) = 1{,}42 \times 10^{17}$$

$$= -1{,}42 \times 10^{15}$$

Aufgabe 8:

Hafele-Keating-Experiment:

In der speziellen Relativitätstheorie haben wir die speziell-relativistische Zeitdilatation kennengelernt. Auch in der Allgemeinen Relativitätstheorie gibt es als Folge der Rau-Zeit-Krümmung einen Zeiteffekt, den man sich ziemlich schnell anhand der Schwarzschildlösung verdeutlichen kann:

verbleiben wir in diesem Gravitationsfeld an einem festen Raumpunkt und beachten wir die -Beziehung

$$(ds)^2 = - c^2 \times (dt)^2$$

zwischen Linienelement und Eigenzeit, so resultiert

a) $(dt)^2 = (1 - \frac{rg}{r})(dt)^2$ b) $\frac{dt}{d\tau} \approx 1 + \frac{rg}{2r}$

zwischen der invarianten Eigenzeit und der Koordinatenzeit t. Da die Koordinatenzeit der Zeitablauf in großer Entfernung von gravierenden Massen entspricht, wird also der Zeitablauf einer Uhr im Gravitationsfeld, gegeben durch den Eigenzeitablauf, entsprechend der Zeitparametisierung der Uhr modifiziert, was durch die Formel (1) quantitativ zum Ausdruck gebracht wird. Dieser Tatbestand ist schon seit dem Jahre 1908 bekannt. An einem Experiment zum Nachweis sowohl der speziell-relativistischen Zeitdilatation als auch der Kleinheit beider Effekte lange Zeit gar nicht zu denken. Um die gravitative Zeitdilatation in Erdnähe abzuschätzen, setzen wir in die Formel (1) die für die Erde zuständigen Zahlenwerte ein:

rg = 0,9 cm (Gravitationsradius der Erde)
r = $6{,}37 \times 10$ cm (Erdradius)

Wir finden dann mittels (1) für die gravitative Zeitdilatation in Erdnähe den Zahlenwert: $\dfrac{dt}{d\tau} \approx 1 + 7{,}1 \times 10^{-10}$

Die speziell-relativistische Zeitdilatation errechnet sich aus der Formel näherungsweise zu: $\dfrac{T}{T0} = 1 + \dfrac{v^2}{2c^2}$

a) Errechnen Sie für einen Erdsatelliten mit der sogenannten 1. kosmischen Geschwindigkeit

- $v = 7{,}92$ km / s
- $v = 8{,}56$ km /s
- $v = 5{,}72$ km / s
- $v = 9{,}78$ km / s

  die Zeitdilatation.

b) Errechnen Sie die Zeitdilatation eines Flugzeugs, das sich mit

- $v = 300$ m/s
- $v = 467$ m/s
- $v = 678$ m/s
- $v = 431$ m/s

bewegt.

a) Es gilt $\dfrac{T}{T0} = 1 + \dfrac{v^2}{2c^2}$

$$\frac{T}{T0} = 1 + \frac{(7{,}92\frac{km}{s})^2}{2c^2} = 1 + 3{,}48 \times 10^{-10}$$

$$\frac{T}{T0} = 1 + \frac{(8{,}56\frac{km}{s})^2}{2c^2} = 1 + 4{,}07 \times 10^{-10}$$

28

$$\bullet \quad \frac{T}{T0} = 1 + \frac{(5{,}72\frac{km}{s})^2}{2\,c^2} = 1 + 1{,}81 \times 10^{-10}$$

$$\bullet \quad \frac{T}{T0} = 1 + \frac{(9{,}78\frac{km}{s})^2}{2\,c^2} = 1 + 5{,}32 \times 10^{-10}$$

b) Es gilt: $\dfrac{T}{T0} = 1 + \dfrac{v^2}{2\,c^2} = 1 + \dfrac{1}{2}\dfrac{v^2}{c^2}$

$$\bullet \quad \frac{T}{T0} = 1 + \frac{1}{2} \times \frac{(\frac{300m}{2})^2}{c^2} = 1 + \frac{1}{2} \times 10^{-12}$$

$$\bullet \quad \frac{T}{T0} = 1 + \frac{1}{2} \times \frac{(\frac{467}{2})^2}{c^2} = 1 + \frac{1}{2} \times 2{,}42 \times 10^{-12}$$

$$\bullet \quad \frac{T}{T0} = 1 + \frac{1}{2} \times \frac{(\frac{467}{2})^2}{c^2} = 1 + \frac{1}{2} \times 5{,}10 \times 10^{-12}$$

$$\bullet \quad \frac{T}{T0} = 1 + \frac{1}{2} \times \frac{(\frac{431}{2})^2}{c^2} = 1 + \frac{1}{2} \times 2{,}07 \times 10^{-12}$$

Aufgabe 10:

Shapiro-Experiment:

Der Fortschritt der Radartechnik ermöglicht es bekanntlich heute, elektromagnetische Radarsignale gezielt auf Himmelskörper unseres Sonnensystems zu senden und die Echos mittels Radioteleskope zu empfangen.

Aus den Laufzeiten kann man außerordentlich exakt die Entfernung der angestrahlten Himmelskörper errechnen, da die Vakuum-Lichtgeschwindigkeit sehr genau bekannt ist. Die dabei zugrunde gelegten Rechnungen basieren in der Regel auf der Euklidischen Geometrie, lassen also die Krümmung der Raum-Zeit in unserm Sonnensystem außer Acht.

Dass unsere Sonne wegen ihrer großen Masse die Raum-Zeit-Geometrie in ihrer Umgebung so modifiziert, dass messbare relativistische Effekte auftreten, ist an der Perihel Drehung der Planeten sowie die Lichtablenkung und Frequenzverschiebung durch die Sonne zu erkennen. Wie gemäß der Schwarzschildlösung der Zeitablauf in der Umgebung eines Zentralkörpers verändert wird, ist bekannt. Deshalb ist es sofort einleuchtend, dass die Laufzeit elektromagnetischer Wellen zwischen zwei Raumpunkten verschieden sein wird, wenn in einem Fall keine gravitierende Masse in der Nähe ist (Euklidische Geometrie) und im anderen Fall der Einfluss der Gravitation einer Masse erkennbar wird (Riemannsche Geometrie). Es ist I. I. Shapiro zu verdanken, im Jahre 1964 darauf aufmerksam gemacht zu haben, dass die Präzision von Radarecho-Experimenten so weit gediehen ist, dass ein Experiment der angedeuteten Art zur Überprüfung der Einstein'schen Gravitationstheorie gemacht werden könnte. Unter Shapiros Leitung wurden inzwischen mehrerer solcher Laufzeitexperimente durchgeführt, wobei das von der Erde ausgesandte Radarsignal von dem abgestrahlten Himmelskörper reflektiert wird.

Bei kontinuierlicher Registrierung der Laufzeit muss sich eine Abhängigkeit der Laufzeit von der Stellung der Sonne zur Erde und zum angestrahlten Planeten ergeben. Quantitativ ist die Laufzeitdifferenz Delta t zwischen den beiden geometrischen Situationen folgendermaßen bestimmt:

$$\Delta t = \frac{2\,rg}{c} \; \ln \left(\frac{rl+rp+R}{rl+rp-R} \right)$$

Dabei ist:

rg : Gravitationsradius der Sonne

re : Entfernung zwischen Sonne und Erde

rp : Entfernung zwischen Sonne und Planet(

R : Entfernung zwischen Erde und Planet

Die ersten Radio-Echo-Experimente mit Venus und später auch mit Merkur wurden 1967 mit einer Radarfrequenz von 7840 MHz durchgeführt. Im Jahre 1970 dienten dann Mariner 6 und 7 als Reflektoren. Die folgenden Zahlenwerte vermitteln einen Eindruck von der Bestätigung der Einstein'schen Gravitationstheorie:

$$\left(\frac{\Delta t\,exp.}{\Delta t\;the} \right) \text{Planet} = 1,02 \pm 0,05 \left(\frac{\Delta t\,exp.}{\Delta t\;the} \right) \text{Satelit}$$
$$= 1,00 \pm 0,04$$

Aus verständlichen Gründen eignen sich Satelliten von der Präzisierung ihrer Reflektoren her gesehen, für derartige Experimente besonders gut.

Leider tritt eine Vielzahl von Nebeneffekten auf, die als Störfaktoren fast unüberwindbare Schwierigkeiten bereiten. Herausragend sind dabei vor allem der Lichtdruck der Sonnenstrahlung und der Sonnenwind. Beide Einflüsse wirken sich besonders dann aus, wenn der Satellit in große Sonnennähe kommt.

An dieser Annäherung ist man aber andererseits gerade sehr interessiert, um die relativistischen Effekte zu vergrößern. Die Radar-Echo-Methode spielt auch bei der Untersuchung der Perihel Drehung von Sonnensatelliten eine große Rolle. Insbesondere denkt man dabei an Satelliten mit großer Exzentrizität. Das Radarecho braucht man, um durch Entfernungsmessungen die Bahnelemente der Satelliten genau bestimmen zu können. Mit der Erforschung von Sonnensatelliten befasst sich vor allem das Helios-Programm.

a) Berechnen Sie Delta t für Venus

b) Merkur

c) Jupiter

a):

$$\Delta t = \frac{2\,rg}{c}\ \ln\left(\frac{rl+rp+R}{rl+rp-R}\right)$$

$$= \frac{2 \times 2{,}9\ km}{c} \times$$

$$\ln\left(\frac{1{,}496 \times 10^{\frac{8}{-}}\ km + 1{,}082 \times 10^{\frac{8}{-}}\ km + 414\,0000\,km}{1{,}496 \times 10^{\frac{8}{-}}km + 1{,}082 \times 10^{\frac{8}{-}} - 41400000\ km}\right)$$

$$= \frac{2 \times 2{,}9\ km}{c} \times \ln\left(\frac{2{,}992 \times 10^{\frac{8}{-}}}{2{,}164 \times 10^{\frac{8}{-}}}\right) = \frac{5{,}8\ km}{300\,000\frac{km}{s}} \times$$

0,3239836991

$$= 1{,}933333 \times 10^{-5} \times 0{,}3239836991 = 6{,}26 \times 10^{-6}\,\text{s}$$

b):

$$\Delta t = \frac{2\,rg}{c}\; \ln\left(\frac{rl+rp+R}{rl+rp-R}\right) = \frac{2 \times 2{,}9\,km}{c} \times$$

$$\ln\left(\frac{1{,}496 \times 10^{8}\,km + 57900000\,km + 91700000\,km}{1{,}496 \times 10^{8}\,km + 57900000\,km - 91700000\,km}\right)$$

$$= \frac{2 \times 2{,}9\,km}{c} \times \ln\left(\frac{2{,}992 \times 10^{8}}{1{,}158 \times 10^{8}}\right) = 1{,}933333 \times 10^{-5} \times$$

$$0{,}9492476 = 1{,}83 \times 10^{-5}\,\text{s}$$

c):

$$\Delta t = \frac{2\,rg}{c}\; \ln\left(\frac{rl+rp+R}{r\bar{l}+rp-\bar{R}}\right) = \frac{2 \times 2{,}9\,km}{c} \times$$

$$\ln\left(\frac{1{,}496 \times 10^{8}\,km + 7{,}784 \times 10^{8}\,km + 6{,}286 \times 10^{8}\,km}{1{,}496 \times 10^{8}\,km + 7{,}784 \times 10^{8}\,km - 6{,}286 \times 10^{8}\,km}\right)$$

$$= \frac{5{,}8\,km}{300\,000\,km/s}\; \ln\left(\frac{1{,}5566 \times 10^{9}\,km}{2{,}994 \times 10^{8}\,km}\right) = 1{,}933333 \times 10^{-5}$$

$$\times 1{,}6989788 = 3{,}18 \times 10^{-5}$$

Aufgabe 11

Gravitationswellen:

Existieren in der Natur Gravitationswellen? Gibt es die Gravitation als die Quanten der Gravitationstheorie? Was sagt die Einstein'sche Gravitationstheorie zur Existenz der Gravitationswellen?

Mit welchen Apparaturen kann man eigentlich Gravitationswellen nachweisen? Können Gravitationswellen eine ähnlich große rechnerische Bedeutung wie die elektromagnetischen Wellen erlangen? Das sind wohl die wichtigsten Fragen, die dem Relativitätstheoretiker zu den Gravitationswellen immer wieder gestellt werden.

Durch die Aufstellung der Maxwell-Gleichungen des Elektromagnetismus im Jahre 1864 war auch die Existenz der elektromagnetischen Wellen theoretisch vorausgesagt. Der experimentelle Nachweis der elektromagnetischen Wellen gelang Heinrich Herz 1888. Wie tief diese Entdeckung unser tägliches Leben umgestaltet hat, wird oft vergessen. (Rundfunk, Fernsehen, Kurzwellen-Therapie, Wärmestrahlung, optische Geräte, Röntgenstrahlung, Gammastrahlen und ähnliches).

Die Newtonsche Gravitationstheorie ist nur auf statische oder stationäre Probleme anwendbar. Sie enthält damit keine Aussagen über Gravitationswellen. Die Situationen in der Einstein'schen Gravitationstheorie davon grundverschieden, denn diese Theorie ist auch für schnell veränderliche Massenbewegung gültig, die die Voraussetzung zur Entstehung freier Gravitationswellen bilden. Der beachtliche Forschungsaufwand, der heutzutage auf theoretischem und experimentellem Gebiet bei dem Gravitationswellen-Projekt betrieben wird, wäre mit einem Schlag auf einen Bruchteil zu reduzieren, wenn es gelänge, eine strenge mathematische Wellenlösung der Einstein-Gleichung für eine räumlich nur endlich weit ausgedehnte - inselförmige - , zeitlich aber schnell veränderliche Massenverteilung zu finden.

Welche mathematischen Schwierigkeiten sich einem solchen Unternehmen bisher in den Weg stellten, ist zweifellos schwierig. Zwar gibt es einige strenge Wellenlösungen der Einstein-Gleichungen, z.B.: *Ebene Wellen von h. W. Brinkman (1925) Zylindrische Wellen von Albert Einstein und N. Rosen (1937).*

Aber einer realen physikalischen Situation entsprechend im Unterschied zu diesen beiden Wellenarten, deren Quellen unendlich ausgedehnt und deshalb wegen der kosmologischen Konsequenzen unbrauchbar sind, gibt es nur sphärische Wellentypen (Kugelwellen). Eine große theoretische Bedeutung besitzt in diesem Zusammenhang das Birkhoff-Theorem, das folgendes konstatiert: Das Gravitationsfeld einer kugelsymmetrischen, zeitabhängigen (z.B. Pulsationen) Quellenverteilung ist außerhalb der Quelle statisch, und zwar genau identisch mit dem Gravitationsfeld der äußeren Schwarzschildlösung. Demnach kann nur dann in großer Entfernung die Quelle einer Kugelwelle vorliegen, wenn die Symmetrie der Quelle gestört ist. Eine Störung ruft aber dann gerade diese immensen mathematischen Schwierigkeiten hervor.

Der Besitz einer strengen sphärischen Gravitationswellen-Lösung mit den zu fordernden physikalischen Eigenschaften würde sofort ganz entscheidende theoretische Schlussfolgerungen bei bisher offenen Grundsatzproblemen induzieren.

Es gibt zwei:

Strahlt eine frei rotierende Flüssigkeit, die in großer Entfernung von gravitierenden Massen näherungsweise die Form eines Rotationsellipsoids besitzt (von den komplizierten Jacobi-Ellipsoiden sehen wir ab), so lange Gravitationswellen ab, bis sie Kugelgestalt annimmt (Schwarzschildlösung) und damit ein statischer Körper wird? Oder ist die stabile stationäre Rotation einer solchen Flüssigkeit eine strenge Lösung der Einstein-Gleichungen? Bekanntlich ist das Zweikörperproblem der Newtonschen Gravitationstheorie auf das Einkörner-Problem (Kepler-Problem) zurückführbar und damit streng lösbar. Das Dreikörperproblem der Newtonschen Gravitationstheorie ist nicht geschlossen beherrschbar. Leider konnte bis heute im Rahmen der Einstein'schen Gravitationstheorie selbst das Zweikörperproblem nicht streng gelöst werden. Deshalb lässt sich bisher nicht schlüssig sagen, ob zwei umeinander rotierende Massen, z.B.: isoliert gedachtes Erd-Mond-Problem, ein stabiles stationäres Problem repräsentieren oder Gravitationswellen aussenden und dabei aufeinander stürzen oder voneinander entwichen. Die eben charakterisierte mathematische Situation zwang nun die Theoretiker sehr frühzeitig, die Einstein'schen nichtlinearen Gravitations-Feldgleichungen zu linearisieren, also in ein mathematisch leichter zugängliches lineares partielles Differentialgleichungs-System zu überführen. Voraussetzung für diesen Schritt ist aber, dass das Gravitationsfeld relativ schwach ist.

Dabei muss aber die Zeitabhängigkeit des Feldes so gut erfasst werden, dass kein Rückfall auf die Newtonsche Gravitationstheorie erfolgt. Die Linearisierung der Theorie ist insbesondere Einstein und Eddington zu verdanken. Die entscheidenden physikalischen Ergebnisse dieser Arbeiten sind folgende:

Es existieren drei verschieden Arten von Gravitationswellen:

Transversal-Transversal-Wellen, die sich mit Vakuum-Lichtgeschwindigkeit ausbreiten und Energie transportieren können.

Transversal-Longitudinal-Wellen.

Longitudinal-Longitudinal-Wellen.

Die beiden zuletzt genannten Arten haben keine physikalische Bedeutung, da sie sich bei geeigneter Koordinatenwahl zum Verschwinden bringen lassen. Sie heißen deshalb Pseudowellen.

Es existiert im Unterschied zu den elektromagnetischen Wellen eine gravitative Dipolstrahlung. Die Multipolstrahlungstypen beginnen mit der gravitativen Quadrupol- Strahlung.

Einstein und Eddington fanden für die Intensität der gravitativen Quadrupol Strahlung die Formel:

$$Q = \frac{x}{8\pi \times 45\,c} \sum_{a,b=1}^{3} \frac{d\frac{3}{} D\,ab}{d\,t\frac{3}{}} \times \frac{d\frac{3}{} D\,ab}{d\,t\frac{3}{}} \qquad (1)$$

Die Richtigkeit dieser Gleichung, insbesondere auch der Vorfaktor der rechten Seite, ist vor einiger Zeit von J. Ehlers, A. Rosenblum, J.N. Goldberg und P Havas angezweifelt worden. Diese Strahlungsformel ist auf Massensysteme verschiedener Gestalt angewandt worden. Folgendes Beispiel sei ohne Berücksichtigung des genauen zahlenmäßigen Vorfaktors angegeben: Ein homogener Stab der Masse m, dessen Länge L viel größer als sein Durchmesser ist und der mit der Kreisfrequenz um eine durch seine Mitte senkrecht zum Stab gelegte Achse rotiert, besitzt die gravitative Quadrupol-Strahlungsidentität:

$$Q_{Stab} \approx \frac{x\, m^2\, L^4\, Ohm^6}{8\,\pi \times 45\, c} \tag{2}$$

Ein gravitatives Zweiköpersystem (Kepler-System), bestehend aus einer Zentralmasse M und einer im Abstand a mit der Kreisfrequenz ω umlaufende Masse m strahlt gravitative Quadrupol Strahlung der Intensität:

$$Q_{Kugel} \approx \frac{x\, m^2\, a^4\, Ohm^6}{8\,\pi \times 45\, c} \tag{3}$$

ab. Dabei trägt die Zentralmasse praktisch nicht zum Massen-Quadrupol- Element bei, während für den umlaufenden Körper D abgesetzt werden kann. Diese beiden Resultate sind das Ergebnis der formalen Anwendung der Allgemeinen Formel (1).

Wir möchten aber bei dieser Gelegenheit darauf hinweisen, dass etliche Theoretiker ernste Zweifel hegen, ob - im Unterschied zu einem System mit einer von außen erzwungenen Bewegung - ein nur der gravitativen Wechselwirkung unterworfenes System überhaupt Gravitationsstrahlung aussendet. (Z.B.: Kepler-System).

Der experimentelle Nachweis der Gravitationswellen hängt natürlich in erster Linie von deren Strahlungsintensität ab. Gehen wir davon aus, dass die Formel (1) für die Intensität der gravitativen Quadrupol Strahlung mindestens der dafür bestimmten Größenordnung übereinstimmt, so ersieht man aus dem außerordentlichen kleinen Vorfaktor der rechten Seite (Einstein'sche Gravitationskonstante im Zähler, Vakuum-Lichtgeschwindigkeit im Nenner), dass die Strahlungsleistung unter der Schnelligkeit der zeitlichen Veränderungen und somit auf die Vergrößerung der in das Quadrupol- Element eingeht. So kommt man darauf, eingehenden Massen verstärken den zu erwartenden Effekt. Heute gibt es den Nachweis der Gravitationswellen. Es ist der experimentellen Physik zu verdanken, dass die Strahlung nachweisbar ist, ja man hat sie sogar „sichtbar" gemacht. Der Nachweis der Gravitationsstrahlung wurde dadurch möglich, dass zwei Galaxien sich zu einer „Super-Galaxie" zusammenschlossen. Hierbei vereinigten sich die zwei Schwarzen-Löcher zu einem massenreichen „Super-Schwarzen-Loch". Dabei entstanden die Gravitationswellen, die dann den Raum mit Vakuum-Lichtgeschwindigkeit durchlaufen. Mit einer aufwendigen Apparatur hat man nun dieses Phänomen sichtbar gemacht. Was nun Einstein berechnet hat, und was lange Zeit als Konstrukt der theoretischen Physik galt, kann man heute experimentell nachweisen. Der große Physiker Einstein würde sich über diesen Erfolg heute wohl sehr freuen!

Dieser bahnbrechende Erfolg hängt vor allem mit der Entdeckung der neuartigen kosmischen Objekte mit ihren exotischen Eigenschaften zu tun. Bei einem Gravitationskollaps von Sternsystemen und den Explosionsphänomenen - seit Jahrzehnten als Supernovae bekannt - wird gemäß der Formel (1) die idealen gravitativen Strahlungsquellen beschrieben. Erstens laufen diese Prozesse unvorstellbar schnell ab und zweitens sind daran unvorstellbar große Massen beteiligt.

Kommen wir zur theoretischen Physik zurück: Es ist bemerkenswert, dass die Theorie eine überraschend große Ausbeute an Gravitationsstrahlung bei diesen Vorgängen voraussagt. Während beispielsweise bei den Kernprozessen in energetischer Hinsicht der elektromagnetische Strahlungsanteil an dem Gesamtvorgang in der Größenordnung von nur 1 bis 2 % liegt, kommt der gravitative Strahlungsanteil bei den Kollaps -Prozessen in die Größenordnung des Zehnfachen. Bei der Fusion von zwei Schwarzen Löchern rechnet man laut Einstein sogar mit einem gravitativen Strahlungswirkungsgrad von bis zu 50 %.

Lange Zeit galt es sehr schwierig, trotz dieser günstigen Prognose die Gravitationswellen nachzuweisen, denn einerseits geschieht der Ursprung der Gravitationswellen in riesiger Entfernung statt, und andererseits klingt aber die Intensität der Gravitationswellen ab; ähnlich wie die der elektromagnetischen Strahlung mit dem Quadrat der Entfernung ab. Was die Suche nach diesem „Naturschauspiel" erleichtert, war wohl der Grund, dass etwa 10 Kollaps geschehen pro Jahr in dem uns bisher bekanntem Teil des Kosmos stattfinden.

Zu dieser Abschätzung kamen verschiedene Physiker durch folgende größenordnungsmäßige Überlegungen: Wir kennen heute 10^{11} Galaxien. Aufgrund der Dichte der für einen Kollaps in Frage kommenden Sternsysteme finden wir für die Stoßwahrscheinlichkeit pro Jahr und Galaxie die Zahl 10^{-9}. Daraus resultieren dann 10 beobachtbare Ereignisse pro Jahr. Die Freisetzung von gravitativer Strahlungsenergie pro Kollaps dieses ins Auge gefassten Ausmaßes wird von den Experten mit 10^{52} bis 10^{54} erg beziffert. Diese Daten erlauben die Schlussfolgerung: der experimentelle Nachweis für Gravitationsstrahlung war wohl ein „Glücksfall"! Heute gibt es zwei Varianten für diese Entdeckung.

Optimistische Variante: Intensität 10^{3} erg cm ^{2}. Diese Größe wäre messbar, wenn die Vibrations-Messbarkeitsgrenze für die später noch zu besprechenden Gravitationswellendetektoren bis zu 10^{-17} cm heruntergedrückt werden könnte.

Pessimistische Variante: Intensität 10^{3} erg cm $^{-2}$ Diese Messbarkeit wäre möglich, wenn noch Vibrationen der Detektoren von 10^{-17} cm festgelegt werden könnte.

Die Pioniere der Experimentellen Physik gingen das Problem wohl eher mit optimistischer Variante an.

Jetzt haben wir schon einiges über den Nachweis der Gravitationswellen gehört. Doch wie sehen nun Gravitationswellen-Detektoren eigentlich aus? Pionier mit dem Ziel des Nachweises der Gravitationswellen ist unbestritten J. Weber, der im Jahre 1956 den gewagten Schritt in dieses experimentelle Neuland tat.

Sein Detektortyp ist ein Aluminiumzylinder (Weber-Zylinder), den er an einem in der Mitte befestigten Seil in Ost-West-Richtung aufgehängt hat. Charakteristische Zylinderparameter sind:

Länge: 1,6 Meter; Durchmesser: 0,9 Meter; Masse: 5 Tonnen; mechanische Grundfrequenz :1661 Hz.

Kommt nun aus dem Kosmos aus einer festen Richtung eine über einen längeren Zeitraum anhaltende Gravitationswelle, so ist zu erwarten, dass im Zylinder entsprechend seiner optimalen Anregungsstellung zweimal pro Tag Eigenschwingungen hervorgerufen werden, denn die Gravitationswellen üben auf die Zylindermasse Deformationen aus. Über einen piezoelektrischen Vibrationsdetektor, der an einer Deckfläche zwischen Zylinder und fester Verankerung angebracht war, wurden die mechanischen Schwingungen ausgekoppelt und elektronisch ausgewertet.

Die untere Messgrenze für die gravitative Strahlungsidentität Ig einer solchen Apparatur ist durch folgende Formel gegeben: $I\,g = A\,\dfrac{kb\,T}{m\,Q}$ (in g cm^{-2} s^{-1}).

(A: Apparatekonstante; k_B Boltzmann-Konstante; m: Zylindermasse; Q: Gütefaktor der Apparatur).

Um diese Messgrenze möglichst niedrig, also die Empfindlichkeit möglichst hochzuhalten, hat man somit bei möglichst tiefen Temperaturen zu arbeiten, eine große Zylindermasse zu verwenden und den Gütefaktor der Apparatur, der vor allem von den Dämpfungsverlusten des Materials abhängt zu steigern.

Webers Arbeitstemperatur lag bei 300 K (Zimmertemperatur). Sein Gütefaktor betrug anfangs $Q = 10^5$. Damit konnte er Zylindervibrationen von $Ax = 10$ cm messen. Im Jahre 1973 hatte er durch Verbesserung an seiner Apparatur die Vibrationsgrenze auf $dt = 10^{-44}$ cm herunterdrücken können. Man beachte dabei, dass die Größenordnung der Linearausdehnung von Atomen niedrig ist und von Elementarteilchen bei 10^{-23} cm liegt. Deshalb sind diese obigen Zahlenwerte zweifellos nicht einfach zu verstehen. Sie lassen sich aber durch die statische, über entsprechend lange Beobachtungszeiten gehende Auswertung, bei Beobachtung der enorm großen Anzahl der beteiligten Atome des Zylinders rechtfertigen. Webers Messergebnisse waren sensationell. Er glaubte, pro Tag zwei Pulse vom Zentrum unserer Milchstraße registriert zu haben. Die Zurückrechnung von der vermeintlich empfangenden Energie auf die Kollaps Energie lieferte Zahlenwerte, nach denen auf der Basis der bisherigen Theorien unsere Milchstraße hätte schon längst zerstrahlt sein müssen was der erschlossene Massenverlust der Milchstraße in 1000 Jahren bedeutet. Es ist aber die Existenz der Milchstraße seit mindestens 10^{10} Jahren gesichert. Die Lösung dieses Rätsels forcierte die Gravitationswellenforschung der ganzen Welt in unglaublicher Weise. Die an anderen Orten bereits betriebenen Apparaturen wurden verbessert, neue wurden aufgebaut. Es arbeiten an folgenden weiteren Stellen beachtliche Forschungsgruppen:

Stanford, Moskau, Rochester, Glasgow, Paris-Meudon, München und Rom-Frascati. Dabei zeichneten sich bald drei neue Entwicklungslinien ab:

In Stanford ging W.M. Fair Bank daran, die Erkenntnisse der Tiefentemperatur-Physik für die Verbesserung der Gravitationsdetektoren auszunutzen, denn je tiefer die Arbeitstemperatur des Detektors ist, um so günstiger wird das Signal-Rausch-Verhältnis und umso empfindlicher wird die Apparatur. Im Wesentlichen übernahm Fair Bank die Weber-Zylinder, verbesserte aber die Auskopplung durch die Benutzung von Supraleiter-Mikrophonen. Der entscheidende Fortschritt bestand darin, dass er seine Apparatur, in flüssiges Helium eingebettet, bei einigen Kelvin über dem absoluten Nullpunkt arbeiten lassen konnte. Die Vibrationsmessgrenze konnte auf diese Weise $dx = 10^{-16}$ cm gesenkt werden.

Gegenwärtig ist diese Forschungsgruppe dabei, die Temperatur für die wesentlichsten Teile des Detektors auf etwa 10^{-3} K zu bringen, wodurch die Vibrationsmessgrenze um noch einige weitere Größenordnungen unterboten werden soll. Man muss sich dabei aber klar werden, dass der Senkung dieser Messgrenze durch das Auftreten von Quantenphänomen bei extrem tiefen Temperaturen objektive Grenzen gesetzt sind.

Einen vielversprechenden anderen Weg hat V.B. Braginsky in Moskau eingeschlagen. Er ging von dem voluminösen Weber-Zylinder ab, und ersetzte diese durch Monokristall-Zylinder aus Saphir und neuerdings aus Granat.

Charakteristische Zylinderparameter sind bei ihm: Länge: 30 cm; Masse: 1kg; mechanische Grundfrequenz: 10 Hz. Entsprechend der Formel (4) wird wegen der viel kleineren Masse des Zylinders die Empfindlichkeit seiner Apparatur bedeutend günstiger. Diesen Verlust konnte er aber durch den enorm höheren Gütefaktor von Monokristallen kompensieren, so dass er bei einem Gütefaktoren $Q = 7 \times 10^8$ und einer Arbeitstemperatur von 7 K ebenfalls die Vibrationsgrenze $dx = 10^{-16}$ cm erreichen konnte.

a) Berechnen Sie die gravitative Quadrupol Strahlungsintensität eines homogenen Stabs. Charakteristische Parameter sollen sein: Länge: 1,6 m; Masse: 5 Tonnen; Kreisfrequenz: 1661 Hz.

b) Berechnen Sie ein gravitatives Zweikörpersystem bestehend aus einer Zentralmasse, m = 3,5 Tonnen, und einem Abstand a von 1,5 km. Die Kreisfrequenz soll 2006 Hz sein.

c) Berechnen Sie die gravitative Strahlungsintensität, Ig der Weber-Apparatur. Die Zylindermasse soll sich auf m = 4,5 Tonnen belaufen. Der Gütefaktor der Apparatur, Q, soll sein: $Q = 10^5$ Die Temperatur soll in diesem Beispiel sein: T = 174 K

a)

$$Q_{\text{Stab}} = \frac{x\, m^2\, L^4\, Ohm^6}{8\,\pi \times 45\, c} \quad ; \quad x = \frac{2\,\mu\, n}{c^4} = 2{,}08 \times 10^{-48}$$

$$\frac{s^2}{g\, cm} \quad \frac{2{,}08 \times 10^{-48}\, \frac{s^2}{g\, cm} \times (5000000\ Tonnen)^2 \times (160\ cm)^4 \times (2\,\pi\,16}{8\,\pi \times 45\, c}$$

$$= \frac{0,04403320317}{339292006,6} = 1,297796656 \times 10^{-10}$$

$$Q_{Kugel} = \frac{x\, m^{\frac{2}{}}\, L^{\frac{4}{}}\, Ohm^{\frac{6}{}}}{8\,\pi \times 45\, c} \quad ; \quad x = \frac{2\,\mu\, n}{c^{\frac{4}{}}} = 2,08 \times 10^{-48} =$$

$$\frac{2,08 \times 10^{-48}\, \frac{s^{2}}{g\, cm} \times (3500000\ g)^{\frac{2}{}} \times (15000)^{\frac{4}{}} \times (2\,\pi\, 2006\ Hz)^{\frac{6}{}}}{8\,\pi \times 45\, c}$$

$$= \frac{5171651,388}{339292006,6} = 1,524247933 \times 10^{-2}$$

$$Ig = A\ \frac{kb\, T}{Q\, m} \quad ; \quad A = 9,898 \times 10^{-6} \ ; \ k_B = 1,3807 \times 10^{-23}\ J\,/K$$

$$Ig = 9,898 \times 10^{-6} \times \frac{1,3807 \times 10^{-23}\, \frac{J}{K} \times\ 174\, K}{10^{5} \times 4,5\ Tonnen}$$

$$= 9,898 \times 10^{-6} \times \frac{2,402418\ 10^{-21}}{45\,0000} = 9,898 \times 10^{-6} \times$$

$$5,3387067 \times 10^{-2} = 5,28425 \times 10^{-32}$$

Aufgabe 12

Hubbles Entdeckungen: Approximative Homogenität und Isotropie, kosmologische Rotverschiebung und Weltexpansion.

Dass das Zweigestirn Friedman-Hubble für Jahrhunderte den Weg zur Wissenschaft Kosmologie erhellen wird, war E. Hubble im Jahre 1929 sicherlich nicht voll bewusst. Er wird damals auch kaum in der Lage gewesen sein, den von Friedman 1922 geschaffenen theoretischen Vorlauf voll zu übersehen.

Doch was geschah in jenem Jahr 1929? Hubble machte 1929 auf dem Mount Wilson in Kalifornien mit dem damals herausragenden Spiegelteleskop durch ein systematisches Studium der extragalaktische Nebel zwei epochale Entdeckungen, die später von ihm und M.L. Humason noch weiter verfeinert wurden. Man kann die wichtigsten Ergebnisse in heutiger Sicht folgendermaßen zusammenfassen:

Mittelt man über den astronomisch bekannten Erfahrungsraum, der damals bis zu Entfernungen von 500 Millionen Lichtjahren reichte und heute Entfernungen bis zu fast 10 Milliarden Lichtjahre umfasst, so kann man eine homogene (kein bevorzugter Punkt) Massenverteilung mit einer mittleren Massendichte von etwa 10^{-29} bis 10^{-31} g cm^{-3} feststellen. Die Unsicherheit in der Massendichte resultiert aus mehreren Faktoren.

Z.B. Massen der Objekte und Entfernungsproblematik. Es ist klar, dass die Entdeckung neuer kosmologischer Objekte, wie z.B. der unsichtbaren Schwarzen Löcher, zu einer Verschiebung der Massedichte zu größeren Werten führt. Die Extrapolation dieser Hubble´schen Entdeckung auf den gesamten Kosmos führt zu dem sog. kosmologischen Homogenitäts-Isotropie-Postulat, das natürlich eine Hypothese ist.

Die fernen Galaxien weisen unabhängig von die in gleicher Weise erfassende Rotverschiebung Δ Lambda auf, die näherungweise dem Abstand Δ L der Galaxien von uns proportional ist:

$$Z = \frac{\Delta\,Lamda}{Lamda} = H\ \Delta L$$

(Lambda: Wellenlänge des Lichts) Der Proportionalitätsfaktor H wird in dieser relativ kleinen Wellenlänge-Verschiebung mit der gültigen linearen Hubbleschen Formel beschrieben. Sie heißt Hubble-Faktor. Der Zahlenwert für diese Größe unterlag infolge der laufenden Verbesserung der Entfernungsskala einer ständigen Korrektur. Der heute weitgehend akzeptierte Wert beträgt für das aus Zweckmäßigkeitsgründen benutzte Produkt Hc etwa (vermutlich noch etwas größer):

$$H\,c = 57 \text{ km} / S\,M\,_{PC} = 1{,}84 \times 10^{-18}\ 1/g = \frac{1}{17 \times 10^{9}\,Jahre}$$

(M pc = Megaparsec) Hubbles erste große Abschätzung belief sich auf etwa:

$$H\,c = 600 \text{ km} / S\,M\,_{PC}$$ Die Hubblesche Rotverschiebung der Spektrallinien wurde anfangs als einfacher Dopplereffekt gedeutet. Nach diesem Effekt ist die Ursache für die Rotverschiebung die Fortbewegung der Lichtquellen, also der fernen Galaxien, von uns. Da das kosmologische Homogenitäts-Isotropie-Postulat die Gleichberechtigung aller Beobachter im Kosmos nach sich zieht, muss nach dieser Deutung jeder dieser Beobachter die fernen Galaxien von sich fortbewegend sehen. Aus dieser Überlegung resultiert dann die These von der Nebelflucht oder Weltexpansion.

An dieser Stelle sei an das neue Beobachtungsmaterial, das die immense Rotverschiebung der Spektrallinien der Quasare betrifft, erinnert. Auch diese Fakten fügen sich gut in das hier entworfene Bild vom Kosmos ein. Die These von der Weltexpansion stieß aus verschiedenartigen Gründen auf beachtliche Ablehnung.

Dieser Tatbestand wäre einer umfassenden Analyse wert. Selbst soweit hergeholte Ideen, wie die „Alterung" der Photonen auf ihrem langen Weg zu uns, wurden gegen die Weltexpansion ins Feld geführt.

a) Berechnen Sie Z! Es soll gelten: Delta L = die Entfernung des Großen Magellanschen Nebels zur Erde. Delta l = 160 000 Lichtjahre. Der Hubble-Faktor soll 57 km / s M pc sein.

b) Berechnen Sie Z! Es soll gelten: Delta L = 160 000 Lichtjahre. Der Hubble-Faktor soll 600 km/s M pc sein.

a)

Es gilt:

$$\Delta L = 160\ 000 \times 9{,}4608 \times 10^{12}\ \text{Jahre}$$

$$Z = H\ \Delta L = 57\ \text{km} / \text{S M}_{\text{PC}} = 1{,}84 \times 10^{-18} =$$

$$\frac{1}{17 \times 10^{\frac{9}{\text{Jahre}}}} \times 160\ 000 \times 9{,}4608 \times 10^{12}\ \text{Jahre} =$$

89042824 km / S M $_{\text{PC}}$

b)

Es gilt:

$$\Delta L = 160\ 000 \times 9{,}4608 \times 10^{12}\ \text{Jahre}$$

$$Z = H\ \Delta L = 600\ \text{km} / \text{S M}_{\text{PC}} = \frac{1}{1{,}789 \times 10^{\frac{11}{\text{Jahre}}}}$$

$$\times 160\ 000 \times 9{,}4608 \times 10^{12}\ \text{Jahre} = 8461308\ \text{km} / \text{S M}_{\text{PC}}$$

Aufgabe 13

Der Compton-Effekt:

Nachdem Einstein 1905 das Teilchenmodell des Lichts wieder zum Leben erweckt hatte, fand die Theorie, dass die elektromagnetische Strahlung aus Photonen besteht, durch die Entdeckung des Compton-Effekts eine erneute experimentelle Bestätigung. Im Jahre 1923 führte der Amerikaner Arthur Compton (1892-1962) Streuversuche mit Röntgenstrahlung an Graphit durch. Dabei richtete er kohärente Röntgenstrahlung auf einen Graphitblock und untersuchte die Wellenlänge der daran gestreuten Röntgenstrahlung. Bei seinen Versuchsbeobachtungen stellte Compton jedoch überraschenderweise fest, dass sich die Wellenlänge der gestreuten Röntgenstrahlung in Abhängigkeit vom Streuwinkel φ änderte. Der Anteil der Strahlung, welcher hinter dem Streuobjekt ohne Ablenkung geradlinig ist, also exakt in Richtung des eingehenden Röntgenstrahls weiter verlief, änderte seine Wellenlänge nicht. Bei den Strahlungsanteilen allerdings, die in einem wesentlichen Winkel am Graphitblock gestreut wurden, änderte sich die Wellenlänge in der Hinsicht, dass die gemessene Wellenlänge Lambda `der gestreuten Strahlung wesentlich größer als die Wellenlänge Lambda der eingehenden Röntgenstrahlung war. Es stellte sich nun die Frage, wie diese Verringerung der Frequenz des Röntgenlichts zu Stande kam.

Compton erkannte, dass sich dieses Phänomen mit einem Teilchenmodell der elektromagnetischen Strahlung leicht als einen elastischen Stoß von Röntgenphotonen mit locker gebundenen Elektronen aus dem Graphitblock erklären ließ.

Da die Photonen hierbei nach den Gesetzen für den elastischen Stoß einen Teil ihrer Energie auf die Elektronen übertragen und folglich nach dem Stoß eine geringere Energie aufweisen, müssen die Photonen nach dem Stoß, im Einklang mit der Quantenhypothese Plancks und der Photonen-Theorie Einsteins, eine verminderte Frequenz bzw. eine vergrößerte Wellenlänge aufweisen. Da die Bindungsenergie von Elektronen an Atome in der Regel nur einige eV beträgt, kann diese zum Herauslösen der Elektronen benötigte Ioniosationsenergie beim Beschuss mit den sehr energiereichen Röntgenphotonen vernachlässigt werden (bei einer Wellenlänge von Lambda $= 7,11 \times 10^{-11}$ m besitzen Röntgenphotonen eine Energie von $E = 17,4 \times 10^{3}$ eV) Die Elektronen im Graphitblock können also als nahezu frei angesehen werden. Das bedeutet, praktisch die gesamte Energieübertragung des Photons auf das Elektron wird in dessen resultierende kinetische Energie umgewandelt. Hierbei gelten natürlich der Impuls- und der Energieerhaltungssatz:

$$P_{Photon} + P_{Elektron} = P`_{Photon} + P`_{Elektron} \quad \text{bzw.} \quad E_{Photon} + E_{Elektron} = E`_{Photon} + E`_{Elektron} \tag{1,2}$$

Die Geschwindigkeit der leicht gebundenen Elektronen vor dem Stoß ist im Vergleich mit deextrem hohen Lichtgeschwindigkeit der Photonen vernachlässigbar gering. Deshalb können im Folgenden die Elektronen vor dem Streuprozess als nahezu ruhend angenommen werden.

Wie lässt sich die Wellenlängenänderung berechnen?

Es wäre nun interessant zu wissen, wie sich die Wellenlänge der eingehenden Röntgenstrahlung nach der Streuung an den quasifreien Elektronen des Streukörpers in Abhängigkeit vom Streuwinkel ändert. Gesucht ist zunächst einmal der Impuls eines jeden Photons. Die Gleichsetzung der Quantenhypothese Plancks

$$E = h\,v \tag{3}$$

welche die Energie eines Photons in Abhängigkeit von seiner Frequenz angibt, mit der Relation der Masse-Äquivalenz Einsteins

$$E = m\,c^2 \tag{4}$$

aus seiner speziellen Relativitätstheorie, liefert durch die Auflösung nach m die dynamische Masse des Photons:

$$m_{\text{Photon}} = \frac{h\,v}{c^{\underline{2}}} \quad \wedge \tag{5}$$

Um den Impuls (p = m v) eines Photons zu erhalten,
multiplizieren wir nun diese Photonenmasse mit dessen
Ausbreitungsgeschwindigkeit c:

$$P_{\text{Photon}} = m_{\text{Photon}} \quad c \quad \frac{h\,v}{c} \qquad (6)$$

und über die Relation c = v Lambda folgt somit aus Formel
(6):

$$P_{\text{Photon}} = \frac{h\,v}{c} \quad \frac{h}{Lambda} \qquad (7)$$

Wir sehen nun, dass die vektorielle Addition des
Photonenimpulses nach dem Stoß mit dem resultierenden
Elektronenimpuls gleich dem Impuls des ankommenden
primären Photons ist. Dies ist eine einleuchtende Folge des
Impulserhaltungssatzes.
Um nun den Impuls des Elektrons nach dem Stoß zu
erhalten, wenden wir den Kosinus- Satz
$(a^2 + b^2 + c^2 - 2\,b\,c \times \cos \alpha)$
auf das obere Dreieck des Impulsparallelogramms an.
Demnach folgt für den resultierenden Impuls des Elektrons
nach dem Stoß:

$$P^{`2}_{\text{Elektron}} = P^2_{\text{Photon}} + P^{`2}_{\text{Photon}} - 2 \times P_{\text{Photon}} \quad P^{`}_{\text{Photon}}$$
$$\times \cos \varphi \qquad (8)$$

Durch das Einsetzen der Photonenimpulse aus Gleichung
(7), wobei die Wellenlänge der gestreuten Photonen nur
noch Lambda `ist, erhalten wir:

$$P`^2 = \frac{h\frac{2}{}}{Lambda\frac{2}{}} + \frac{h\frac{2}{}}{Lambda`\frac{2}{}} - 2 \times \frac{h}{Lambda} \frac{h}{Lambda`} \times$$

$$\cos \varphi \qquad (9)$$

Kommen wir nun auf die Diskussion des Energieerhaltungssatzes zurück. Durch Auflösen der Gleichung (2) nach E bekommen wir:

$$E`_l = E_p + E_l - E`_p \qquad (10)$$

Die Energie des Photons ist bekanntermaßen durch die Planck'sche Quantenhypothese (3) gegeben, wobei die Frequenz nach dem Stoß nur noch v ist. Die Energie des ruhenden Elektrons wird durch die Gleichung der Energie-Masse-Äquivalenz (4) beschrieben. Die Energie des Elektrons nach dem Stoß ist uns jedoch unbekannt. Folglich erhalten wir für die Energie des Elektrons nach dem Stoß die Formel:

$$E`_l = h\,v + m_e\,c^2 - h\,v` \qquad (11)$$

Eine Beziehung zwischen dem Impuls und der Energie eines beliebigen Teilchens ist nach der speziellen Relativitätstheorie durch die Energie-Impuls-Beziehung

$$E = \sqrt{p\frac{2}{}\,c\frac{2}{} + m\frac{2}{}\,c\frac{4}{}} \qquad (12)$$

gegeben. Für die Energie-Impuls-Beziehung des Elektrons gilt nach der Auflösung der Gleichung (12) nach m c demnach:

$$E`^2{}_1 = P c`^2 = m_e{}^2 c^4 \tag{13}$$

Setzen wir nun in Relation (13) unsere Gleichungen (10) für $E`_1$ und (8) für $p`_1$ ein, so folgt:

$$(E_p + E_1 + E`_p)^2 - (p \, 2_{Photon} + p`2_{Photon} - 2 p_{Photon} p`_{Photon} \cos \varphi) c^2 = m_e{}^2 c^4 \tag{14}$$

und über (11) und (9) somit:

$$(hv + m_e c^2)^2 - (\frac{h^2}{Lambda^2} + \frac{h^2}{Lambda`^2} - 2 \frac{h}{Lambda} \frac{h}{Lambda`}$$

$$\cos \varphi) c^2 = m_e{}^2 c^4 \tag{15}$$

Nebenrechnung für (15):

$$(hv + m_e c^2 - h v)^2 = h^2 v^2 + h v m_e c^2 - h^2 v v` + h v$$
$$m_e c^2 + m_e{}^2 c^4 - m_e c_2 h v` - h^2 v v` - m_e c^2 h v` + h^2 v`^2$$
$$= h^2 v^2 + 2 h v m_e c^2 - 2 h^2 v v` + m_e{}^2 c^4 - 2 m_e c^2 h cv` + h^2 v`^2$$

Nach dem Ausmultiplizieren der linken Gleichungsseite von (15) folgt:

$$m_e^2\, c^4 = h^2\, v^2 + 2\, hv\, m_e\, c^2 - 2h^2\, v\, v\,` + m_e^2\, c^4 - 2\, m_e\, c^2\, h\, v +$$

$$h^2\, v^2 - \left(\frac{h^2 c^2}{Lambda^2} + \frac{h^2 c^2}{Lambda`^2} - 2\, \frac{h^2\, c^2}{Lambda\ Lambda`}\ \cos\varphi \right)$$

$$(16)$$

und nach der Subtraktion von $m_e^2\, c^4$ auf beiden Gleichungsseiten und dem Auflösen der Klammer ergibt sich:

$$0 = h^2\, v^2 + 2\, hv\, m_e\, c^2 - 2\, h^2\, v\, v` - 2\, m_e\, c^2\, h\, v` + h^2\, v`^2 -$$

$$\frac{h^2\, c^2}{Lambda^2} - \frac{h^2\, c^2}{Lambda`^2} + 2\, \frac{h^2 c^2}{Lambda\ Lambda`}\ \cos\varphi \qquad (17)$$

Aus der Relation für die Ausbreitungsgeschwindigkeit von Wellen:

$$c = Lambda\ v \qquad\qquad \gg \qquad\qquad v = \frac{c}{Lambda} \qquad (18)$$

ergeben sich

$$\frac{h^2 c^2}{Lambda`} = h^2\, v^2 \qquad\qquad (19)$$

und

$$\frac{h^2 c^2}{Lambda\ Lambda`} = h^2\, v\, v` \qquad\qquad (20)$$

Durch das Einsetzen von (19) und (20) in (17) erhalten wir:

$$0 = h^2 v^2 + 2 hv\, m_e\, c^2 - 2 h^2 v\, v` - 2\, m_e\, c^2\, h\, v` + h^2 v`^2 - h^2 v^2$$
$$- h^2 v`^2 + h^2 v\, v`^2 \cos \varphi \tag{21}$$

und schließlich:

$$0 = 2\, hc\, m_e\, c^2 - 2 h^2 v\, v` - 2\, me\, c^2\, h\, v` + 2 h^2 v\, v` \cos \varphi \tag{22}$$

Die Division der Gleichung (22) durch 2h ergibt:

$$0 = v\, m_e\, c^2 - h\, v\, v` - m_e\, c^2\, v` + h\, v\, v` \cos \varphi \tag{23}$$

durch Ausklammern von $m_e\, c^2$ bzw. $h\, v\, v`$ erhalten wir

$$0 = m_e\, c^2\, (v-v`) - h\, v\, v`\, (1-\cos \varphi) \tag{24}$$

und über Äquivalenzumformung folgt:

$$m_e\, c^2\, (v-v`) = h\, v\, v`(1- \cos \varphi) \tag{25}$$

Die Division von (25) durch $m_e\, c^2$ und $v\, v`$ liefert:

$$\frac{(v-v`)}{v\, v`} = \frac{h\,(1-\cos \varphi)}{me\, c^{\underline{2}}} \tag{26}$$

Schreiben wir nun einmal die linke Gleichungsseite in zwei Brüchen, so erhalten wir:

$$\frac{v}{v\,v^{\grave{}}} - \frac{v^{\grave{}}}{v\,v^{\grave{}}} = \frac{h\,(1-cos\varphi)}{me\,c^{\underline{2}}} \qquad (27)$$

und nach dem Kürzen auf der linken Gleichungsseite von (27) folglich:

$$\frac{1}{v^{\grave{}}} - \frac{1}{v} = \frac{h}{me\,c^{\underline{2}}}\,(1-\cos\varphi) \qquad (28)$$

Die nachfolgende Multiplikation von (28) mit c liefert:

$$\frac{c}{v^{\grave{}}} - \frac{c}{v} = \frac{h}{me\,c}\,(1-\cos\varphi) \qquad (29)$$

Da nun bekanntlich $\frac{v}{c}$ = Lambda ist (siehe Formel (18)) können wir auch

$$Lambda^{\grave{}} - Lambda = \frac{h}{me\,c}\,(1-\cos\varphi) \qquad (30)$$

schreiben. Diese Differenz der Wellenlänge Δ Lambda = Lambda `- Lambda aus Gleichung (30) ist nun nichts anderes als die Wellenlängenänderung, welche durch die Streuung der Röntgenphotonen an den Elektronen stattfindet. Sie wird Compton-Verschiebung genannt.

Wie man leicht sieht, ist die Änderung der Wellenlänge der elektromagnetischen Strahlung allein von deren Streuwinkel φ abhängig, da alle anderen Werte in der Gleichung (30) sich des Weiteren gut erkennen lassen. Nun, bei einem kleinen Streuwinkel φ bei dem 1- cos $\varphi \approx 0$ ist, kann die Änderung der Wellenlänge der Röntgenphotonen nur gering sein, bei einem großen φ jedoch, wobei 1- cos φ > 0 ist, wird auch die Wellenlängenänderung groß. Ein maximales Δ Lambda würde sich für einen Streuwinkel von φ = 180 ° ergeben.

$$\text{Lambda `- Lambda} = 2\,\frac{h}{me\ c} \tag{31}$$

Diese theoretischen Voraussagen decken sich vollkommen mit den experimentellen Beobachtungen Comptons.

Warum tritt der Compton-Effekt nicht bei sichtbarem Licht auf?

Man könnte sich an dieser Stelle fragen, warum denn diese Frequenzänderung der elektromagnetischen Strahlung an freien Elektronen nicht auch im sichtbaren Spektralbereich zu beobachten ist. Schließlich könnte man sich ja auch vorstellen, dass grünes Licht, welches man auf gewisse Objekte richtet, nach der Streuung z.B. eine rötliche Färbe aufweist, also eine größere Wellenlänge hat. Jedoch können wir diesen Effekt bei sichtbarem Licht nicht beobachten. Das ist zugegebenermaßen zunächst ein wenig verwunderlich.

Nun, die Tatsache, dass bei sichtbarem Licht keine merkliche Compton-Verschiebung auftritt, liegt daran, dass das Massenverhältnis von Elektron zu Photon in diesem Fall überaus ungünstig ist. Schließlich wissen wir aus der Betrachtung des idealen elastischen Stoßes, dass der dabei stattfindende Impulsübertrag auf den Stoßpartner genau dann am größten ist, wenn das Massenverhältnis exakt 1:1 ist. So bedarf es der Berücksichtigung, dass die Energie eines Photons des sichtbaren Lichts ungefähr 2,5 eV (bei Lambda = 5×10^{-7} m) entspricht. Diejenige eines Elektrons hingegen, welche es nach der Energie-Masse-Äquivalenz (Gleichung (4)) besitzt, beträgt den um ganze drei Zehnerpotenzen höheren Wert von ca. 511×10^{7} eV. Daraus ergibt sich ein Massenverhältnis Photon/Elektron von

$$\frac{m\,Photon}{m\,Elektron} = \frac{1}{200\ 000}$$

Als makroskopischen Vergleich dazu könnte man sich ein kleines Strahlkügelchen vorstellen, welches gegen eine massive Stahlwand stößt: es würde mit nahezu unverändertem Impulsbetrag in die entgegengesetzte Richtung zurückfliegen, wobei der Impulsübertrag auf die sehr viel schwerere Stahlwand angesichts der enormem Masse der Wand wohl unbedeutend winzig und somit vernachlässigbar klein sein dürfte. Die Energie des Kügelchens hätte sich dabei so gut wie gar nicht verändert.

Das heißt, um einen nachweisbaren Energieübertrag und somit eine veränderte Wellenlänge der gestreuten Photonen beobachten zu können, darf das Massenverhältnis Photon/Elektron nicht allzu viele Größenordnungen von 1 entfernt liegen. Und da die von Compton verwendeten Röntgenphotonen eine ähnliche Energie wie ruhenden Elektronen besitzen, kann hier ein messbarer Energieübertrag von Photon zu Elektron stattfinden, was im Falle des Streuversuchs mit Licht jedoch nicht gegeben ist.

Ist der Compton-Effekt nur mit einem Teilchenmodell beschreibbar? (2)

Wir haben gesehen, dass sich der Compton-Effekt brillant über ein Teilchenmodell des Lichts erklären lässt und auf diese Weise eine Berechnung der Wellenlängenverschiebung möglich wird. Dass diese Beschreibung des Compton-Effekts über ein Teilchenmodell jedoch die einzige Möglichkeit sei, jenen Effekt zu klären, ist ein weit verbreiteter Irrtum, der sich von der populärwissenschaftlichen Literatur über zahlreiche Schulbücher bis hin zur Studienliteratur zieht. Dabei erkannte schon Compton selbst, dass neben der Deutung des Effekts über das Teilchenmodell des Lichts die auftretende Wellenlängenverschiebung über den Dopplereffekt zu Stande kommt, einem für Wellen charakteristischen Phänomen, bei dem durch Relativbewegung von Sendern und Empfängern ein und dieselbe Welle je nach Wahl des Bezugssystems unterschiedliche Frequenzen zu haben scheint. Jener Theorie nach resultiert die beim Compton-Effekt auftretende Wellenänderung Δ Lambda wie folgt: Das ruhende Elektron wird von einer auf es auftreffenden elektromagnetischen Welle der Wellenlänge Lambda auf die Geschwindigkeit v beschleunigt. Da die Geschwindigkeit des Elektrons gegenüber dem anfänglichen Ruhesystem nun v ist, also ein neues Bezugsystem angenommen hat, wird es, wenn es die elektromagnetische Welle, auf welche es traf, wieder mit der Wellenlänge Lambda emittiert. Vom Bezugsystem des anfänglich ruhenden Elektrons aus gesehen entsprechend dem Doppler-Effekt, wird eine Welle der Wellenlänge Lambda` ausgesendet, wobei Lambda `> Lambda gilt. Die Wellenlänge der gestreuten Welle ist folglich um einen gewissen Wert Δ Lambda größer als die der primär ankommenden Welle.

Mittels dieser wellentheoretischen Beschreibung des Effekts lassen sich ebenfalls quantitative Aussagen über die Compton-Verschiebung treffen, die mit den Aussagen der Beschreibungsweisen durch das Teilchenmodell übereinstimmen. Jene wellentheoretische Beschreibung steht daher vollkommen gleichberechtigt neben der oben ausführlich dargestellten Beschreibung mit Hilfe des Teilchenmodells.

Es sei also nochmals ausdrücklich darauf hingewiesen, dass sich der Compton-Effekt, entgegen der fälschlichen Darstellung vieler Physikbücher, nicht nur ausschließlich über ein Teilchenmodell des Lichts verstehen und berechnen lässt, sondern auch über das vortreffliche, völlig äquivalent verwendbare Wellenmodell.

a) Berechnen Sie den Impuls eines Elektrons durch das Einsetzen der Photonenimpulse, wobei die Wellenlänge der gestreuten Photonen nur noch Lambda 'ist.
b) Berechnen Sie die Compton-Wellenlänge bei einem Streuwinkel von $\varphi = 90\,°$

a) Es gilt: Lambda $= 4\ 10^{-15}$ m; Lambda`$= 3 \times 10^{-9}$ m; $\varphi = 90\,°$ (3)

$$p`^2\,_{\text{Elektron}} = \frac{h\frac{2}{}}{Lambda`} + \frac{h\frac{2}{}}{Lambda`\frac{2}{}} - 2\ \frac{h}{Lambda}\ \frac{h}{Lambda`}$$

$\cos \varphi$

$$p`^2\,_{\text{Elektron}} = \frac{\left(6{,}626\ 10^{-39}\right)\frac{2}{}}{\left(4\ 10^{-15}m\right)\frac{2}{}} + \frac{\left(6{,}626\ 10^{-39}\right)\frac{2}{}}{\left(3\ 10^{-9}m\right)\frac{2}{}} - 2$$

$$\frac{\left(6{,}626\ 10^{-39}\right)\frac{2}{}}{\left(4\ 10^{-15}m\right)\left(3\ 10^{-9}\right)}\ \cos 45$$

$= 2{,}7439923 \times 10^{-38} + 4{,}8782084 \times 10^{-50} - 2 \times 3{,}6586563 \times 10^{-44} \times 0{,}707 = 2{,}7439923 \times 10^{-38} - 5{,}1741214 \times 10^{-44} = 2{,}7439871 \times 10^{-38}$

b)

Es gilt:

$$\text{Lambda} = \frac{h}{m_e\, c}$$

$$\text{Lambda} = \frac{6{,}626 \ 10^{-34}\, Js}{9{,}11 \ 10^{-31}\, kg \times 3{,}0 \ 10^{8}\, \frac{m}{s}} = 2{,}424 \times 10^{-12}\, m$$

Aufgabe 14

Quantengravitation:

Wozu brauchen wir eine Quantengravitation?

Angesichts dieser durchaus positiv ausfallenden Bilanz über die sowohl theoretisch extrem erfolgreiche als auch hinsichtlich der praktischen Anwendung zukunftsträchtigen Quantenphysik kann man doch mit Recht behaupten, man wäre der Natur letztem Geheimnis durch die Erkenntnisse der Quantenphysik schon sehr nahe gekommen. Vielfache Bestätigung durch ausgeklügelte und überaus subtile Experimente haben bis zum heutigen Tag stets für die bravouröse Quantenphysik gesprochen, niemals konnte sie auch nur teilweise durch Versuche ernsthaft angezweifelt oder widerlegt werden.

Und wer weiß, welche wundervolle Innovationen noch auf Grundlage der Quantenphysik in Anschluss an Quanten-Teleportationen, Quanten-Computer und Quanten-Kryptographie darauf warten, entdeckt zu werden. Die Zukunft mag noch so einige Möglichkeiten bereithalten. Doch so sehr es den Quantenphysiker auch schmerzen mag, aber die Quantenphysik kann nicht der Natur letzte Wahrheit sein! Warum fragen Sie sich? Bei allen noch so unglaublich faszinierenden und fantastisch anwendbaren Erkenntnissen, die uns die Quantenphysik bis jetzt bringen konnte und uns in naher und ferner Zukunft noch erbringen wird und trotz ihrer vielfachen Bestätigungen durch ausgeklügelte, experimentelle Prüfungen, sollte doch zuletzt nicht unerwähnt bleiben, dass sich auch für die wundervolle Quantenphysik schon jetzt ihre Grenzen abzeichnen lässt.

So elegant ihre Formulierungen auch wirken und so perfekt sie im Mikrokosmos auch funktionieren mag, so offenkundig ist doch ihr Scheitern in Bereichen des „wirklichen Makrokosmos". Dazu muss gesagt sein, dass die jetzige künstliche Einführung des Begriffs, „wirklicher Makrokosmos" zwar bedauerlich ist, denn eigentlich gibt es ja die Einteilung des Kosmos in Mikro- Meso- und Makrokosmos, doch war und ist es im quantenphysikalischen Sprachgebrauch Sitte, ausschließlich von Mikro-, und Makrokosmos zu sprechen, so dass der Mesokosmos, also unsere gewöhnliche Größenordnung, zu kurz kommen muss.

Es gilt also eigentlich, dass, was quantenphysikalisch als Makrokosmos bezeichnet wird, im allgemeinen Sprachgebrauch der Mesokosmos ist.

Im Makrokosmos, der Größenordnung von Sternen, Planetensystemen und Galaxien, gelten die Gesetze der allgemeinen Relativitätstheorie. Quanteneffekte spielen hier in der Regel keine Rolle, denn im großen Maßstab ist die herrschende Kraft die Gravitation, derer die allgemeine Relativitätstheorie eine überaus präzise und erfolgreiche Beschreibung liefert.

Das Verhalten von Himmelskörpern, die durch den Gravitationslinseneffekt hervorgerufenen optischen Verzerrungen, die Abhängigkeit der Zeit und des Raums vom jeweiligen Inertialsystem sowie viele andere relativistische Effekte werden durch die Relativitätstheorie perfekt vorhergesagt. Astronomische Beobachtungen und irdische bzw. erdnahe Experimente wurden bislang ausnahmslos mit beeindruckender Genauigkeit durch die brillante allgemeine Relativitätstheorie vorausgesagt. Und nur als eine der vielen Anwendungen dieser Theorie sei das Global Positioning System (GPS) genannt, welches seine Präzision maßgeblich erst durch unsere Kenntnis und Einbeziehung der allgenmeinen Relativitätstheorie besitzt.

Solange man noch, wie in einem Fall der Berechnung von Atomorbitalen und in anderen Fall der Bestimmung der Bahnen von gewöhnlichen Himmelskörpern, die eine augenfällige Einteilung in Mikro- und Makrokosmos vornehmen kann, um die jeweilig geltenden Naturgesetze zu berücksichtigen, sollte man mit dieser zweigeteilten Physik in keine größeren Beschreibungskonflikte geraten.

Doch in bestimmten Punkten oder besser gesagt gewissen Bereichen der Natur müssen wir feststellen, dass eine Einteilung in den Bereich der Gültigkeit der Quantenphysik und den der allgemeinen Relativitätstheorie einfach nicht mehr vorgenommen werden kann. Ein berühmtes Beispiel für solch problematische Objekte sind jene Gebilde die „schwarzen Löcher", welche auf Grund ihrer so unermesslich gewaltigen Gravitationswirkung, der nicht einmal das Licht entkommen mag als schwarze Löcher postuliert werden. Ein weiteres subtiles Beispiel wäre der alles erschaffende, so geheimnisvolle Urknall. Hier kann eine Entscheidung für eine physikalische Beschreibung durch entweder allgemeine Relativitätstheorie oder Quantenphysik nicht mehr vorgenommen werden, denn die Anwesenheit von schier unermesslichen Massen zwingt zu einer allgemein-relativistischen Betrachtungsweise, doch deren extreme Konzentration auf kleinste Raumbereiche verlangt die Einbeziehung quantenphysikalischer Effekte, also die Beschreibung durch die Quantenphysik.
Im Falle der Schwarzen Löcher beispielsweise wird durch die allgemeine Relativitätstheorie die Existenz von Singularitäten, Orten unendlicher Raum-Zeit-Krümmung, vorausgesagt, was aber aus quantenphysikalischer Sicht vollkommen unmöglich ist. In solchen physikalischen Extremfällen, wie Schwarzen Löchern oder dem Urknall, in denen sich gigantische Massen auf mikroskopischen Größenskalen konzentrieren, müssen zwangläufig quantenphysikalische und allgemein-relativistische Effekte zusammenspielen.

Doch in dem Augenblick der Vereinigung dieser beider unterschiedlichen Teilbeschreibung der Natur zu einer einzig allumfassenden brechen die beiden Theoriengebäude haltlos in sich zusammen, indem sie sich in Inkonsistenzen verwickeln.

Durch das einfache Kombinieren der Theorien entsteht zwangsläufig ein inkonsistentes Theoriengebäude, das durch seine absurden und offenkundig falschen Voraussagen die eigene Brauchbarkeit untergräbt. So stellt sich denn die unvermeidliche Frage, ob überhaupt eine Universaltheorie existiert bzw. existieren kann.   (4)

Gibt es eine Lösung für diesen Theorienkonflikt?

Eine Lösung für dieses eklatante Problem der Physik, das Fehlen der letztendlichen Universaltheorie, zu finden, ist nun schon seit mehr als 100 Jahren Gegenstand der berühmtesten, fähigsten Physiker und Mathematiker. Doch bis jetzt hat man sie nicht ergründen können, die Theorie für alles, TOE (von engl. theory of everything) oder Weltformel, wie sie auch oft genannt wird. Allerdings gibt es durchaus schon einige, teilweise sogar recht vielversprechende Ansätze eine solche zu erdenken. Diese als Quantengravitation bezeichneten Theorien haben eine Vereinigung von Quantenfeldtheorie und allgemeiner Relativitätstheorie zum Ziel.

Dabei versteht man unter der Quantenfeldtheorie eine Art moderne, speziell-relativistische Quantenphysik, eine Theorie also, welche die klassischen Feldtheorien um die Quantisierung der Felder erweitert.

Die Quantenfeldtheorie beinhaltet indessen drei verschiedene Quantenfeldtheorien, derer jede jeweils eine fundamentale Wechselwirkung beschreibt: Die Quantenchromodynamik (QCD) ist die Theorie der starken Wechselwirkung, welche zwischen den Quarks herrscht.

Die Quantenelektrodynamik (QED) beschreibt ferner die elektromagnetische Wechselwirkung, und in ihrer um die dritte, nämlich die schwache Wechselwirkung erweiterten Formulierung, der Quantenflavourdynamik (QFD), die der elektroschwachen Wechselwirkung. Die Quantenfeldtheorie besteht demgemäß aus dem Zusammenschluss von Quantenelektrodynamik und Quantenflavourdynamik.

Die vierte fundamentale Wechselwirkung hingegen, die Gravitation, wird bekanntlich beschrieben durch die klassische, allgemeine Relativitätstheorie, eine Feldtheorie, deren Quantisierung bislang noch nicht erfolgreich war. So stellt sich die Aufgabe der Quantengravitationsphysiker darin, eine quantisierte Feldtheorie der Gravitation mit den Quantenfeldtheorien in Einklang zu bringen.

Dass dieses Vorhaben bisweilen nicht selten in Sackgassen endete, wurde bereits erwähnt, doch wollen wir uns nun mit den vielversprechendsten der existierenden Ansätze verschiedener Quantengravitationen auseinandersetzen.

Die zwei „Hauptverdächtigen" und anhängerreichsten Physikergruppierungen sind die, welche einerseits die Stringtheorie und andererseits die Loop-Quantengravitationen bevorzugen.
Neben diesen beiden Theoriengruppen öffnet sich ein weites und überaus inhomogenes Feld von großenteils (noch) abschreckenden und obskur wirkenden Ansätzen, die meist von einzelnen Individualisten entwickelt werden. Doch können sich solche „Ein-Mann-Theorien" recht selten in höheren Fachkreisen behaupten und erlangen daher kaum größeren Bekanntheitsgrad. Eine Unterscheidung dieser beiden Haupttheorien der Quantengravitation basiert primär auf ihren voneinander differierenden Ausgangspunkten.   (5)

Was besagt die Stringtheorie?

Die Basis der Stringtheorie geht von der Annahme aus, die Materie bestehe aus fundamentalen, eindimensionalen Fäden aus Energie, die Strings (von eng. string. = Seite) genannt werden. Diese entweder in offener oder geschlossener Form vorliegenden Strings, welche der Theorie entsprechend nur äußerst winzige Ausmaße besitzen, können wie die Seite einer Geige oder Harfe in verschiedenen Modi schwingen. Jedes einzelne der existierenden Elementarteilchen (wie z.B. up-Quark, down-Quark oder Elektron etc.)
wird durch einen in sich in einen bestimmten Schwingungsmuster befindlichen String repräsentiert.

Das Besondere und Hoffnungsbringende dieser Theorie ist nun, dass sie die nulldimensionalen Punktteilchen des Standardmodells der Elementarteilchenphysik durch die zwar winzigen, doch ein endliches Volumen einnehmenden, eindimensionalen String ersetzt. Eine wenn auch zunächst etwas abstrakte, doch in diesem Rahmen notwendige Voraussetzung der Stringtheorie ist, dass der Raum ihr zufolge nicht nur die uns bekannten, üblichen drei Dimensionen, sondern bis zu 26 räumliche Dimensionen aufweisen muss, in denen die Strings schwingen. Die Stringtheorie wurde auf der Basis der Quantenfeldtheorie mit dem Vorsatz konzipiert die entscheidenden Prinzipien der allgemeinen Relativitätstheorie mit hineinzuweben, d.h. die Wechselwirkung der Gravitation in die Quantenfeldtheorie zu integrieren. Man begann im Fall der Stringtheorie also im kleinen Maßstab und arbeitete sich dann konzeptionell vom Großen zum Kleinen vor.
Der Ausgangspunkt der Loop-Quantengravitation hingegen war das exakte Gegenteil, nämlich nicht der Mikro-, sondern der Makrokosmos. Die allgemeine Relativitätstheorie, welche im großen Maßstab vorherrscht, soll durch Quantisierung zu einer Quantenfeldtheorie der Gravitation überführt werden, um gemeinsam mit der Quantenflavourdynamik die Theorie für alles zu bilden. Auch wenn sich diese Einteilung bzw. Differenzierung in der Hinsicht ein wenig an den Haaren herbeigezogen anhört, als dass die beiden Theorien - sich nur in der Reihenfolge von Start- und Endpunkt unterscheiden - in ein und derselben Quantengravitationstheorie münden müssten.

Ganz so einfach ist dies aber wahrlich nicht! Vielmehr bestehen zwischen diesen beiden Theorien in physikalischer, konzeptioneller Hinsicht gravierende Unterschiede.

Es zeigt sich des Weiteren, dass es sogar ganze 5 unterschiedliche Typen von Superstringtheorien gibt, die - so vermutet man zumindest aus der Analyse komplexer Zusammenhänge heraus - Teil einer übergeordneten M-Theorien sind. Die Formulierung dieser M-Theorie allerdings blieb bis jetzt noch ein großes Rätsel und stellt eine der größten Herausforderungen der gegenwärtigen Superstringtheoretiker dar.

Je nach dem persönlichem „Optimismus Grad" eines jeweiligen Superstringtheoretikers werden diesbezüglich die Erfolgswahrscheinlichkeiten, in absehbarer Zeit eine M-Theorie zu entdecken, sehr hoch oder sehr niedrig bemessen. Das bislang größte Problem der sonst so erfolgreichen Superstringtheorie schein ihre Eigenschaft hintergrundabhängig zu sein. Doch dieser eine Schwachpunkt wird von ihrer Konkurrenz-Theorie, der Loop-Quantengravitation, in eleganter Art Weise beseitigt. (6)

Was besagt die Loop-Quantengravitation?

Der Loop-Quantengravitation, welche die jüngere der beiden hier betrachteten Quantengravitationen ist, liegen 2 Hauptprinzipien der allgemeinen Relativitätstheorie zu Grunde.

So seltsam und obskur sich dies anhören mag, so wird doch beeindruckender Weise durch jene Annahmen der Stringtheorie eine Vereinigung von allgemeiner Relativitätstheorie und Quantenfeldtheorie urplötzlich möglich. Trotz dieses ersten, zweifelsfrei grandiosen Erfolgs der Stringtheorie besitzt eben diese durch einige ihrer weiteren, doch leider unhaltbarer Voraussagen noch kleine Schönheitsfehler, die es im Folgenden zu beheben gilt. In ihrer um das Prinzip der Supersymmetrie (SUSY) erweiterten Form können, so stellte sich um die 80er Jahre heraus, diese Ungereimtheiten indes bereinigt werden. Dies geschieht durch die Betrachtung einer Symmetrie zwischen den Fermionen (Teilchen mit ganzzahligem Spin) der Elementarteilchen, wobei die Theorie der Supersymmetrie neben den bekannten Teilchen neue, supersymmetrische Partnerteilchen, die SUSY-Partner (z.B. den Quarks die S-quarks und dem Elektron das S-Elektron) voraussagt. Die aus dieser Modifikation resultierende Superstringtheorie, die erfreulicher Weise nur noch 9 statt den ursprünglichen 26 Raumdimensionen voraussetzt, bildet eine erste, ernsthaft auf die Realität anwendbare physikalische Theorie: die Hintergrund-Unabhängigkeit und hiermit eng zusammenhängenden Diffeomorphismus-Invarianz. Unter der Hintergrund-Unabhängigkeit einer physikalischen Theorie versteht man ihre Eigenschaft Raum und Zeit dynamisch zu beinhalten, anstatt sie als statischen Hintergrund der vor ihr ablaufenden physikalischen Vorgänge „künstlich" einzuführen. Demnach ist die Geometrie der Raumzeit auf mikroskopischer Größenskala nicht statisch festgelegt, sondern dynamisch.

Dies wird jedoch von der hintergrundabhängigen Superstringtheorie nicht berücksichtigt. Die Diffeomorphismus-Invarianz besagt ferner, dass jedes beliebige Koordinatensystem zur Beschreibung der Raum-Zeit gleich gut geeignet ist. Es gibt keine übergeordneten oder bevorzugten Koordinatensysteme, um die Raum-Zeit zu beschreiben.

Aus diesen beiden Grundprinzipien lässt sich über hochkomplexe Beschreibungen die Struktur der Raum-Zeit herleiten, welche der Theorie zufolge quantisiert, in diskreten Einheiten vorliegt. Der Name dieser Theorie, Loop-Quantengravitation (engl. loop = Schleife), oder zu Deutsch auch Schleifenquantengravitation genannt, begründet sich übrigens mit ihrer Annahme der Existenz kleinster Schleifen der Raum-Zeit. In der Loop-Quantengravitation werden die Quantenzustände des Raumes durch ein als Spin-Netzwerk bezeichnetes Gebilde beschrieben, das aus Knoten und Linien zusammengesetzt ist. Die elementaren Volumina, aus denen diese Spin-Netzwerke gebildet werden, sind stets festgelegt durch die Größe eines bestimmten minimalen Längenwertes, der Plancklänge.

Die Anzahl der möglichen, elementaren Volumina wird folglich durch die Größe der Plancklänge bestimmt und somit eingeschränkt, wobei das kleinstmögliche Volumen durch eine Kubik-Plank-Länge gegeben ist. Doch nicht nur der Raum ist laut Loop-Quantengravitation körnig, auch die Zeit besteht aus minimalsten, diskreten Abschnitten, die analog der Planklänge als Planckzeit bezeichnet wird.

Eine Planckzeit stellt somit den kleinsten, physikalisch sinnvollen Zeitraum dar.

Die Astrophysik beschreibt den kleinsten möglichsten Punkt des werdenden Universums mit der Planckläng (ca. 10^{-35} m; der Planckzeit ca. 10^{-44} s und der Plancktemperatur 1,4 10^{32} Kelvin) Die zeitliche Entwicklung der räumlichen Geometrie wird nun durch die Quantenzustände der Raumzeit bestimmt. Indem die eben besprochenen Quantenzustände des Raumes durch die Dimension der Zeit erweitert werden, ergibt sich aus dem Spin-Netzwerk ein so genannter Spin-Schaum. Hierbei werden aus den Linien und Knoten des Spin-Netzwerks Flächen und Linien des Spin-Schaums. Die großartigen Leistungen dieser Quantengravitationstheorie sind - neben der obligatorischen Vereinigung von allgemeiner Relativitätstheorie und Quantenfeldtheorie - vor allem ihre Hintergrundunabhängigkeit und die Tatsache, dass diese Theorie wiederum im Gegensatz zur Superstringtheorie völlig ohne Annahme zusätzlicher Raumdimensionen auskommt. Eine kleine, doch unbestreitbar bedeutende Nebenaussage der Loop-Quantengravitation gilt insofern, dass sie die Kernaussage der speziellen Relativitätstheorie modifizierend, die absolute Konstanz der Vakuum-Lichtgeschwindigkeit aufgibt und stattdessen für extrem hochenergetischen Photonen eine geringfügig höhere Lichtgeschwindigkeit postuliert. Eine kühne Hypothese möchte man meinen. Bestehen zwischen den Quantengravitationstheorien auch Gemeinsamkeiten?

Obgleich sich die beiden soeben besprochenen Theorien in konzeptioneller Hinsicht gewaltig unterscheiden, so lässt sich dennoch feststellen, dass sie in manchen Kernpunkten erfreulicherweise auch übereinstimmen. Bemerkenswert ist zunächst einmal, dass sie trotz ihrer unterschiedlichen Standtpunkte und physikalischen Beschreibung auf die meisten Fragestelllungen identische Antwort geben. Zudem verwenden beide Theorien Schleifen, auch wenn diese detailliert betrachtet sehr unterschiedlicher Art auffälliger Weise, nämlich in einen Fall schwingende „Energie-Fäden" und im anderen Fall höchst unanschauliche, mathematisch komplizierte Raumschleifen. Des Weiteren wird die Prognose einer gewissen Größenordnung, in der Quanten gravitative Effekte die Oberhand gewinnen, von Superstringtheorie und Loop-Quantengravitation gleichermaßen gestützt. Überraschenderweise lässt sich die Idee einer solchen, bestimmten Größenordnung auf Überlegungen Max Plancks aus dem Jahre 1899 (!) zurückführen, weshalb sie auch als die so genannte Planck-Skala bezeichnet wird. Wie wir sehen werden, grenzt diese Leistung fast an ein Wunder, denn das relativ leicht zu ihrer Herleitung führende Planck'sche Wirkungsquantum war zu diesem Zeitpunkt weder in den Kanon der Physik aufgenommen noch konnte sein Wert genau bestimmt gewesen sein.

Umso beeindruckender ist die hohe Genauigkeit, mit der Planck noch vor der eigentlichen Geburtsstunde der Quantentheorie die Größenordnung der Planck-Skala voraussagen konnte.

Die hier auftretenden fundamentalen Plack-Einheiten spiegeln Resultate aus dem Zusammenspiel von Quanteneffekten und relativischen Effekten wider. Die bereits erwähnte Planck-Einheit der Planck-Länge stellt dabei diejenige kleinste Längengröße dar, welcher physikalischer Relevanz zugesprochen werden kann. Sie ergibt sich aus der fundamentalen Überlegung, wie klein ein Schwarzes Loch (das ja aus streng relativistischer Sicht eine Singularität der Ausdehnung null ist) sein kann, ohne dass die Gewissheit bzw. Konkretheit seines Aufenthaltsorts der Heisenbergschen Unschärferelation widerspricht. Derjenige Grenzradius, den ein Objekt der Masse m erreichen muss, damit an seiner Oberfläche die nötige Entweichungsgeschwindigkeit der gleich der Lichtgeschwindigkeit ist, es also ein Schwarzes Loch wird, wurde durch Karl Schwarzschild (1873-1916) mit

$$r = \frac{2\,\mu\,m}{c^{\underline{2}}} \tag{1}$$

bestimmt, wobei μ die Gravitationskonstante: μ=6,673 $\times$ 10^{-11} m^3 / Rg s^2 ist.
Sie wird ihrem Entdecker zu Ehren als Schwarzschildradius bezeichnet. Die zur Plank-Länge führende Frage lautet jetzt welche Größe ein Objekt der Masse m minimal einnehmen kann, so dass sein Schwarzschildradius r nicht größer als seine Ortsunschärfe ist, denn dies würde der Heisenbergschen Unschärferelation bis an die Grenzen ausgegrenzt:

Stellen wir uns ein winziges, physikalisches Objekt vor, welches (nahezu) ruhende bzw. eine vernachlässigbare geringere Geschwindigkeit v besitzen soll und welches gleichzeitig so lokalisiert wie möglich sei. So ergibt sich ein Impuls p mit der minimalen Ortsunschärfe x_{min} als

$$p_{min} = \frac{\hbar}{2x\,min} \tag{2}$$

Die Ruhemasse dieses Teilchens ist nach der relativistischen Energie-Masse-Äquivalenz:

$$E = m\,c^2 = p\,c \tag{3}$$

Durch Einsetzen von (2) in (3) erhalten wir

$$m\,c^2 = \frac{\hbar}{2x\,min}\,c \tag{4}$$

Und durch Auflösen nach m folgt:

$$m = \frac{\hbar}{2\,x\,min\,c} \tag{5}$$

Über das Einsetzen von (5) in die Formel des Schwarzschildradius (1) resultiert

$$r = \frac{2\,\mu}{c^{\underline{2}}} = \frac{\hbar}{2\,x\,min\,c} = \frac{\hbar\,\mu}{x\,min\,c^{\underline{3}}} \tag{6}$$

Mit (1) und (5) ergibt sich

$$r = \frac{\hbar\,\mu}{x\,min\ c^{\frac{3}{}}} \qquad (7)$$

und mit x mim = r erhalten wir schließlich für die kleinstmöglichste Ausdehnung eines physikalischen Objekts die Relation

$$x_{mim} = C\ \frac{(\hbar\,\mu)^{\frac{1}{2}}}{c} \quad ; \quad x^2{}_{min} = \frac{\hbar\,\mu}{c^{\frac{3}{}}} \qquad (8)$$

Ist Quantengravitation noch Physik oder doch schon Philosophie? (8)

Zugegeben, die recht kreativen Annahmen der Superstring-Theorie, Loop--Quantengravitation und co hören sich nicht gerade sehr realitätsnah, der menschlichen Intuition entsprechend oder auch nur im Entferntesten mit dem gesunden Menschenverstand nachvollziehbar an. Soll die Materie aus „Energie-Fäden" bestehen, die in einer 10dimensionalen Raum-Zeit schwingen? Oder ist das Universum etwa wirklich aus Spin-Schäumen, die aus winzigen Raumschleifen bestehen, aufgebaut?
Selbst als Stoff für Science-Fiction Sagen könnten diese Theorien als reichlich übertrieben wirken. Welch kühne, naive und törichte Annahme, meinen Sie?

Das Problem, welches diese Theorien in ein etwas zwiespältiges und fragwürdiges Licht rückt, ist ganz einfach die Tatsache, dass es sich um Theorien handelt, die Annahmen und Voraussagen machen, die sich zumindest im Moment noch keinesfalls direkt überprüfen lassen. Aussagen über die Körnigkeit der Raum-Zeit in einer Größenordnung wie 10^{-22} m bringen dem kritischen Experimentalphysiker wenig, denn wie soll er derartige Winzigkeiten jemals überprüfen können, wo doch ohnehin schon kaum mehr auflösbare Größenordnung der Atome um den sagenhaften Faktor 10^{20} (!) weiter oben auf der Größenskala liegen als die „mystische" Planck-Länge. Schätzungen zufolge könnte man Voraussagen der Superstringtheorie erst mittels Teilchenbeschleuniger der Größe unseres Sonnensystems oder gar der Milchstraße überprüfen. Diese Möglichkeit der Prüfung wird uns wohl in absehbarer Zeit eher nicht zur Verfügung stehen. Nicht verwunderlich, dass ein sehr großer Teil der physikalischen Fachschaft aus diesen und ähnlichen Gründen den Quantengravitationstheorien nicht unwesentlich abgeneigt ist und sie für ausgemachten Blödsinn hält, mehr für Metaphysik oder Philosophie denn echte Naturwissenschaft. Natürlich ist diese harte Kritik aus ersichtlichen Gründen nicht völlig unberechtigt, doch sei an dieser Stelle ganz deutlich auf eine Analogie hinsichtlich der ehemaligen Frage nach der Existenz bzw. Nichtexistenz ebenfalls nicht direkt messbarer, verborgener Variablen hingewiesen sein.

Wenn uns die verblüffende Geschichte um den eindeutigen Nachweis der Unmöglichkeit der Existenz lokal-realistischer verborgener Variabler eines gelehrt hat, so war es doch, dass man im vornherein einfach nicht wissen kann, was die Empirie zugänglich ist und was nicht. Lokal-realistische verborgene Variable entziehen sich schon rein prinzipiell jeder direkten Nachweisbarkeit, dies ist ein unumstößliches Faktum, doch bedeutet das nicht, dass sie der empirischen Wissenschaft nicht zugänglich wären, d.h. ihre Existenz nicht experimentell verifiziert oder falsifiziert werden könnte.

Äquivalent, so ist die Meinung vieler Physiker, sind die Aussagen der Quantengravitationstheorien zu betrachten, denn man kann keine Aussage darüber treffen, was empirisch erfassbar ist, solange es man nicht gemessen hat. Da der Empirie zugängliche Sachverhalte nicht erfassbar werden können, kann man ergo die Grenze der Empirie selbst freilich ebenfalls niemals erkennen. Umso erfreulicher ist es da, dass zumindest die Loop-Quantengravitation doch einige, eventuell sogar in näher Zukunft überprüfbare Voraussagen macht.

Ihre Annahme nämlich, der entsprechend sich auf Grund der Diskontinuität der Raum-Zeit sehr energiereiche Gammaquanten schneller im Spin-Netzwerk ausbreiten als niedriger energetische, könnte schon bald mit hinreichender Präzision durch Messung von Erdsatelliten überprüft werden. Das GLAST (Gamma-ray Large Area Space Telescope) hat ab 2006 diesbezügliche Messungen vorgenommen.

Doch ob es sich bei all diesen noch so vielversprechenden und eleganten physikalischen Theorien nun um eine präzise Beschreibung der Natur oder um reine Phantasie ihrer Entdecker handelt, darüber kann schließlich einzig und allein das Experiment als Prüfstein entscheiden. Angesichts dieses großen physikalischen Ziels, den „heiligen Gral der Physik", die Theorie für alles zu finden, und den sich bei seiner Verfolgung immer wieder auftuenden Sackgassen sei mit einem Zitat Albert Einsteins, das einem Brief an seinen Kollegen David Bohm schrieb, zu schließen: *„Falls Gott die Welt erschaffen hat, war seine Hauptsorge sicherlich nicht, dass wir sie verstehen können!"*

Das scheint eine Feststellung zu sein, die wohl jeder leibhaftige Physiker dann und wann empfinden mag. So wundervoll und vielschichtig unser modernes Wissen über Natur und Kosmos bis zum heutigen Tag auch sei, umso mehr ist uns dennoch vielleicht gerade deshalb mehr denn je bewusst, dass wir noch nicht am letzten Ziel angelangt sind. Das große Rätsel steht noch unentdeckt vor uns und wartet darauf erforscht zu werden. Die Theorie für alles liegt noch tief im Verborgenen, versteckt durch das faszinierende, subtile und erhabene Wesen der Natur selbst. Es gibt wahrscheinlich nur eines, dass man wohl mit unzweifelhafter Sicherheit sagen kann: die Zukunft der Quantengravitation ist *relativ unscharf.* (9)

a) Berechnen Sie den Schwarzschildradius

- des Jupiters

- der Erde

- der Sonne

b) Berechnen Sie die Plack-Länge: sie ist zugegebenermaßen so unvorstellbar klein, dass jegliche menschliche Vorstellungskraft versagt.

Doch laut Quantengravitation versagt hier nicht die Vorstellungskraft, sondern die Natur selbst, indem sie keine physikalischen Strukturen zulässt, die kleiner sind als eben diese Plancklänge.

c) Berechnen Sie die Planck-Zeit: wie schon erwähnt, ist der Quantengravitation zufolge nicht nur der Raum körnig, sondern auch die Zeit. Aus der Dauer nämlich, die das Licht benötigt, um die Strecke einer Planck-Länge zu durchqueren, lässt sich eine kleinstmögliche Zeit, die Planck-Zeit herleiten.

a) Es gilt: $r = \dfrac{2\,\mu\,m}{c^{\underline{2}}}$; $m = 1,9 \times 10^{\,23}\ \mathrm{kg}$

$$r = \frac{2 \times 6{,}673\ 10^{-11}\ \dfrac{m^{\underline{3}}}{(kig\ s^{\underline{2}})} \times 1{,}9 \times 10^{\underline{27}}\ kg}{\left(3 \times 10^{\underline{8\,m}}\,\dfrac{}{s}\right)^{\underline{2}}} =$$

$$\frac{2{,}53574\ 10^{\underline{17}}\ \dfrac{m^{\underline{3}}}{s^{\underline{2}}}}{9\ 10^{\underline{16}}\ \dfrac{m{,}^{\underline{3}}}{s^{\underline{2}}}} = 2{,}817488889\ \mathrm{m}$$

Es gilt: $r = \dfrac{2\,\mu\,m}{c^2}$; $\quad m = 6{,}0 \times 10^{24}$ kg

$$r = \frac{2 \cdot 6{,}673 \cdot 10^{-11}\,\dfrac{m^3}{(kg\,s^2)} \cdot 6{,}0 \cdot 10^{24}\,kg}{\left(3 \cdot 10^{8}\,\dfrac{m}{s}\right)^{2}} = \frac{8{,}0076 \cdot 10^{14}\,\dfrac{m^3}{s^2}}{9 \cdot 10^{16}\,\dfrac{m^3}{s^{23}}}$$

$$= 8{,}8973 \cdot 10^{-3}\,m = 0{,}889\ cm$$

Es gilt: $r = \dfrac{2\,\mu\,m}{c^2}$; $\quad m = 1{,}993 \times 10^{30}$ kg

$$r = \frac{2 \cdot 6{,}673 \cdot 10^{-11}\,\dfrac{m^3}{(kg\,s^2)} \cdot 1{,}999 \cdot 10^{30}\,kg}{\left(3 \cdot 10^{8}\,\dfrac{m}{s}\right)^{2}} = \frac{2{,}6598578 \cdot 10^{20}\,\dfrac{m^3}{s^2}}{9 \cdot 10^{16}\,\dfrac{m^3}{s^{23}}}$$

$$= 2955{,}3976\ m = 2{,}955\ km$$

b) Die Planck-Länge:

Es gilt:

$$l_{\text{Planck}} = \sqrt{\frac{\mu\,\hbar}{c^3}}\ ;\quad \text{mit } \hbar = h/2\pi = 1{,}05457 \times 10^{34}$$

$$l_{\text{Planck}} = \sqrt{\dfrac{6{,}673 \ 10^{-11} \ \dfrac{m^3}{kg \ s^2} \times 1{,}05457 \ 10^{-34}}{\left(3 \times 10^8 \dfrac{m}{s}\right)^3}} = \sqrt{\dfrac{7{,}037158956 \ 10^{45}}{2{,}7 \ 10^{25}}}$$

$$= 1{,}614421001 \ 10^{-35} \ m$$

c) Die Planck-Zeit:

$$\text{Es gilt :} \quad t_{\text{Planck}} = \sqrt{\dfrac{\mu \ \hbar}{c^5}} \quad ; \quad \hbar = h/2\pi = 1{,}05457 \ 10^{-34}$$

$$t_{\text{Planck}} = \sqrt{\dfrac{6{,}673 \ 10^{-11} \ \dfrac{m^3}{kg \ s^2} \times 1{,}05457 \ 10^{-34}}{\left(3 \times 10^8 \dfrac{m}{s}\right)^5}} = \sqrt{\dfrac{7{,}037158956 \ 10^{45}}{2{,}43 \times 10^{42}}}$$

$$= 5{,}3813982 \times 10^{-44} \ s$$

Aufgabe 15

Die Herkunft des Planck'schen Wirkungsquantum

Woher kommt die Quantenhypothese?

Vor 1900 gab es in der klassischen Physik ein kleines, unwichtiges scheinendes, aber doch nicht vernachlässigbares Problem in der Thermodynamik: man stelle sich hierzu einen idealen schwarzen Körper vor, welcher keinerlei elektromagnetische Strahlung reflektiert, sondern eben jegliche Strahlung absorbiert, die auf ihn trifft.

Ein solcher Körper wird durch ein Spektrum elektromagnetischer Strahlung emittiert, welches nur von seiner Temperatur und nicht von dem Material, aus dem er besteht, oder sonstigen anderen Einflüssen, abhängt. Diese Strahlung nennt man Schwarzkörperstrahlung oder auch Hohlkörperstrahlung.

Eine Möglichkeit, einen schwarzen Körper praktisch nachzustellen, ist, einen Hohlkörper zu nehmen (z.B. eine hohle Metallkugel) und durch ein kleines Loch elektromagnetische Strahlung hineinzuführen. Die Strahlung wird nun von den Innenwänden so lange reflektiert, bis sie vom Körper absorbiert wird und zu einer Temperaturerhöhung desselben führt. Nun kann man die Spektralverteilung eines schwarzen Körpers, d.h. die spezifische Leistung der elektromagnetischen Strahlung einer bestimmten Wellenlänge, die pro Fläche abgestrahlt wird, sowohl theoretisch berechnen als auch experimentell (z.B. über Messungen an einer oben erwähnten Metallkugel) ermitteln.

Als man jedoch Experiment und Theorie dieser Hohlraumstrahlung verglich, fiel auf, dass sie sich widersprachen. Die frühere Theorie besagt nämlich, dass die Leistung P der Strahlung umgekehrt proportional zur vierten Potenz der Wellenlänge sei, da die zu Grunde liegende Gleichung, das Rayleigh-Jeans-Gesetz, P

$$(\text{Lambda}, T) = \frac{8 \, \pi \, kb \, T}{Lamda^{4}} \tag{1}$$

lautet, wobei k_B die Bolzmann-Konstante ist, deren Wert $kB = 1{,}3807 \times 10^{-23}$ beträgt, und T die Temperatur des schwarzen Körpers in Kelvin darstellt.

Das bedeutet, die Spektralverteilung müsste derartig aussehen, dass mit sinkender Wellenlänge die Leistung der elektromagnetischen Strahlung stetig ansteigt und mit Lambda > 0 die abgestrahlte Leistung P gegen unendlich gehen müsste.

Im Klartext heißt es allerdings, jeder Körper, welcher eine Temperatur des absoluten Nullpunkts von 0 Kelvin (=- 273 °C) besitzt, müsste unendlich viel Energie in Form von elektromagnetischer Strahlung emittieren. Das war natürlich ein externer Widerspruch zu der experimentell ermittelten Spektralverteilung, bei der im Bereich Lambda > 0 die Leistung P ebenfalls gegen Null geht. Das Phänomen der offensichtlich falschen theoretischen Voraussage wird als Ultraviolettkatastrophe bezeichnet. (10)

Wie konnte die Ultraviolettkatastrophe gelöst werden?

Kurz vor Anbruch des neuen Jahrhunderts sollte Max Planck auf der in der Historie der Quantentheorie wohl bedeutendste Konferenz am 14. Dezember 1900 die Geburtsstunde der Quantenphysik einläuten, um sich damit zum Vater der Quantentheorie zu machen. Er konnte das Problem jener prekären Ultraviolettkatastrophe der Spektralverteilung der Schwarzkörperstrahlung lösen, indem er genialer weise eine völlig neue Strahlungsformel aufstellte.

Nebenbei sei kurz bemerkt, dass Planck selbst interessanterweise seine Formel nur als einen „Kunstgriff" bezeichnete, als eine künstliche Modifikation der klassischen Strahlungsformel, um die theoretische Spektralverteilungsfunktion der experimentell ermittelten anzupassen. Er betonte diesbezüglich oft, er habe die Lösung erst gefunden, nachdem er sich zu einem Akt der Verzweiflung gezwungen sah. Umso famoser, dass Plancks Strahlungsformel tatsächlich durch ihre neuartige Quantenhypothese die experimentellen Ergebnisse innerhalb der (überaus winzigen) Messgenauigkeiten exakt zu beschreiben zu vermag. Dieses revolutionäre Gesetz, welches ihm zu Ehren schließlich Planck'sches Strahlungsgesetz genannt wird, lautet nun:

$$P\,(u,\,T) = \frac{8\,\pi\,v^{\underline{2}}}{c^{\underline{3}}}\;\frac{h\,v}{e^{\underline{hv}}\,/\,kBt-1} \tag{1}$$

Doch momentan wollen wir uns nicht mit der langen und mühseligen Herleitung und dem genaueren Aufbau dieser Strahlungsformel auseinandersetzen, geht es uns doch aktuell vor allem um Plancks fundamentale Neuerung, - die revolutionäre Quantenhypothese perse. Das Bahnbrechende an dieser von ihm erdachten Gleichung (2) war nämlich, dass sie im Gegensatz zur klassischen Herangehensweise eine quantenhafte Emission und Absorption der elektromagnetischen Strahlung im Inneren des Schwarzkörpers annahm.

Demnach sollte die Wärmeenergie des Hohlraums von den Wänden immer in kleinste Portionen, den so genannten Quanten, die so etwas wie kleine „Energiepakete" darstellen, von den Wänden des Hohlraums aufgenommen und abgegeben werden. Die Energie eines jeden solchen Quants musste Plancks Hypothese entsprechend von der Frequenz v und einer Konstanten, dem später als Planck'schen Wirkungsquantum bezeichneten Faktors: h = 6,6262074 $\times$ 10 $^{-34}$ Js abhängig sein. So ergibt sich die Energie eines Quants der elektromagnetischen Strahlung Plancks Quantenhypothese entsprechend als

$$E = h\, v \tag{2}$$

Planck selbst konnte seinerzeit schon einen bemerkenswert genauen Wert für h angeben. Dazu assimilierte er sein neu gefundenes Planck'sches Strahlungsgesetz (2) über eine passende Größenwahl der Konstanten h. Es ergeben sich die durch Versuche erhaltenen experimentellen Messdaten. Später konnte dann der Wert des Planck'schen Wirkungsquantum z.B. über den Versuchsaufbau zum photoelektrischen Effekt mit

$$h = E\, /\, v \tag{3}$$

noch wesentlich präziser ermittelt werden.   (11)

Wovon ist der Energiebetrag eines Lichtquants abhängig?

Wenn wir also im Folgenden von Quanten oder Lichtquanten sprechen, so handelt es dabei nach Gleichung (2) stets um „Energiepäckchen" der Größe hv, so wie es die exakte Strahlungsformel Plancks fordert.

Nun, es gilt die allgemein gültige Beziehung

$$c = v \times Lambda \tag{4}$$

nach der die Ausbreitungsgeschwindigkeit c einer Welle gleich dem Produkt aus deren Frequenz v und ihrer Wellenlänge Lambda ist. Da die Ausbreitungsgeschwindigkeit der elektromagnetischer Strahlung c innerhalb eines bestimmten Mediums konstant ist, nämlich im Vakuum den bekannten Wert von ca. 300 000 km / s besitzt, kann man die Planck'sche Quantenhypothese (2) über Relation (4) in

$$E = \frac{h\,c}{Lambda} \tag{5}$$

umformen, wobei c die Vakuumlichtgeschwindigkeit ist. An diesen Formeln (2) und (5) kann man jetzt wunderbar erkennen, dass die Energie eines Lichtquants proportional zu seiner Wellenlänge ist. Es gibt des Weiteren noch eine andere interessante Beziehung für die Energie eines Quants. In der Quantenphysik hat sich für die kleinste Einheit des quantenphysikalischen Spins, einer Art Drehimpuls von Quantenobjekten, die Abkürzung (gesprochen: h quer für h / 2π. Das bedeutet:

$$\hbar = h / 2\pi = 1{,}054572 \times 10^{-34} \text{ JS} \tag{6}$$

Setzen wir dieses $\hbar$ in die Gleichung der Quantenhypothese ein, so erhalten wir die Relation:

$$E = \hbar \times 2\,\pi v \tag{7}$$

Aus der Analyse der gleichförmigen Kreisbewegung wird die Definition der Winkelgeschwindigkeit mit.

$$w = \frac{2\,\pi}{T} \tag{8}$$

beschrieben, was bedeutet, dass die Winkelgeschwindigkeit w die Anzahl der Umdrehungen (im Bogenmaß sind das Vielfache von $2\,\pi$) prop Zeit T ist, die für eine Umdrehung benötigt wird. Da die Umlaufzeit T der Kehrwert der Frequenz ist, mit der die Kreisbewegung stattfindet, also

$$u = \frac{1}{T} \tag{9}$$

folgt aus (8) und (9)

$$w = 2\,\pi\,v \tag{10}$$

und somit über die Einsetzung von (10) in (7)

$$E = \hbar\,w \tag{12}$$

Für die Energie eines Quants kennen wir demnach bis jetzt schon die Beziehung:

$$E = h\,v = \frac{h\,c}{Lambda} = \hbar\,w \tag{13}$$

Diese Gleichungen sind in der Physik sehr wichtig, denn sie sind in der Quantenphysik, ja der sprichwörtlich quantisierten Physik, schließlich mathematisch von absolut elementarer, grundlegender Bedeutung und laufen uns immer wieder im Mikrokosmos der Physik über den Weg. Als interessante Anekdote soll abschließend erwähnt sein, dass Planck seinerseits diese Energie-Quantisierung im Mikrobereich (durch die Einführung des Faktors h) nur als eine mathematische Hilfskonstruktion ansah, um die experimentell gefundene Spektralverteilung der Schwarzkörperstrahlung auch theoretisch berechnen zu können.

Erst 1905 sollte Albert Einstein bei seinen Studien des photoelektrischen Effekts erkennen, dass die Energie-Quantisierung nicht nur die Rolle einer mathematischen Hilfskonstruktion spielt, sondern eine grundlegende Eigenschaft der elektromagnetischen Strahlung an sich darstellt.

a) Berechnen Sie die Energie eines Lichtquants der Wellenlänge: $v = 380 \times 10^{-9}$ m.

b) Berechnen Sie die Leistung P des Rayleigh-Jeans-Gesetz. Die Wellenlänge Lambda soll 770×10^{-9} m sein.

c) Berechnen Sie die Planck'sche Strahlung mit $v = 1450$ Hz und $T = 45$ K

a) Es gilt: $E = hv$; $v = 380 \times 10^{-9}$ m

$E = 6{,}62608 \times 10^{-34}$ Js $\times 380 \times 10^{-9}$ m
$= 2{,}5279104 \times 10^{-40}$ Js

b) Es gilt: $P\,(\text{Lambda } T) = \dfrac{8\,\pi\,kb\,T}{Lamda^{4}}$

$$P\,(\text{Lambda; T}) = \frac{8\pi\,1{,}3806 \times 10^{-23} \times 45\,K}{\left(770 \times 10^{-9}m\right)^{4}}$$

$$= \frac{1{,}561421814\ 10^{-20}}{3{,}5153041\ 10^{-25}} = 44417{,}83043$$

c) Es gilt: $P\,(u,\,T) = \dfrac{8\,\pi\,v^2}{c^3}\;\dfrac{h\,v}{e^{hv}\,/\,kBt-1}$

$$P\,(u,T) = \frac{8\,\pi\,(1450\,Hz)^2}{c^3}\;\frac{6{,}62608 \times 10^{-34} \times\; 1450\,Hz}{\left(e^{\dfrac{6{,}62608 \times 10^{-34} \times\; 1450\,Hz}{1{,}3807 \times\; 10^{-23}\;45\,k}}-1\right)} =$$

$$\frac{52841588}{2{,}7 \times 10^{16}}\;\frac{9{,}607816 \times 10^{-31}}{\left(e^{\dfrac{1{,}546367945 \times\; 10^{-9}}{}}-1\right)} = 1{,}9570959 \times 10^{-9}$$

$$\frac{9{,}607816 \times\; 10^{-31}}{1{,}54636 \times\; 10^{-9}} = 1{,}9570959 \times 10^{-9} \times\; 6{,}2131811924$$

$$\times\; 10^{-22} = 1{,}215974114 \times\; 10^{-30}$$

Aufgabe 16

Das Bohrsche Atommodell

Zweifellos, es stellt uns die Frage nach dem Aufbau der Materie. Dass Materie aus unteilbaren, kleinsten Teilchen aufgebaut ist, wurde bekanntlich schon vor sehr langer Zeit im alten Griechenland vermutet, als derartige Hypothesen noch eher auf philosophischen Denkweisen basiert, denn auf ordnungsgemäßer Wissenschaft im Sinne der Physik Galileis oder Newtons. So gingen schon im 5. Jahrhundert v.Chr. die Philosophen Leukipp und Demokrit von der Existenz kleinster Partikel, genannt Atome (von griechisch Atmos = unteilbar), aus.

Sehr viel später griff schließlich der britische Chemiker John Dalton (1766-1844) auf Grund bestimmter Gesetzmäßigkeiten, die man bei chemischen Versuchen beobachten konnte, die Antike Atomhypothese wieder auf und ergänzte sie.

Dalton erkannte, dass sich das Gesetz der konstanten und multiplen Proportionen (nach dem sich Elemente nur unter bestimmten Massenverhältnissen oder in ganzzahligen Vielfachen dieser Massen zur chemischen Verbindungen zusammenschließen) über die Annahme der Existenz von Atomen erklären ließ. Dabei sollte jedes Atom eines bestimmten chemischen Elements stets dieselbe Masse und Größe haben und zumindest chemisch nicht weiter teilbar sein. Doch dieses frühe Atommodell vermochte natürlich noch nicht alle beobachteten Phänomene zu erklären. So entdeckte der Brite Joseph Thomson (1856-1940) bei seinen Versuchen an Kathodenstrahlröhren, dass es negativ geladene Partikeln geben musste - die Elektronen. Über seine Experimente war er sogar dazu in der Lage den Quotienten q/m, also die Ladung pro Masse eines solchen Elektrons zu bestimmen. Des Weiteren nahm er zur Erklärung seiner Versuche die Existenz von positiven geladenen Teilchen (den positiv geladenen Ionen) an.

Das aus diesen neuen Erkenntnissen gebildete Atommodell Thomsons wird als Rosinenkuchenmodell bezeichnet. Hiernach stellt man sich das Atom als einen kompakten Klumpen vor, in dessen positiver Materiekugel die negativen Elektronen regelmäßig verteilt, wie Rosinen in einem Kuchenteig, eingebettet sind.

So war schon Mitte des 19. Jahrhunderts ersichtlich, dass das so genannte Atom gar nicht wirklich unteilbar sein konnte, wie ursprünglich angenommen, bzw. das eigentliche Atom - wenn dies denn existierte - noch nicht gefunden war. Als jedoch 1903 Philipp Lenard (1862-1947) begann, über den Beschuss von Aluminiumfolien durch beschleunigte Elektronen genaueren Aufschluss über den Aufbau der Atome zu erlangen, konnte das Atommodell Thomsons als ausgedehntes Gebilde betrachtet werden. Genaueres fand wenig später Ernest Rutherford (1871-1937) heraus, der durch verfeinerte Experimente zu einem neuen, verbesserten Atommodell gelangen konnte. Er beschoss dünne Goldfolien mit Alphastrahlung, welche aus Alphateichen, also Heliumkernen, besteht, die von radioaktiven Kernen emittiert werden.

Dabei untersuchte er die Winkel v, unter denen die Alpha-Teilchen an der nur ca. 100 Atomschichten breiten Goldfolie gestreut wurden und musste bemerken, dass die Alpha-Teilchen nur äußerst geringfügig durch die Folie abgelenkt wurden. Ein Teilchen jedoch wurde nahezu in einem 180 ° Winkel von der Folie zurückgeworfen. Rutherford konnte daraufhin zeigen, dass das beobachtete Streuverhalten der Alpha-Teilchen nicht mit dem von Thomson vorgeschlagenen Atommodell, in dem die positive Ladung des Atoms gleichmäßig über das gesamte Atom verteilt gedacht wird, erklärt werden kann. Aus jenen aufschlussreichen Experimenten konnte Rutherford folgende Schlüsse ziehen:

Atome sind größtenteils leer.

Das Atom besitzt einen sehr kleinen und äußerst kompakten, positiv geladenen Kern der Größenordnung 10^{-15}

Elektronen umkreisen in der Atomhülle in beliebigen Abständen den Atomkern. Hierbei muss die durch die Bahngeschwindigkeit des Elektrons verursachte Zentrifugalkraft der ihr entgegengesetzten elektrischen Anziehungskraft des Kerns betragsgleich sein.

Dieses Atommodell ähnelt unverkennbar dem Aufbau unseres Planetensystems. Aus diesem Grund wird das Rutherfordsche Atommodell auch als Planetenmodell bezeichnet. Die Gleichgewichtsbedingung, nach der die elektrische Anziehungskraft der Zentrifugalkraft betragsgleich sein muss, also

$$F_{\text{elektrisch}} = - F_{\text{zentrifugal}} \tag{1}$$

kennen wir ebenfalls schon aus der Newtonschen Mechanik. Die elektrische Kraft, die auch Coulomb-Kraft heißt, wird über

$$F_{\text{elektrisch}} = \frac{1}{4\,\pi\,\epsilon 0}\,\frac{Q1\,Q2}{r^{2}} \tag{2}$$

berechnet, wobei $Q1$ und $Q2$ die beiden Ladungen sind, die sich aus dem Abstand r anziehen. Der konstante Faktor ϵ_0 nennt sich elektrische Feldkonstante und besitzt den ungefähren Wert $\epsilon_0 = 8{,}854 \times 10^{-12}$ AS v^{-1} m^{-1}. Nun, die Zentrifugalkraft ist durch

$$F_{\text{zentrifugal}} = \frac{m\,v^{2}}{r} \tag{3}$$

gegeben. Demnach folgt für die dem Rutherfordschen Atommodell zu Grunde liegenden Gleichgewichtsbedingung

$$\frac{1}{4\,\pi\,\epsilon 0}\;\frac{Q1\,Q2}{r^{2}} = -\frac{m\,v^{2}}{r} \tag{4}$$

Welcher Makel besitzt das Planetenmodell Rutherfords?

Allerdings haften auch diesem wesentlich verbesserten Atommodell gewisse Nachteile an. So vermag es zwei grundlegenden Tatsachen nicht zu berücksichtigen.:

Diskontinuität von Absorptions- und Emissionsspektren:
Es ist eine experimentelle Tatsache, dass Atome elektromagnetische Strahlung stets nur in ganz bestimmten, für das jeweilige Element charakteristischen Frequenzen absorbieren und emittiert werden können. Untersucht man z.B. das Licht, welches von angeregten Hg-Atomen (Quecksilberdampf) ausgesendet wird, spektroskopisch, so muss man feststellen, dass kein kontinuierliches Spektrum emittiert wird, sondern nur bestimmte Frequenzen als so genannte Spektrallinien zu erkennen sind. Aber weshalb werden nur bestimmte Frequenzen absorbiert oder emittiert?
Stabilität der Atome:
Sie gibt eine Form elektromagnetischer Strahlung ab. Da die Elektronen nun im Rutherfordschen Atommodell in der Atomhülle den Atomkern umkreisen, erfahren sie eine Radialbeschleunigung.

Diese müsste aber dazu führen, dass die Elektronen durch die ständige Beschleunigung Energie abstrahlen, so dass sie an kinetischer Energie verlören und als letztendlich Resultat in den Kern stürzen müssten. Folglich wären Atome nicht stabil, sondern würden sofort kollabieren. Dass dies jedoch in Wirklichkeit nicht der Fall ist, dürfte offenkundig sein. Atome sind augenscheinlich stabil. Wie lässt sich also die Stabilität von Atomen erklären? Diese nach allen theoretischen Bemühungen immer noch offenen Fragen zwang zu der Annahme, dass das Rutherfordsche Atommodell zumindest nicht vollständig sein kann. Die Suche nach einer besseren, wirklichkeitsnäheren Theorie galt somit erneut als eröffnet. (14)

Wie löst das Bohrsche Atommodell diese Diskrepanzen?

Angesichts der Stabilität der Atome und der Diskontinuität von Absorptions- und Emissionsspektren bemühte sich schließlich der bekannte dänische Physiker Niels Bohr (1885-1962), diese Widersprüche zwischen der Rutherfordschen Atomtheorie und der Realität zu klären. Dabei erweiterte er das Rutherford´sche Atommodell um die Planck'sche Quantenhypothese. 1913 gelang es ihm, auf Grund dieses neuen, quantisierten Bohrschen Atommodells das Linienspektrum des Wasserstoffs vorauszusagen bzw. zu erklären. Sein neues semi-klassisches Atommodell beruht faktisch auf drei fundamentalen Postulaten, die Bohr zu Ehren als Bohrsche Postulate bezeichnet werden:

1. **Bohrsches Postulat**

Ein Elektron, welches im Atom den positiv geladenen Kern umkreist, kann sich   nur in ganz bestimmten, diskreten Kreisbahnen der Energie En (mit n = 1,2,3   ...usw.) aufhalten. Diese Bahnen werden stationäre Zustände genannt.

2. Bohrsches Postulat

In der Atomhülle bewegen sich die Elektronen auf den stabilen Bahnen, den   stationären Zuständen, strahlungsfrei. Bei einem Übergang eines Elektrons mit   einem Energieniveau n auf ein niedriges m wird Energie in Form eines Photons   der Größe

$$\Delta E = E_m - E_n = h \, \Delta v \tag{5}$$

emittiert. Um ein Elektron von einem Energieniveau auf ein höheres zu heben,   wird eben jenes Photon des Betrags ΔE aus Gleichung (5) absorbiert.

Das Atom muss also nicht auf Grund der in ihm radial beschleunigten   Elektronen stetig Energie abstrahlen, sondern Energie wird nur im Falle des   Springens eines Elektrons auf ein niedrigeres Energieniveau frei.

3. Bohrsches Postulat

Der Drehimpuls eines Elektrons, welcher mit L = mv r beschrieben ist, ist also nichts Weiteres als der Drehimpuls mv multipliziert mit dem Radius r. Er kann in der Atomhülle nur diskrete Werte annehmen. Er ist quantisiert. Der Drehimpuls eines Elektrons kann nur ganzzahlige Vielfache von $\hbar$ annehmen, also

$$L \, m \, v \, r = n \, \hbar, \tag{6}$$

wobei n = 1,2,3 ... usw. ist. Anbei sei eine Erläuterung angefügt, die zwar nicht von Bohr selbst, sondern von Louis de Broglie stammt, aber dennoch einen hohen Anschaulichkeitswert besitzt. Sie basiert auf dem von de Broglie geprägten Prinzip der Materiewelle, welches - mathematisch durch die de-Broglie- Wellenlänge ausgedrückt - bedeutet, dass jeder bewegten Materie eine Wellenlänge zugeordnet werden kann.

Man stelle sich nun ein Elektron vor, wie es auf seinem Energieniveau um den Atomkern kreist. Der Kreisumfang der Umlaufbahn des Elektrons ist bekanntlich

$$u = 2 \pi r \qquad (7)$$

Angesichts der Tatsache, dass Wellen die Eigenschaft der Interferenzfähigkeit besitzen, muss man dabei erkennen, dass eine Elektronenwelle, welche sich auf der Kreisbahn ausbreitet, genau dann konstruktiv mit sich selbst interferieren würde, wenn der Kreisumfang ein ganzzahliges Vielfaches der Wellenlänge des Elektrons und somit

$$2 \pi r = n \text{ Lambda} \qquad (8)$$

wäre.

Setzen wir nun die de-Broglie-Wellenlänge (Lambda = h / p) in (8) ein, so erhalten wir die Bedingung

$$2 \pi r = n \frac{h}{p} \qquad (9)$$

die erfüllt sein muss, damit sich ein Elektron auf seiner Umlaufbahn um den Atomkern nicht selbstständig durch destruktive Interferenz auslöscht, sondern konstruktiv mit sich selbst interferiert.

Wenn wir jetzt in (9) genau hinsehen, erkennen wir, dass durch leichte Umformung (jeweils p bzw. $2\,\pi$ auf die entgegengesetzten Gleichungsseiten bringen) das erwähnte 3. Bohrsche Postulat wieder zu erkennen ist, nämlich

$$Pr = n\,\frac{1}{2\,\pi} \tag{10}$$

und da: $h / 2\,\pi = \hbar$ p = mv ist, können wir sogar die „Originalversion" wieder erblicken:

$$m\,v \times r = n\,\hbar \tag{11}$$

Diese informelle Herleitung des 3.Bohrschen Postulats sollte eine Art Begründung oder Rechtfertigung für die Aufstellung der Postulate geben, denn wie wir wissen, handelt es sich bei Postulaten im Grunde genommen nur um, wenn auch reflektierte und einleuchtende, Annahmen, also um Hypothesen. Deshalb ist diese kleine Erklärung mittels der de-Broglie´scher Materiewellen notwendig. (15)

Was ist der Bohrsche Radius?

Nun wollen wir uns das auf diesen drei zentralen Bohrschen Postulaten beruhende Bohrsche Atommodell etwas näher ansehen. Zusammenfassend ausgedrückt wissen wir jetzt, dass die Elektronen nur auf bestimmten Bahnen mit einem gewissen Drehimpuls um den Kern kreisen können. Sowohl der Radius der Umlaufbahn als auch der Drehimpuls des Elektrons sind quantisiert. Versuchen wir nun dieses Bohrsche Atommodell auf das einfachste Atom aller Elemente anzuwenden: das Wasserstoffatom.

Bekanntlich besteht das Wasserstoffatom aus einem Elektron, welches das Proton, das Neutron, also den Atomkern umkreist. Jedes dieser Elementarteilchen trägt die Elementarladung e, welche den ungefähren Wert

$$e = 1{,}602 \times 10^{-19}\ C \tag{12}$$

besitzt, wobei die Ladung des Protons +e und die des Elektrons -e ist.

Dieses Elektron in der Atomhülle muss zunächst einmal die schon im Rutherford´schen Atommodell aufgestellte Gleichgewichtsbedingung (4) erfüllen., also muss

$$\frac{Q1\,Q2}{4\,\pi\,\epsilon0\,r^2} = -\,\frac{m\,v^2}{r} \tag{13}$$

gelten, wobei Q1 = e und Q2 = -e sind. Die Masse m ist hierbei natürlich die des Elektrons, welche den Wert

$$m_e = 9{,}109 \times 10\,31\ kg \tag{14}$$

trägt. Durch die Multiplikation von Gleichung (13) mit r erhält man:

$$\frac{e^2}{4\,\pi\,\epsilon0} = m_e\,v^2\,r \tag{15}$$

was dem Produkt aus Drehimpuls und Bahngeschwindigkeit, also Lv entspricht. Setzen wir nun auf der rechten Gleichungsseite für den Term mv r, das 3. Bohrsche Postulat ein, so folgt:

$$\frac{e^2}{4\,\pi\,\epsilon0} = L\,v = n\,\hbar\,v \tag{16}$$

Das Auflösen von (16) nach der Bahngeschwindigkeit v liefert

$$v = \frac{e^2}{4\,\pi\,\epsilon 0\,n\,\hbar} \tag{17}$$

und über $\hbar = h / 2\,\pi$ folgt

$$v = \frac{e^2}{2\,\epsilon 0\,n\,\hbar} \tag{18}$$

Setzt man diese Bahngeschwindigkeit v in Gleichung (15)
ein, so resultiert schließlich eine Relation

$$\frac{e^2}{4\,\pi\epsilon 0} = me \left(\frac{e^2}{2\,\epsilon 0\,n\,h}\right)^2 r = r\,\frac{me\;e^4}{4\,\epsilon 0^2\,n^2\,h^2} \tag{19}$$

in der neben den vielen Konstanten nur noch eine „echte"
Variable auftaucht, nämlich der Bahnradius r. Durch
Kürzen von $c^2 = (4\,\pi\epsilon 0)$ erhalten wir die vereinfachte
Form

$$1 = r\,\frac{me\;e^2\,\pi}{\epsilon 0\,n^2\,h^2} \tag{20}$$

und durch das Isolieren von r ergibt sich

$$r = \frac{\epsilon 0\,n^2\,h^2}{me\;c^2\,\pi} \tag{21}$$

An dieser Formel für den Bahnradius r ist ersichtlich, dass
der Abstand eines Elektrons vom Kern nur von der
quantisierten Variablen n = 1,2,3 usw. abhängig ist, da alle
anderen physikalischen Größen in (21) konstante Werte
besitzen. So können wir eine übersichtlichere Schreibweise
für r(n) mit

$$r(n) = n^2 \left(\frac{\epsilon 0\,h^2}{me\;e^2\,\pi}\right) \tag{22}$$

angeben.

Dieser kleinstmögliche Abstand des Elektrons vom Wasserstoffkern wird als Bohrscher Radius bezeichnet. Durch einen Vergleich der ungefähren Größenordnung des Bohrschen Radius mit den Versuchsergebnissen von Ernest Rutherford, nach denen der Atomdurchmesser sehr gering ist, erkennen wir, dass sich der theoretisch ermittelte Wert für den Bohrschen Radius im Einklang mit den experimentellen Daten befindet. (16)

Welche Werte besitzen die Energieniveaus in der Atomhülle?

Schon an früher Stelle verwendeten wir die Begriffe Elektronen- oder Umlaufbahn und Energieniveau synonym. Damit werden im Bohrschen Atommodell die stationären Zustände, sozusagen die Elektronenbahnen, auf denen Elektronen sich strahlungsfrei bewegen können, bezeichnet. Auch die Werte der Energieniveaus sind quantisiert, hängen also von einer Variablen $n = 1,2,3 \ldots$ usw. ab. Wie sich diese Energieniveaus berechnen lassen, wollen wir uns im Folgenden ansehen. Selbsterklärend ist, dass sich die Gesamtenergie eines Elektrons auf einem Energieniveau aus seiner kinetischen Energie zusammengesetzt und folglich

$$E_{ges} = E_{pot} + E_{kin} \tag{23}$$

ist. Die potentielle Energie eines Elektrons im Wasserstoff ist (da $E = F\,r$)

$$E_{pot} = -\frac{e^2}{4\,\pi\epsilon_0\,r} \tag{24}$$

wobei man durch Substitution von r durch den Term in (21)

$$E_{pot} = - \frac{e^2}{4\pi\epsilon_0 \left(\frac{\epsilon_0\, n^2 h^2}{m_e\, c^2 \pi} \right)} \qquad (25)$$

und über Kürzung und Vereinfachung

$$E_{pot} = - \frac{m_e\, c^4}{4\,\epsilon_0^2 n^2 h^2} \qquad (26)$$

erhält. Die kinetische Energie des Elektrons wiederum ist durch

$$E_{kin} = \frac{1}{2} m_e\, v^2 \qquad (27)$$

und somit über (18) mit

$$E_{kin} = \frac{1}{2} m_e\, \frac{e^4}{4\,\epsilon_0 n^2 h^2} = \frac{m_e\, e^4}{8\,\epsilon_0^2 n^2 h^2} \qquad (28)$$

gegeben. Durch Einsetzen von (26) und (28) in (23) erhalten wir:

$$E_{ges} = - \frac{m_e\, e^4}{4\,\epsilon_0^2 n^2 h^2} + \frac{m_e\, e^4}{8\,\epsilon_0^2 n^2 h^2} = - \frac{m_e\, e^4}{8\,\epsilon_0^2 n^2 h^2}$$
$$(29)$$

Erneut in einer übersichtlicheren Schreibweise formuliert ergibt sich

$$E_{ges}(n) = - \frac{1}{n^2}\, \frac{m_e\, e^4}{8\,\epsilon_0^2 h^2} \qquad (30)$$

woran sehr anschaulich wird, dass auch der Wert eines Energieniveaus abhängig von der diskreten Variable n = 1,2,3, ... usw. ist.

So lässt sich über (30) die Energie eines jeden möglichen Energieniveaus des Bohrschen Atommodells berechnen. (17)

Wie geschehen die Absorptionen bzw. Emissionen von Photonen?

Konzentrieren wir uns nochmals auf das 2. Bohrsche Postulat, demzufolge ein Elektron unter Aufnahme oder Abgabe eines Energiequants von einem auf ein anderes Energieniveau „springen" kann. Das „Springen" muss man hierbei wirklich in Anführungsstriche setzen, denn nach Bohr dürfen sich die Elektronen ja gar nicht zwischen den Energieniveaus aufhalten. Sie können nicht vom einem zum anderen Energieniveau wandern, sondern müssen praktisch auf dem einen Niveau einfach verschwinden und im selben Augenblick auf dem anderen wieder auftauchen, und dies, ohne dass sie sich jemals irgendwo dazwischen aufgehalten hätten. Wenn dies als „komisch" empfinden, seien Sie gewiss, damit sind Sie nicht allein auf der Welt.

Das Problem ist nur, dieses „geisterhafte Elektronengehopse", wie man es salopp bezeichnen möchte, ist die einzige Möglichkeit, jegliche experimentell gesammelten Daten in einer konsistenten Theorie zu vereinen, die dazu in der Lage ist, korrekte Voraussagen zu liefern. Und dass wir im Mikrokosmos nicht gerade selten an Grenzen der Vorstellbarkeit geraten, dies dürfte uns nicht ganz so unbekannt vorkommen.

Infolgedessen müssen wir, solange wir keine Inkonsistenz der Theorie entdecken, den Vorgang des Springens eines Elektrons von einem Energieniveau auf ein anderes, auf eine schlichte Dokumentation des Anfangs- und Endzustandes reduzieren. Da es sich hierbei ja faktisch nur um eine Betrachtung von Potentialdifferenzen handelt, welche ohnehin weg- unabhängig sind, dürften wir mit einer solchen reduzierten Betrachtungsweise keine sonderlichen Schwierigkeiten haben.

Der Vorgang der Absorption und Emission eines Lichtquants basiert auf dem Springen eines Elektrons in der Atomhülle, denn die Energiedifferenz zwischen Anfangs- und Endenergieniveau wird als Energiequant aufgenommen bzw. abgegeben. Wenn beispielsweise ein Elektron vom 4. Energieniveau mit n = 4 auf das 2. mit n = 2 springt, wird die Energiedifferenz

$$E_{\text{Photon}} = E_4 - E_2 = - \frac{1}{4^2} \frac{me\,e^4}{8\,\epsilon 0\,h^2} - \left(- \frac{1}{r^2} \frac{me\,e^4}{8\,\epsilon 0\,h^2}\right) \quad (31)$$

in der Form eines emittierten Photons frei. Würde hingegen ein sich auf dem 2. Energieniveau befindliches Elektron ein ankommenden Energiequant der Größe E $_{\text{Photon}}$ aus (31) absorbieren, so würde es von Energieniveau n = 2 und n = 4 springen.

In einer allgemeinen Formel ausgedrückt, kann die Energiedifferenz zwischen zwei beliebigen Energieniveaus m und n über

$$\Delta E = E_m - E_n = -\frac{1}{m^2}\,\frac{m_e\,e^4}{8\,\epsilon_0\,h^2} - \left(-\frac{1}{n^2}\,\frac{m_e\,e^4}{8\,\epsilon_0\,h^2}\right) = \frac{m_e\,e^4}{8\,\epsilon_0\,h^2}\left(-\frac{1}{m^2} + \frac{1}{n^2}\right) \qquad (32)$$

berechnet werden.

So war das fundamentale Neue an Bohrs Atommodell letztendlich die Tatsache, dass im Atom eine Quantisierung besteht: Der Abstand der Elektronen vom Kern, ihr Drehimpuls, die Energieniveaus, auf denen sie sich bewegen - alles diskrete, quantisierte Größen, die jeweils immer nur in geradzahligen Vielfachen der kleinsten Einheit, dem Elementarquant der jeweiligen physikalischen Größe, auftauchen. (18)

Ist das Bohrsche Atommodell als „richtig" anzusehen?

Neben den großartigen Leistungen, die das Bohrsche Atommodell zu bieten hat, soll natürlich nicht unerwähnt bleiben, dass auch mit diesem Atommodell noch längst nicht das letzte Wort gesprochen war.

Auch wenn es als erstes Atommodell nicht nur die Stabilität der Atome und die Diskontinuität von Absorptions- und Emissionsspektrum erklären, sondern auch noch den Durchmesser der Atome voraussagen und korrekte Angaben über die Ionisationsenergie des Wasserstoffatoms geben konnte, so lässt es dennoch einige Fragen offen.

So können beispielsweise mittels des Bohrschen Atommodells eigentlich nur das Wasserstoffatom und einige wenige wasserstoffähnliche Atome zufriedenstellend beschrieben werden.

Dies ist schlicht und ergreifend eine Tatsache, eine Unzulänglichkeit speziell dieses Atommodells, die sich nicht leugnen lässt. Ebenso ist aus unserer jetzigen Position offenkundig, dass die von Bohr postulierten, immerhin noch semi-klassischen, diskreten Bahnen quantenmechanisch gesehen nicht haltbar sind, denn einem Quantenobjekt, wie es das Elektron nun einmal ist, kann keine genau bestimmte Bahn zugeschrieben werden.

Die Heisenberg`sche Unschärferelation verbietet es explizit, gleichzeitig von einem genau bestimmten Bahnradius r und einer konkreten Bahngeschwindigkeit v sprechen zu können, doch dies setzt, wie wir gesehen haben, das Bohrsche Atommodell voraus.

Und letztendlich muss man zugeben, dass, auch wenn das Bohrsche Atommodell bzw. dessen Voraussagen für das Wasserstoffatom sehr präzise sind, die Bohrschen Postulate, wie z.B. die Aussage, es gäbe halt einfach stationäre Zustände, auf denen sich Elektronen strahlungsfrei bewegen könnten, keine wirkliche Begründung finden.

Es sind und bleiben Postulate, und dies wiederum sind per definitionem frei aufgestellte und (mehr oder willkürlich) festgesetzte Hypothesen. Heute wissen wir, dass das Bohrsche Atommodell nur als eine semi-klassische, nicht allzu gute Näherung an die physikalischen Tatsachen angesehen werden kann. Aus der gegenwärtigen Perspektive betrachtet ist es als ein weiterer Repräsentant der vielen unzugänglichen Atommodelle zu deuten, die auf dem langen Weg zum aktuellen Wissensstand die hügeligen Landschaften ebneten.

Das besondere, bemerkenswerte Charakteristikum dieses Bohrschen Atommodells ist allerdings, dass es das erste war, welches eine Art „quantisierte Zustände" der Elektronen postulierte. (19)

a) Berechnen Sie den Bahnradius r mit den Variablen n = 1: n = 3; n =5

b) Berechnen Sie die Gesamtenergie eines Elektrons der diskreten Variablen n = 1; n = 6

c) Berechnen Sie den Vorgang der Absorption und Emission eines Lichtquants, basierend auf dem Springen eines Elektrons in der Atomhülle, denn die Energiedifferenz zwischen Anfangs- und Energieniveau wird als Energiequant aufgenommen bzw. abgegeben. Es sei nun angenommen, dass ein Elektron vom 4. Energieniveau mit n = 4 auf das 2. mit n = 2 springt.

d) Berechnen Sie Delta E mit m = 5 und n = 3.

a) Es gilt:

$$r(n) = n^2 \; \frac{\epsilon 0 \; h \frac{2}{}}{me \; e \frac{2}{} \pi} \quad ; \quad n = 1$$

$m_e = 9,109 \times 10^{-31} \, kg \; ; \; e = 1,602 \; 10^{-19} \, C \; ; \; \epsilon 0 = 8,854 \; 10^{-12} \, As/Vm$

$$r(n) = n^2 \; \frac{\epsilon 0 \; h \frac{2}{}}{me \; e \frac{2}{} \pi} \quad ; \quad n = 1$$

$$r(1) = 1 \quad \frac{8{,}854 \times 10^{-12}\frac{As}{Vm}\left(6{,}62 \times 10^{-34}Js\right)^2}{9{,}109 \times 10^{-31}\left(1{,}602 \times 10^{19}\right)^2 \pi}$$

$$= \frac{3{,}887343 \times 10^{-38}}{2{,}337737404 \times 10^{-68}\,\pi} = 5{,}293065514 \times 10^{-}$$

Es gilt:

$$r(n) = n^2 \quad \frac{\epsilon 0\ h^2}{me\ e^2\pi} \quad ; \quad n = 3$$

$m_e = 9{,}109\ 10^{-31}$ kg ; $e = 1{,}602 \times 10^{-19}$ C ; $\epsilon 0 = 8{,}854 \times 10^{-12}$ As / Vm

$$r(3) = 3^2 \quad \frac{8{,}854 \times 10^{-12}\frac{As}{Vm}\left(6{,}62 \times 10^{-34}Js\right)^2}{9{,}109 \times 10^{-31}\left(1{,}602 \times 10^{19}\right)^2 \pi} = 9 \times$$

$$\frac{3{,}887343 \times 10^{-38}}{2{,}337737404 \times 10^{-68}\,\pi} = 4{,}7637586463 \times 10^{-10}$$

Es gilt:

$$r(n) = n^2 \quad \frac{\epsilon 0\ h^2}{me\ e^2\pi} \quad ; \quad n = 3$$

$m_e = 9{,}109\ 10^{-31}$ kg ; $e = 1{,}602\ 10^{-19}$ C ; $\epsilon 0 = 8{,}854 \times 10^{-12}$ As / Vm

$$r(5) = 5^2 \; \frac{8{,}854 \times 10^{-12} \frac{As}{Vm} \left(6{,}62 \times 10^{-34} Js\right)^2}{9{,}109 \times 10^{-31} \left(1{,}602 \times 10^{19}\right)^2 \pi} = 25 \times$$

$$\frac{3{,}887343 \times 10^{-38}}{2{,}337737404 \times 10^{-68} \pi} = 1{,}323266379 \times 10^{-9}$$

b) Es gilt:

$$E_{ges\,(n)} = -\; \frac{1}{n^2} \; \frac{m_e\, e^4}{8\, \epsilon_0^2 h^2} \qquad\qquad ; \qquad n = 2$$

$$E_{ges\,(2)} = -\frac{1}{4^2} \; \frac{9{,}109 \; 10^{-31} \left(1{,}602 \; 10^{-19}\right)^4}{8 \left(8{,}854 \; 10^{-12}\right)^2 \left(6{,}62608 \; 10^{-34}\right)^2} = -\frac{1}{4} \times$$

$$\frac{14{,}592618 \; 10^{-107}}{2{,}7534828 \; 10^{-88}} = -1{,}324923643 \times 10^{-19}$$

$$E_{ges\,(n)} = -\; \frac{1}{n^2} \; \frac{m_e\, e^4}{8\, \epsilon_0^2 h^2} \qquad\qquad ; \qquad n = 6$$

$$E_{ges\,(6)} = -\frac{1}{6^2} \; \frac{9{,}109 \; 10^{-31} \left(1{,}602 \; 10^{-19}\right)^4}{8 \left(8{,}854 \; 10^{-12}\right)^2 \left(6{,}62608 \; 10^{-34}\right)^2} = -\frac{1}{36} \times$$

$$\frac{14{,}592618 \; 10^{-107}}{2{,}7534828 \; 10^{-88}} = -1{,}472137381 \; 10^{-20}$$

c) Es gilt:

$$E_{Photon} = E_4 - E_2 = -\frac{1}{4^2}\frac{m_e\,e^4}{8\,\epsilon_0\,h^2} - \left(-\frac{1}{r^2}\frac{m_e\,e^4}{8\,\epsilon_0\,h^2}\right)$$

$$E_{Photon} = -\frac{1}{4^2}\frac{9{,}109\ 10^{-31}\left(1{,}602\ 10^{-19}\right)^4}{8\left(8{,}854\ 10^{-12}\right)^2\left(6{,}62608\ 10^{-34}\right)^2}$$

$$-\left(-\frac{1}{4^2}\frac{9{,}109\ 10^{-31}\left(1{,}602\ 10^{-19}\right)^4}{8\left(8{,}854\ 10^{-12}\right)^2\left(6{,}62608\ 10^{-34}\right)^2}\right)$$

$$= -\frac{1}{16}\ 5{,}299694573\ 10^{-19} - \left(-\frac{1}{4}\ 8{,}490110706\ 10^{19}\right)$$

$$= -3{,}312309108\ 10^{-20} - \left(-2{,}122527677 \times 10^{19}\right)$$

$$= -2{,}122527677\ 10^4$$

d) Es gilt:

$$\Delta E = E_m - E_n = -\frac{1}{m^2}\frac{m_e\,e^4}{8\,\epsilon_0\,h^2} - \left(-\frac{1}{n^2}\frac{m_e\,e^4}{8\,\epsilon_0\,h^2}\right) = \frac{m_e\,e^4}{8\,\epsilon_0\,h^2}$$

$$\left(-\frac{1}{m^2} + \frac{1}{n^2}\right)\,;$$

Mit m=5; n=3

$$\Delta E = E_m - E_n = \frac{9{,}109\ 10^{-31}\left(1{,}602\ 10^{-19}\right)^4}{8\left(8{,}854\ 10^{-12}\right)^2\left(6{,}62608\ 10^{-34}\right)^2}$$

$$\left(-\frac{1}{5^2} + \frac{1}{3^2}\right) = 5{,}299694572\ 10^{-19}\left(\frac{!\&}{225}\right) = 3{,}768671696\ 10^{-20}$$

Aufgabe 17

Die Schrödinger - Gleichung

Im Jahre 1926 formulierte Erwin Schrödinger die nach ihm benannte Schrödinger-Gleichung, eine der klassischen Wellengleichungen und analoge Wellengleichung zur Beschreibung massebehafteter Teilchen. Wie schon die klassische Gleichung setzt auch die Schrödinger-Gleichung räumliche und zeitlich partielle Ableitung einer Wellenfunktion miteinander in Beziehung. Es ist nicht möglich, die Schrödinger-Gleichung in irgendeiner Weise herzuleiten, genauso wenig, wie sich die Newtonschen Gesetze herleiten lassen.
Wie bei jeder fundamentalen Gleichung sollten die sich ergebenden Konsequenzen jedoch konsistent mit den experimentellen Beobachtungen sein.
Obwohl es von diesem Standpunkt aus möglich ist, die Schrödinger-Gleichung einfach zu postulieren, erscheint die Überlegung sinnvoll, wie eine Wellengleichung für ein Teilchen aussehen könnte.
Wir greifen dazu auf die Wellengleichung für Photonen, d.h. auf die des Lichts, zurück.
Als Wellenfunktion wählen wir das elektrische Feld $E(x,t)$. Die Wellengleichung lautet:

$$\frac{\partial^2 E(x,t)}{\partial x^2} = \frac{1}{c^2} \frac{\partial^2 E(x,t)}{\partial t^2} \tag{1}$$

Eine wichtige Klasse von Lösungen dieser Gleichungen bilden die harmonischen Wellen $E(x,t) = E_0 \sin(kx - wt)$. Differenzieren wir $E(x,t)$ zweimal nach t, so erhalten wir

$$\frac{\partial^2 E}{\partial t^2} = - w^2 E_0 \sin(kx-wt)$$

Zweimaliges Differenzieren nach x ergibt:

$$\frac{\partial^2 E}{\partial x^2} = -k^2 E_0 \sin(kx-wt)$$

Setzen wir dies in (1) ein, sehen wir, dass $E(x, t)$ genau dann eine Lösung der Wellengleichung ist, wenn die Kreisfrequenz w und die Wellenzahl k die Bedingung

$$- k^2 = - \frac{w^2}{c^2} \tag{2}$$

bzw.

$$w = h\,c \tag{3}$$

erfüllen. Multiplizieren wir beide Seiten mit $\hbar$, so erkennen wir in dieser Bedingung die Relation zwischen Energie E und Impuls p eines Photons:

$$E = pc$$

Ist m die Masse des Teilchens und V seine potentielle Energie, so gilt für seine Gesamtenergie

$$E = \frac{p^2}{2m} + V \tag{4}$$

Setzen wir für E und p die Energie und den Impuls aus den de-Broglie-Gleichungen

$$E = h\,v = \hbar\,w \quad ; \quad p = \frac{h}{Lambda} = \hbar\,k$$

ein, so ergibt sich folgende Bedingung für w und k:

$$\hbar\, w = \frac{\hbar^2 k^2}{2m} + V \tag{5}$$

Diese Bedingung unterscheidet sich von (2) darin, dass sie die potentielle Energie V enthält und w nicht mehr linear mit k zusammenhängt.

Beim Differenzieren der Wellenfunktion E (x, t) haben wir jeweils einen Faktor w erhalten, bei der Differentiation nach der Zeit t und einen Faktor k bei Differentiation nach dem Ort x. Die Tatsache, dass in (5) die Größen w und k^2 vorkommen, legt daher die Vermutung nahe, dass die Wellengleichung für ein Teilchen die zweite partielle Ableitung der Wellenfunktion nach dem Ort enthält. Im Gegensatz zu der klassischen Wellengleichung (1) gilt jedoch nur die erste partielle Wellengleichung für ein Teilchen, dessen potentielle Energie auftaucht.

Wir postulieren nun die Schrödinger-Gleichung der Einfach halber jedoch zunächst nur in ihrer eindimensionalen Form

$$- \frac{\hbar^2}{2m} \frac{\partial^2}{\partial x^2} + v\,(x,\,t)\,\hbar\; \frac{\partial \varphi\,(x,t)}{\partial t} \tag{6}$$

Ein wichtiger Unterschied zwischen den klassischen Wellengleichungen und der zeitabhängigen Schrödinger-Gleichung liegt in der expliziten Verwendung der imaginären Zahl $i = \sqrt{-1}$.

Es ist daher zu erwarten, dass auch die Lösungen der zeitabhängigen Schrödinger-Gleichung für ein freies Teilchen (potentielle Energie V (x, t) ist.

Es stellt die reelle harmonischen Wellengleichung $(x, t) = \sin(kx-wt)$ dar, daher keine Lösung und wir sind gezwungen, die komplexe harmonische Wellenfunktion $(x, t) = e^{i(kw-wt)}$ zu verwenden.

Die Gleichung (6) wird zeitunabhängige Schrödinger-Gleichung genannt, da potentielle Energie V (x, t) i.a. zeitabhängig ist. Für den stationären Fall, d.h. einer von der Zeit t unabhängigen p potentiellen Energie V (x), lässt sich die Schrödinger-Gleichung vereinfachen, in dem man die Wellenfunktion (x, t)

über

$$(x, t) = (x)\, e^{-iwt}. \tag{7}$$

in einen zeitabhängigen Anteil und eine nur noch vom Ort x abhängige Wellenfunktion separiert. Für die rechte Seite von (6) gilt damit:

$$i\,\hbar\,\frac{\partial\,(x,t)}{\partial t\ \partial t} = i\,\hbar\,(-iw)\,(x)\,e^{-iwt} = \hbar\,w\ e^{-iwt} = E\ (x)\,e^{-iwt}$$

wobei wir $E = \hbar\,w$ benutzt haben. Für die linke Seite folgt mit V (x, t) = V (x):

$$-\frac{h}{2m}\,\frac{\partial^2}{\partial x^2} = e^{-iwt} = V\,(x)\,(x)\,e^{-iwt}$$

Einsetzen von (7) führt zu:

$$-\frac{\hbar}{2m}\,\frac{\partial^2}{\partial x^2}\ e^{-iwt} + V\,(x)\ (x)\,e^{-iwt} = E\ (x)\,e^{-iwt}$$

Diese Gleichung gilt für alle Zeitpunkte t und wir können daher den allen Termen gemeinsamen Faktor; e^{-iwt}; weglassen. Damit erhalten wir eine Differentialgleichung für ψ(x), die sog. zeitunabhängige Schrödinger-Gleichung.

$$-\frac{\hbar}{2m}\,\frac{\partial^2}{\partial x^2} + V(x)\,\psi(x) = E\,\psi(x) \qquad (8)$$

Da es sich bei der zeitunabhängigen Schrödinger-Gleichung um eine gewöhnliche Differentialgleichung in nur noch einer Variablen x handelt, lässt sich diese wesentlich einfacher lösen als die zeitunabhängige Schrödinger-Gleichung (6), die eine partielle Differentialgleichung in x und t darstellt. Es lässt sich zeigen, dass die Wellenfunktion, die Lösung dieser Gleichung ist, die immer reell gewählt werden kann. Wir haben die Größe $(\psi(x,t))^2$ als Aufenthaltswahrscheinlichkeits-Dichte eines Teilchens zum Zeitpunkt t interpretiert. Ist eine Lösung der zeitunabhängigen Schrödinger-Gleichung für eine potentielle Energie V (x), also eine Lösung für das stationäre Problem, dann gilt nach (7) $\psi(x, t) = \psi(x)\, e^{-iwt}$ und damit für das Betragsquadrat der Wellenfunktion
$(\psi(x, t))^2 = (\psi(x)\, e^{-iwt})^2 = (\psi(x))^2$
Für ein stationäres Problem bedeutet $(\psi(x))^2$ daher die (zeitunabhängige) Aufenthaltswahrscheinlichkeits-Dichte des Teilchens. Aus dieser Interpretation ergibt sich eine Bedingung an die Lösung ψ(x). Zunächst einmal muss die Wellenfunktion ψ(x) in jedem Punkt x stetig sein, da sonst die Aufenthaltswahrscheinlichkeit des Teilchens unstetig ist.

Für potentielle Energien V (x), die in jedem Punkt endlich sind, muss auch die erste Ableitung
d =dx der Wellenfunktion in jedem Punkt x stetig sein. Um dies zu zeigen, multiplizieren wir in der zeitunabhängigen Schrödinger-Gleichung (8) jeden Term mit $2m/\hbar^2$, schreiben also die zweite Ableitung der Wellenfunktion
und erhalten damit

$$\frac{d\frac{2}{-}}{d\,x\frac{2}{-}} \quad \text{als} \quad \frac{d}{dx}\left(\frac{d}{d\,x}\right)$$

Und somit folgt:

$$\frac{d}{dx}\left(\frac{d}{dt}\right) = \frac{2m}{\hbar}\,(V\,(x) - E)\quad(x)$$

oder

$$d\left(\frac{d}{d\,x}\right)= (V\,(x) - E)\quad(x)\,dx.$$

Lassen wir dx gegen Null gehen, so geht auch d $(d\,(x))^2$ dx = 1 Die Gleichung (9) heißt Normierungsbedingung der Wellenfunktion $\varphi\,(x)$.

Damit das Integral über das Betragsquadrat überhaupt existiert, muss die Wellenfunktion $\varphi\,(x)$ für große x schnell gegen null gehen. Eine solche Wellenfunktion nennt man Quadratsintegrabel.   (20)

Aufgabe 18

Die Schrödinger-Gleichung in drei Dimensionen

Die eindimensionale zeitunabhängige Schrödinger-Gleichung lässt sich in einfacher Weise auf drei Raumdimensionen erweitern. In kartesischen Koordinaten lautet sie:

$$- \frac{\hbar}{2m} \left(\frac{\partial^2}{\partial x^2} + \frac{\partial^2}{\partial y^2} + \frac{\partial^2}{\partial z^2} \right) + V - \frac{\hbar^2}{2m} (k_1{}^2 + k_2{}^2 + k_3{}^2)$$

$$(3)$$

$$\frac{\hbar^2}{2m} \frac{\pi^2}{l^2} (n1^2 + n2^2 + n3^2) \qquad (4)$$

Die möglichen Energiewerte und Wellenfunktionen sind durch drei Quantenzahlen charakterisiert, die aus den Randbedingung für jeweils eine Raumrichtung herrühren. Der Grundzustand, d.h. der Zustand niedrigster Energie ist:

$$E_{1,1,1} = \frac{3\,\hbar^2\,\pi^2}{2m\,l^2} \qquad (5)$$

Der erste angeregte Energiewert kann auf drei verschiedene Arten erreicht werden:
n1 = 2 und n2 = n3 = 1, n2 = 2 und n1 = n3 = 1 oder n3 = 2 und n1 = n2 = 1.

Die verschiedenen Kombinationen von Quantenzahlen führen auf verschiedene Wellenfunktionen, jedoch auf dasselbe Energieniveau. Einen solchen Energiewert bezeichnet man als entartet. Die Entartung hängt mit der Symmetrie unseres Problems zusammen.

Wählen wir einen Kasten mit verschiedenen Kantenlängen l1, l2 und l3, so erhalten wir die möglichen Energieniveaus:

$$E_{n1, n2, n3} = \frac{\hbar^2 \pi^2}{2m} \left(\frac{n1^2}{l1^2} + \frac{n2^2}{l2^2} + \frac{n3^2}{l3^2} \right) \tag{6}$$

die keine Entartung mehr aufweisen.

Die Schrödinger-Gleichung für zwei identische Teilchen

Unsere bisherige Behandlung der Quantenmechanik beschränkte sich auf den Fall eines einzelnen Teilchens in einem Potential V. Das wichtigste Beispiel für Aufgaben dieser Art ist das Wasserstoffatom, bei dem sich ein einzelnes Elektron im Coulomb-Potential eines Protons aufhält. Betrachten wir kompliziertere Systeme, wie z.B. das Heliumatom, müssen wir die Quantenmechanik auf mehrere Teilchen erweitern.

Für ein Atom mit zwei oder mehreren Elektronen lässt sich die Schrödinger-Gleichung nicht mehr exakt lösen, und man ist daher gezwungen, Näherungsverfahren zu verwenden.

Dies verwundert nicht, denn schon in der klassischen Mechanik gibt es für ein Drei-Körper-Problem keine exakte Lösung mehr. In der Quantenmechanik tritt jedoch noch eine zusätzliche Komplikation ein, da die Elektronen nicht mehr unterscheidbar sind. Klassisch lassen sich die Elektronen zu jedem Zeitpunkt mit beliebiger Genauigkeit orten und können somit genau verfolgt werden. Dies ist in der Quantenmechanik auf Grund der Unschärferelation prinzipiell unmöglich, und die Elektronen werden ununterscheidbar.

Zur Illustration der Konsequenzen der Ununterscheidbarkeit zweier identischer Teilchen betrachten wir den einfachen Fall zweier identischer, nicht miteinander wechselwirkender Teilchen der Masse m in einem Kastenpotential. Die zeitunabhängige Schrödinger-Gleichung lautet in diesem Fall:

$$-\frac{\hbar}{2m}\frac{\partial^2}{}$$

$$^2\hbar \tag{17}$$

$$\hbar \tag{18}$$

Die Wellenfunktion

$$\hbar 2\hbar \quad \hbar 2\hbar\hbar\hbar 2 \quad \pi 2\hbar\hbar\hbar$$

$$\hbar\hbar\, k \tag{15}$$

und

$$E = h\nu = h\,\frac{w}{2\pi} = \hbar\, w \tag{16}$$

Die kinetische Energie eines sich kräftefrei bewegenden Teilchens beträgt

$$E_{kin} = \frac{1}{2} m \, v^2 = \frac{p^2}{2m} \tag{17}$$

$\hbar$ w und p durch $\hbar$ Lambda, so ergibt sich

$$\hbar \, w = \frac{\hbar^2 k^2}{2 \, m} \tag{18}$$

Für die durch (14) gegebene Gruppengeschwindigkeit folgt damit

$$v \, g = \frac{d \, w}{d \, k} = \frac{d}{d \, k} \left(\frac{\hbar \, k^2}{2m} \right) = \frac{\hbar k}{m} = \frac{p}{m} = v \tag{19}$$

Die Gruppengeschwindigkeit des Wellenpakets stimmt also mit der Geschwindigkeit des Teilchens überein. Dieses Ergebnis war zu erwarten, da die Gruppengeschwindigkeit nichts anderes ist als die Geschwindigkeit der Einhüllenden der Wellenfunktion und damit auch der Aufenthaltswahrscheinlichkeit des Teilchens. Die Phasengeschwindigkeit v p der einzelnen Wellen stimmt dagegen nicht mit der Geschwindigkeit des Teilchens überein:

$$v \, p = \frac{w}{k} = \frac{\hbar \, w}{\hbar \, k} = \frac{E}{p} = \frac{p}{2 \, m} = \frac{\vartheta}{2} \tag{20}$$

24

Aufgabe 1

Eine klassische Punktmasse bewege sich mit konstanter Geschwindigkeit zwischen zwei Wänden an den Punkten x = 0 und x = 8 cm hin und her.

a) Wie lautet die Wahrscheinlichkeit P (x)?

a) Da sich das Teilchen mit konstanter Geschwindigkeit bewegt, befindet es sich im Bereich 0<x<8 cm mit gleicher Wahrscheinlichkeit in jedem Punkt. Außerhalb dieses Bereiches ist seine Aufenthaltswahrscheinlichkeit gleich null. Für die Wahrscheinlichkeitsdichte P (x) gilt also:

$$P (x) = P 0 \qquad\qquad 0<x<8 \text{ cm}$$
$$P (x) = 0 \qquad\qquad x<0 \text{ oder } x> 8\text{cm}$$

Wobei P 0 unabhängig von x ist. Da sich das Teilchen irgendwo im Bereich 0<x<8 cm aufhält, gilt:

$$\int_{-\infty}^{+\infty} P \text{ (x) dx} = \int_0^{8\ cm} P\ 0\ dx = P0\ \times 8\ \text{cm} \gg P\ 0 = 1/8\ \text{cm}$$

Daraus folgt für die Wahrscheinlichkeitsdichte

P 0 = 1/ (8 cm)

Da die Wahrscheinlichkeitsdichte im Bereich 0<x<8 cm konstant ist, ergibt sich für die Wahrscheinlichkeit, den Massepunkt in einem Bereich Delta t zu finden:

$$P \text{ (x) } \Delta \text{ x= P 0 } \Delta \text{ x; Für } \Delta \text{ x = 4 cm - 3 cm} \gg P\ 0\ \Delta \text{ x}$$
= 1/ (8 cm) ,0,4 cm = 0,05

Die Unschärferelation

Wir untersuchen nun, welche Auswirkungen die Welleneigenschaften massebehafteter Teilchen auf Messung ihres Ortes, Impulses und ihrer Energie haben. Wir betrachten dazu ein Teilchen, z.B. ein Elektron, das durch eine Wellenfunktion $\hbar$. Nun es gilt, dass das Produkt das Minimum 1/2 annimmt, wenn Gaußverteilungen vorliegen, und ist für alle anderen Verteilungen größer als 1/2. Für das Produkt aus Orts- und Impulsunschärfe folgt daher die Relation:

$$\hbar \tag{1}$$

Die Gleichung (1) ist nach Werner Heisenberg, der sie im Jahr 1926 formulierte, als Heisenbergsche-Unschärferelation benannt. Sie besagt, dass bei einer Messung von Ort und Impuls eines Teilchens das Produkt der Unschärfen immer größer als $\hbar/2$ ist; Ort und Impuls eines Teilchens lassen sich danach nicht gleichzeitig beliebig genau bestimmen. Nicht nur die räumliche Verteilung eines Wellenpakets

$$\hbar \tag{2}$$

Die in dieser Relation auftauchenden Unschärfen $\hbar$ $\hbar$ 4 $\hbar$ $2\hbar\hbar\hbar 2\hbar 2$ ^{2} $\hbar 2\hbar$ $n\hbar 2$ $k2$ $n\hbar 2$ $\pi 2$ $\hbar\hbar$ $2\hbar$ $2\hbar$ $2\hbar$ ^{2}gilt. Die Lösungen dieser Gleichung im Innern sind nicht mehr einfach sinus- oder konusförmig, da die Wellenzahl k nun ortsabhängig ist. Da Erwartungswerte

In der klassischen Mechanik wird die Bewegung eines Teilchens durch eine Funktion beschrieben, die den Ort des Teilchens in Abhängigkeit von der Zeit angibt. Wie wir gesehen haben, lassen sich mikroskopische Systeme nicht in dieser Weise behandeln. Für ein mikroskopisches Teilchen erhalten wir statt- dessen als Lösung der Schrödinger-Gleichung eine Wellenfunktion und damit eine verbundene räumliche Aufenthaltswahrscheinlichkeitsdichte Und es gilt somit mit n = 1

$\int_0^\pi \theta \sin^2$ Für den Erwartungswert des Ortes ergibt sich demnach

Was uns nicht überrascht, denn die Wellenfunktion ist spiegelsymmetrisch bezüglich der durch die Kastenmitte gehende senkrechten Achse x = l/2

b) Der Erwartungswert von x lautet:

Das Integral kann man wieder nachschlagen und man findet den Wert:

$\int_0^\pi \sin^2$

Nach der klassischen Mechanik kann ein Teilchen im Potential (1) entweder im Punkt x = 0 ruhen (das Potential ist im Ursprung minimal und die auf das Teilchen wirkende Kraft F = -d V (x) / dx somit gleich null) oder zwischen zwei Punkten x = -A und x = A, den sog. klassischen Umkehrpunkten, oszillieren. Im ersten Fall ist die Gesamtenergie E des Teilchens gleich null, im zweiten besitzt das Teilchen eine Gesamtenergie

E =

Die zeitunabhängige Schrödinger-Gleichung nimmt für den
Fall des harmonischen Oszillators die Form

$$-\frac{\hbar^2}{2m}\frac{d^2}{dx^2} + \frac{1}{2} m\, w^2 x^2 \quad \hbar\ 2\hbar2\hbar\, w_0 \qquad n=$$

0,1,2,3....

Die Wellenfunktion des Grundzustands ist gaußförmig und
symmetrisch. Die entsprechende Grundzustandsenergie

$E_0 = \hbar\, w_0$ ist wie im Fall des Kastenpotentials mit der
Unschärferelation verträglich. Die Wellenfunktion des
ersten angeregten Zustands stellt eine antisymmetrische
Lösung dar. Die erlaubten Lösungen der Schrödinger-
Gleichung lassen sich in der Form

$$\hbar\ f_n(x)$$

schreiben, wobei C_n die Normierungskonstanten und die
Funktionen $f_n(x)$ Polynome der Ordnung n, die sog.
Hermite-Polynome, sind. Für gerade Werte der
Quantenzahl n sind die Wellenfunktionen symmetrisch, für
ungerade Werte von n antisymmetrisch.

Es gilt die Wahrscheinlichkeitsverteilung n = 1 ; Frequenz
$v = 370 \quad 10^{-9}$ m

- n = 4 ; Frequenz $v = 380 \quad 10^{-9}$ m
- n = 6 ; Frequenz $v = 388 \quad 10^{-9}$ m

b) Es gilt:

$$\frac{d^2}{dx^2} = \alpha^2$$

Berechnen sie α: Es soll gelten: m = 50 g; v = 400 m, /s

   a) Es gilt:

$E_1 = (1+\frac{1}{2})\,\hbar\,w$; $v = 370 \times 10^{-9}$ m $w = 2\,\pi\,v = 2\,\pi\,370 \times$

10^{-9} m $= 2{,}3247786 \times 10^{-6}$

$E_1 = \frac{3}{2}\,1{,}054572\,10^{-34} \times\;\; 2{,}3247786\,10^{-6} = 3{,}677469672$

$\times\;10^{-40}$

$E_4 = (4+\frac{1}{2})\,\hbar\,w$; $v = 380 \times 10^{-9}$ m

$\qquad w = 2\,\pi\,v = 2{,}3876104 \times 10^{-6}$

$E_4 = \frac{9}{2}\,1{,}054572\,10^{-34} \times\;\; 2{,}3876104 \times 10^{-6}$

$\quad = 1{,}33058184 \times 10^{-39}$

$E_6 = (6+\frac{1}{2})\;\hbar\,w$; $v = 388 \times 10^{-9}$ m $w = 2\,\pi\times\;388 \times$

$10^{-9}\; =\; 2{,}437875899 \times 10^{-6}$

$E_6 = \frac{13}{2}\,1{,}054572 \times 10^{-34}\; \times 2{,}437875899 \times 10^{-6}$

$\quad = 1{,}671103194\;10^{-39}$

   b) Es gilt:m = 50 g   ;   v = 400 m/s

$\alpha^2 = \hbar 2\hbar 2\hbar 2\hbar\alpha \;=\; \sqrt{\frac{1}{\hbar}\left(m^2\,v^2\right)}$

$\alpha \;=\; \sqrt{\frac{1}{\hbar}\left(m^2 \times v^2\right)} \;=\; \sqrt{\dfrac{1}{\sqrt{\left(1{,}05457266 \times 10^{-34}\left(50^2 \times 400^2\right.\right.}}}$

$$= \sqrt{0,482513988 \times 10^{33}\ (4 \times 10^{8})}$$

$$= 1,9575646016 \times 10^{29}\ {}^{\circ}$$

Aufgabe 24

Reflexion und Transmission an einem Potentialwall

Das Stufenpotential

Wir betrachten ein Teilchen der Energie E, das sich in einem Gebiet bewegt. Seine potentielle Energie wird durch die Stufenfunktion dargestellt.

$$V(x) = 0 \qquad\qquad x<0$$
$$V(x) = V0 \qquad\qquad x>0$$

Was passiert, wenn ein sich von links nach rechts bewegenden Teilchen die Potentialstufe erreicht? Innerhalb der klassischen Mechanik ist das Verhalten des Teilchens einfach vorherzusagen. Das Teilchen bewegt sich mit einer Geschwindigkeit $v = \sqrt{\dfrac{2E}{n}}$ auf die Potentialschwelle zu. Am Punkt x = 0 wirkt dann eine stoßartige Kraft auf das Teilchen.

Ist seine Energie E kleiner als V0, so wird das Teilchen reflektiert und bewegt sich mit seiner ursprünglichen Geschwindigkeit in die Gegenrichtung. Ist E größer als V0, so bewegt es sich weiterhin nach rechts, jedoch mit der reduzierten Geschwindigkeit

$v = \sqrt{\frac{2(E-V0)}{n}}$. Für den Fall E<V0 ist das

quantenmechanische Resultat dem klassischen Ergebnis sehr ähnlich. Es wird gezeigt, dass die Wellenfunktion im Bereich x>0 für den Fall gebundener Zustände im endlich tiefen Potentialtopf exponentiell abfällt.

Die das Teilchen beschreibende Welle dringt also ein kleines Stück in die Potentialschwelle ein, wird jedoch völlig reflektiert. Das Teilchen besitzt dementsprechend eine kleine Aufenthaltswahrscheinlichkeit in diesem Bereich, wird jedoch praktisch nicht an einem weit rechts vom Ursprung liegenden Ort beobachtet. Für den Fall E>V0 unterscheidet sich das quantenmechanische Ergebnis dagegen deutlich von dem Resultat der klassischen Mechanik. In diesem Fall ändert sich die Wellenlänge der Materie abrupt von Lambda $_1 = h / P_1 = h / \sqrt{2mE}$ nach Lambda $_2 = h / P_2 = h \sqrt{2\,m\,(E - V0)}$. Wie in der Optik wird ein Teilchen der Welle reflektiert, ein anderer Teil transmittiert, wenn sich die Wellenlänge plötzlich ändert. Die Wahrscheinlichkeiten für Reflektion und die Transmission, die sog. Reflektions- und Transmissionskoeffizienten R und T, lassen sich bestimmen, indem man die Schrödingergleichung in beiden Bereichen löst und die Amplituden der transmittierten und

reflektierten Welle mit der einfallenden Welle vergleicht.
Für den Reflektions-Koeffizienten ergibt sich

$$R = \frac{(k1-k2)^2}{(k1+k2)^2}$$ wobei k1 die Wellenzahl der einfallenden

Welle und k2 die der transmittierten Welle ist.
Der Transmissionskoeffizient lässt sich aus (1) berechnen,
da die Summe aus Reflektions- und
Transmissionskoeffizient gleich eins sein muss. Es gilt:
T + R = 1.   (30)

Transmission durch Potentialbarrieren

Wir betrachten ein Teilchen, das durch eine beschriebene
Potentialbarriere tritt. Die Gesamtenergie E des Teilchens
ist geringfügig kleiner als V0. Nach der klassischen
Mechanik wird das Teilchen daher an der
Potentialbarriere im Punkt x = 0 reflektiert. Die Lösung
der zeitunabhängigen Schrödinger-Gleichung ergibt jedoch
für x<0 eine sinusförmige Wellenfunktion, die von einem
Punkt x=0 in eine exponentiell abfallende Wellenfunktion
übergeht.
Im Bereich x>a besitzt die Wellenfunktion dieselbe
Wellenlänge wie im Bereich x<0, hat jedoch eine geringere
Amplitude. Es besteht daher eine bestimmte
Wahrscheinlichkeit, das Teilchen rechts von der Barriere
zu finden, obwohl es klassisch in jedem Fall reflektiert
würde.
Ist die Größe

$$\alpha_a = \sqrt{2\,m\,a^2\,(V0 - E)/\hbar^2}\,.$$ sehr viel größer als eins, so gilt für den Transmissionskoefizienten T:

$$T \infty\; e^{-2\,a\,\alpha}\;\text{mit}\;\alpha = \sqrt{2\,m\,(V0 - E)/\hbar^2}\,.$$ Die Wahrscheinlichkeit für ein Durchdringen (oder Durchtunneln) der Barriere fällt also exponentiell mit der Barrierenbreite a und der Quadratwurzel der relativen Barrieren Höhe V0-E ab. Das Durchdringen von Potentialbarrieren beobachtet man bei klassischen Wellen, ist also kein auf die Quantenmechanik beschränkter Effekt.

Wir gehen von einem Lichtstrahl aus, der in einem Prisma auf eine Glas-Luft-Grenzfläche trifft. Ist der Einfallswinkel größer als der kritische Winkel, so tritt der Fall einer Totalreflektion des Lichtstrahls ein. Aufgrund der Wellennatur des Lichts fällt die Intensität jedoch nicht sofort auf null ab, sondern exponentiell innerhalb einiger Wellenlängen. Wird ein zweites Glasprisma in die Nähe des ersten gebracht, so wird ein Teil des Lichts in dieses transmittiert. Mit zwei 45° -Prismen und einem Laserstrahl lässt sich dieser Effekt gut beobachten.
Der bei Potentialbarrieren auftauchende Durchdringungseffekt für Teilchen wird oft als Tunneleffekt bezeichnet und besitzt für viele Bereiche der Physik eine große Bedeutung. Im Jahr 1928 nutzte Georg Gamow den Tunneleffekt, um die große Bandreite der Halbwertszeiten im Alpha-Zerfall zu erklären (Alpha-Teilchen bestehen aus Heliumkernen, also aus je zwei Protonen und Neutronen, die stark miteinander gebunden

sind). Beim Alpha-Zerfall beobachtet man eine Zunahme der Halbwertszeiten mit fallender Energie der Alpha-Teilchen. Die Energien der Alpha-Teilchen variieren dabei von 4 bis 7 MeV, die Halbwertszeiten übergehen die gewaltige Zeitspanne von 10^{-5} bis 10^{10} Jahren.
Gamow wählte ein Kastenpotential für die Beschreibung der Potentialverhältnisse im Inneren des radioaktiven Kerns.

Außerhalb des Kerns sollte das Potential durch die Coulomb-Abstoßung des zweifach positiven Alpha-Teilchen durch den Kern der Restladung +Ze gegeben sein, also die Form

$$\frac{1}{4\pi\epsilon_0}\frac{2\,e\,Ze}{Gamma}$$

besitzen. Die Energie E des Alpha-Teilchens im Inneren des Kerns entspricht der gemessenen kinetischen Energie des Teilchens, da für große Entfernungen vom Kern die potentielle Energie gleich null sind. Der Zerfallsvorgang läuft folgendermaßen ab: im Kern wird zunächst ein Alpha-Teilchen mit Energie E gebildet. Dieses bewegt sich im Kern hin und her und trifft dabei immer wieder auf die sich am Kernradius befindende Potentialbarriere. Bei jedem Aufprall besteht für das Teilchen eine kleine Wahrscheinlichkeit, durch die Barriere zu tunneln und außerhalb des Kerns aufzutauchen. Eine geringere Erhöhung der Energie E

führt zu einer Verkleinerung der relativen Potentialhöhe
V0-E und einer Verringerung der Potentialbreite.
Da der Transmissionskoeffizient sehr empfindlich von
diesen beiden Größen abhängt, bedeutet ein kleiner
Energiezuwachs einen großen Zuwachs in der
Tunnelwahrscheinlichkeit und damit eine drastische
Verkürzung der Halbwertszeit. Gamow konnte mit seinem
Modell einen Ausdruck für die Halbwertszeit in
Abhängigkeit der Energie herleiten, der sich in sehr guter
Übereinstimmung mit den experimentellen Ergebnissen
befindet. (31)

a) Berechnen Sie den Reflektionskoeffizienten mit den
Werten: k1 = 11 und k2= 5
b) Berechnen Sie den dazugehörigen
Transmissionskoeffizienten.

$$\text{a) } R = \frac{(k1-k2)^2}{(k1+k2)^2}$$

$$R = \frac{(11-5)^2}{(11+5)^2} = 0{,}140625$$

b)

Es gilt:

$$T + R = 1 \quad \gg \quad T = 1\text{-}R$$

T = 1- 0,14062 = 0,859375

Aufgabe (25)

Das Wasserstoffatom

Mit Hilfe des Bohrschen Modells des Wasserstoffatoms kann man einige Effekte deuten; jedoch zeigen sich bei der Beschreibung auch gravierende Schwächen. So kann es weder die Existenz der stationären Zustände noch die Quantelung des Drehimpulses erklären,

sondern bringt lediglich die spektroskopisch beobachteten Übergänge zwischen den Energieniveaus mit diesen Annahmen in Übereinstimmung. Weiterhin erlaubt das Bohrsche Modell keine Aussage über die Intensität von Spektrallinien und versagt bei komplexen Atomen fast völlig. Alle genannten Probleme lassen sich durch Anwendung der Quantenmechanik beheben. Die stationären Zustände des Bohrschen Modells stimmen mit den Lösungen der Schrödinger-Gleichung überein, die stehenden Wellen entsprechen ähnlich wie die Wellen auf einer gespannten Membran. Die aus den Randbedingungen resultierende Quantelung der Energie führt, in Verbindung mit der Frequenzbedingung E = h v, zu den diskreten Frequenzen im Spektrum. Alle berechneten Ergebnisse stehen in guter Übereinstimmung mit den experimentellen Werten.

Die Quantelung des Impulses, die im Bohrschen Modell noch postuliert werden musste, ergibt sich bei der quantenmechanischen Behandlung zwangsläufig. In der Quantenmechanik wird ein Elektron durch seine Wellenfunktion Beim Wasserstoffatom ist $Z = 1$. Mit anderen Werten von Z können wir diese Gleichung auf andere Atome mit einem Elektron anwenden, etwa auf He+, das ionisierte Heliumatom. Die zeitunabhänige Schrödinger-Gleichung für ein Teilchen der Masse m, das sich in den drei Raumrichtungen bewegen kann, lautet:

$$-\frac{\hbar}{2m}\left(\frac{\partial^2}{\partial x^2}+\frac{\partial^2}{\partial y^2}+\frac{\partial^2}{\partial z^2}\right)v-\frac{\hbar}{2m}\frac{1}{r^2}\frac{\partial}{\partial r}\left(r^2\frac{\partial}{\partial r}\right)-\frac{\hbar^2}{2m\,r^2}$$

$$\left(\frac{1}{\sin\theta}\frac{\partial}{\partial\theta}\left(\sin\theta\frac{\partial}{\partial\theta}\right)\frac{1}{\sin\theta}\frac{\partial^2}{\partial qp^2}\right)+V\,\hbar$$

$$(8)$$

$\hbar$ angegeben - die Werte $((l+1)))^{1/2}$, während seine z-Komponente $(2l+1)$ verschiedene Werte annehmen kann, die von $-l$ bis $+l$ reichen. Dies gilt ebenfalls mit Vielfachen von $\hbar$. Für $l=2$ gelten verschiedene Orientierungen des Bahndrehimpuses. Beachten Sie, dass nur bestimmte Werte des Winkels θ auftreten können, d.h., dass die Richtung des Bahndrehimpulses gequantelt ist.
Die möglichen Energieniveaus En des Wasserstoffatoms und anderer Ein-Elektronen-Atome mit der Kernladungszahl Z (sog. wasserstoffähnliche Atome) lassen sich aus den Lösungen der Schrödinger-Gleichung berechnen, wobei die potentielle Energie (1) eingesetzt wird:

$$E_n = -\frac{Z^2 E0}{n^2} \quad \text{mit } n = 1,2,3, \dots \tag{9}$$

Darin ist

$$E_0 = \frac{1}{(4\pi\, E0)^2} \times \frac{e^4\, me}{2\,\hbar} = 13{,}6 \text{ eV}$$

$\hbar$. **Die Frequenz v einer Spektrallinie ist durch die Bohrsche Frequenzbedingung gegenben:**

$$h\nu = \frac{hc}{Lambda} = E_2 - E_1 \tag{11}$$

Darin ist E2 die Energie des höheren und E1 die des niedrigen der beiden Niveaus, die am betreffenden Übergang beteiligt sind. (32)

$\hbar$, **wobei 5 Werte auftreten können:m1 = -l = -1; m2 = -l + 1; m3 = -l + 2 =0; m4 = -l +3 = 1; m5 -l+4 = 2.**

Der Betrag von L ist (l(l+1)) 1/2 $\hbar$ $= \sqrt{6}$ $\hbar$. Daraus folgt die Beziehung für den Winkel θ:

a)

Es gilt: l=2; m=+1

$$\cos\theta = \frac{+2}{\sqrt{6}} = 0{,}8164965 \qquad \gg \qquad \theta = 35,\,264389^{\circ}$$

Es gilt: l=2; m=-1

$$\cos\theta = \frac{-2}{\sqrt{6}} = -0{,}8164965809 \qquad \gg \qquad \theta = 144{,}7356^{\circ}$$

Es gilt: l=1; m =0

$$\cos\theta = \frac{0}{\sqrt{6}} = 0 \qquad \gg \qquad \theta = 90^{\circ}$$

Es gilt: l=2; m=1

$$\cos \theta = \frac{1}{\sqrt{6}} = 0{,}4082482 \qquad \gg \qquad \theta = 65{,}905775\,°$$

Es gilt: l=2; m=-1

$$\cos \theta = \frac{-1}{\sqrt{6}} = -0{,}4082482905 \qquad \gg \qquad \theta = 114{,}0948426\,°$$

b) $$\cos \theta = \frac{Lz}{L}\ \frac{m\,\hbar}{\sqrt{l\,(l+1)}\,\hbar} = \frac{m}{\sqrt{l\,(l+1)}}$$

Aufgabe 26

Die Wellenfunktionen des Wasserstoffatoms:

Die durch (1) gegebenen Wellenfunktionen $\hbar$ hat, während er bei der quantenmechanischen Beschreibung null ist

$$\hbar 2\hbar = e^{-imqp} \text{ und } (e^{\,imqp}) * (e^{\,imqp})$$

$$= e^{-imqp}\, e^{\,imqp} = 1$$

hängen die Wahrscheinlichkeitsdichten auch dann nicht von m ab, wenn dies für die Wellenfunktion der Fall ist. Für n=2 gelten die Wahrscheinlichkeitsdichten $\hbar$, die Spinquantenzahl des Elektros ist also s = 1/2. Gebundene Elektronen in Atomen befinden sich immer in einem Magnetfeld, nämlich demjenigen, das von ihrer Bahnbewegung herrührt. In einem solchen inneren Magnetfeld (dasselbe gilt auch für ein äußeres Feld) kann sich der Spin des Elektrons „parallel oder „antiparallel" zur Feldrichtung einstellen. Bezeichnen wir die Feldrichtung willkürlich als z-Richtung, so lauten die Komponenten sz des Spins in dieser „Vorzugsrichtung". S Z = m $_s$ $\hbar$, wobei m $_s$ = $\pm$ 1 als magnetische Quantenzahl des

Spins bezeichnet wird. Analog zum Bahndrehimpuls kann ms allgemein (2s+1) Werte annehmen.

Wie groß sind die magnetischen Momente, die von der Bahnbewegung und der Eigenrotation des Elektrons herrühren? Nun, das magnetische Moment μ einer rotierenden Ladung mit seinem Drehimpuls L hängt zusammen über

$$\mu = \frac{q}{2mg} \times L \tag{1}$$

Darin ist mg die Masse des Teilchens mit der Ladung q. Mit q=-e und mg = me ist für das Elektron

$$\mu = -\frac{e}{2me} \times L \tag{2}$$

Wenden wir diese Gleichung auf den Bahndrehimpuls des Elektrons im Wasserstoffatom an, so erhalten wir sein magnetisches Moment, und dessen z-Komponente μ :

$$\mu = -\frac{e}{2me} \times L = -\frac{e}{2me} \sqrt{l\,(l+1)}\ \hbar$$
$$= -\sqrt{l\,(l+1)}\,^2\ \mu_B \tag{3}$$

und

$$\mu_z = -\frac{e}{2me}\, m\, \hbar = -\frac{e\hbar}{2me}\, m = -m\, \mu_B \tag{4}$$

Drin ist μ_B das Bohrsche Magneton. Es hat den Wert:

$$\mu_B = \frac{e\hbar}{2me} = 9{,}27 \times 10^{-24}\ J/T = 5{,}79 \times 10^{-5}\ eV/T$$

Wir sehen, dass aus der Quantelung des Drehimpulses die Quantelung des magnetischen Moments folgt. Wenn wir das vom Spin herrührende magnetische Moment nach (2) berechnen wollen, so erhalten wir die Gleichungen (3) und (4), die analog sind - wir brauchen l durch s und m durch ms zu ersetzen. Damit ist die z-Komponente eines magnetischen Moments gleich $\pm \frac{1}{2} \mu_B$ Allerdings wird ein doppelt so hoher Wert gemessen, woraus man schließen muss, dass das Elektron ein inneres magnetisches Moment von einem Bohrschen Magneton (nicht von einem halben) hat. Üblicherweise schreibt man für die Beziehung zwischen der z-Komponente μ_z seines magnetischen Moments:

$$\mu_z = -g \; \mu_B \; \frac{L_z}{\hbar} = - \text{Gamma} \; \frac{L_z}{\hbar} \qquad (5)$$

Darin ist Gamma $= g \, \mu_B$ das sog. gyromagnetische Verhältnis und g der Landsche g-Faktor. Das magnetische Moment des Elektrons ist etwa doppelt so hoch, wie nach der einfachen Betrachtung zu erwarten ist. Dies zeigt, dass die Vorstellung vom Elektron als einem rotierenden geladenen Teilchen nicht wörtlich genommen werden darf. Wie das Bohrsche Atommodell kann dieser Vergleich nur dazu dienen, die Ergebnisse der quantenmechanischen Berechnungen anschaulich erläutern und die Messergebnisse zu interpretieren. Die Feinstruktur des Wasserstoffspektrum (eine ähnliche Linienaufspaltung kann man auch bei den übrigen Elementen beobachten), lässt sich nun folgendermaßen erklären: Im Magnetfeld der

Bahnbewegung des Elektrons kann der Spin zwei Richtungen einnehmen, zu denen zwei entsprechende magnetische Momente gehören. Nach Gleichung $P(r) = 4\pi r^2 \mu$ in einem Magnetfeld B die Energie μ B
Da die betrachteten magnetischen Momente und das Magnetfeld sehr klein sind, ist der Energieunterschied zwischen beiden Zuständen ebenfalls sehr gering, und die entsprechenden Spektrallinien liegen somit sehr dicht zusammen. Mit der magnetischen Quantenzahl ms des Spins kennen wir nun den ganzen Satz von Quantenzahlen zur Beschreibung der Zustände des Wasserstoffatoms: n, l, m und ms

a) Berechnen Sie das magnetische Moment eines Elektrons.
b) Berechnen Sie die Beziehung zwischen der z-Komponente Lz des Drehimpulses und der z-Komponente μ z seines magnetischen Moments.
c) Berechnen Sie das vom Spin herrührende magnetische Moment.

a)

$$\mu = \frac{q}{2mg} \times L \; ; \; L = r \; m \, q \, v$$

$$= \frac{q}{2me} \, (r \; mqv)$$

$$q = -1, \, mq\text{-}me = - \frac{e}{2me} \, (r \; mv)$$

$$q_{\text{Elektron}} = -1,67017738 \times 10^{-29} \, C \qquad ; \qquad v = 450\,000 \text{ km/s}$$

$$m_{\text{Elektron}} = 0,910938 \times 10^{-27} \text{ g} \qquad , \qquad r = 0,001 \text{ km}$$

$$\mu = - \frac{e}{2me} L = - \frac{e}{2me} \ (r \ mv) = \frac{-(-1,62027733 \ 10^{-19})}{(0,910938 \ 10^{-37}} \ (0,001$$

$$\times \ 0,920938 \ 10^{-23} \ \times 450\,000) = 8,8934554 \ \times 10^{-17} \ \times$$

$$(4,099221 \times \ 10^{-21}) = 3,\,645623914 \times 10^{-3}$$

b)

$$\mu_z = -g \ \mu_B \ \frac{L_z}{\hbar} \qquad ; \qquad r = 0,001 \text{ km}$$

$$\mu_B = 5,79 \ 10^{-5} \text{ eV/T} \qquad me = 0,910938 \ 10^{-31} \text{ g}$$

$$L_z = r \ mv$$

$$\mu_z = -1,159342877 \ 10^{-4} \ 388709,\,2047 = -45,\,064\,72477$$

c)

$$\mu = - \frac{e}{2me} \times L = - \frac{e}{2me} \ \sqrt{l\,(l+1)} \ \hbar = - \sqrt{l\,(l+1)^2} \ \mu_B$$

$$\mu_B = 5,79 \times \ 10^{-5} \text{ eV/T}$$

$$\text{mit } l=2 \gg \mu = - \sqrt{2 \times 3} \ \times 5,79 \times \ 10^{-5} \text{ eV/T}$$

$$= -1,4181546 \times \ 10^{-4} \text{ eV/T}$$

Der Stern-Gerlach Versuch

Durch die Einführung des Elektronenspins konnten die Feinstruktur der Spektrallinien und die Zusammenhänge im Periodensystem erklärt werden. Weiterhin erlaubte sie die Deutung eines berühmten Experiments, das Stern und

Gerlach 1921 durchführten. Sie ließen einen Atomstrahl durch ein in z-Richtung inhomogenes Magnetfeld laufen. Wir können uns zunächst klarmachen, wie sich ein magnetisches Moment in einem homogenen Magnetfeld B verhält. Der nicht rotierende Stabmagnet wird durch das Drehmoment M in die Richtung des Feldes gedreht. Wenn der Magnet um seine Längsachse rotiert, dann führt dieser eine Präzession um die Feldrichtung aus. Bei einem inhomogenen äußeren Magnetfeld ist die Kraft auf einen der Magnetpole größer als die auf den anderen. Es gibt drei gleichartige Stabmagnete, die sich an verschiedenen Stellen in einem inhomogenen Magnetfeld befinden.

Zusätzlich zum Drehmoment, das die Präzession hervorruft, wirkt in positiver oder negativer z-Richtung die Kraft auf die Stabmagneten: sie ist proportional zum Gradienten von B in z-Richtung sowie zur z-Komponente des magnetischen Moments der Stabmagneten. Bei der klassischen Betrachtung erwartet man, dass alle möglichen Orientierungen der magnetischen Momente vorkommen und daher der Atomstrahl kontinuierlich aufgefächert wird. Nach der Quantentheorie ist jedoch bei einem Atom das magnetische Moment gequantelt, und dessen z-Komponente kann nur $(2J+1)$ Werte haben. Hierbei ist J die Quantenzahl, die den gesamten Drehimpuls des Atoms zugeordnet ist, der sich aus den Elektronen ergibt. Beim Stern-Gerlach-Versuch wird demnach der gesamte Drehimpuls des Atoms gemessen. Ist $J=0$, dann ist der Drehimpuls gleich null, und der

Atomstrahl wird im inhomogenen Magnetfeld nicht abgelenkt. Bei J=1 gibt es drei mögliche Orientierungen der z-Komponente des magnetischen Moments, und der Strahl wird in drei Teile aufgespaltet. Bei J = 1/2 ergeben sich zwei Teilstrahlen, weil das magnetische Moment zwei Orientierungen relativ zum äußeren Magnetfeld annehmen kann. Beim Stern-Gerlach-Versuch von 1921 wurden Silberatome verwendet; ein ähnliches Experiment wurde 1927 von Phipps und Taylor mit Wasserstoffatomen durchgeführt. In beiden Fällen entstanden zwei Teilstrahlen. Das Elektron im Wasserstoffatom hat im Grundzustand l=0, und wir würden keine Aufspaltung erwarten, wenn es keinen Spin hätte. Der gesamte Drehimpuls rührt also vom Elektronenspin her.

Die Aufspaltung in zwei Strahlen stützt den Befund, dass das magnetische Moment, das dem Elektronenspin mit s = 1/2 entspricht, zwei Orientierungen haben kann. Diese Erscheinung nennt man räumliche Quantelung.   (35)

Aufgabe 29

Die Addition der Drehimpulse und die Spin-Bahn-Kopplung.

Allgemein hat jedes Atom einen Gesamtdrehimpuls L und einen Spin S, ihre Vektorsumme ergibt den Gesamtdrehimpuls J des Atoms:

$$J = L+S \tag{1}$$

Der Gesamtdrehimpuls ist eine sehr wichtige Größe, weil er bei Zentralkräften erhalten bleibt. Bei einem klassischen

System kann der Betrag des gesamten Drehimpulses J beliebige Werte zwischen (L+S) und (L-S) annehmen. Bei quantenmechanischer Behandlung ist die Situation nicht einfach, denn S und L sind gequantelt und können nur bestimmte Richtungen haben. Auch der gesamte Drehimpuls J kann keine beliebigen Werte aufweisen. Ein Elektron mit dem Spin s = 1/2 und einen Bahndrehimpuls, der durch die Quantenzahl l charakterisiert ist, besitzt einen gesamten Drehimpuls J mit dem Betrag $(j(j+1))^{1/2}\,\hbar$. Dabei ist die Quantenzahl j entweder $j = l + \dfrac{1}{2}$ oder

$$j = l - \frac{1}{2} \quad \text{mit} \quad l \neq 0 \tag{2}$$

(Die Quantenzahlen für einzelne Elektronen werden allgemein mit kleinen Buchstaben, diejenigen für Systeme aus zwei oder mehreren Elektronen - wie etwa Atome - mit Großbuchstaben gekennzeichnet). Für l=0 ist der gesamte Drehimpuls gleich dem Spin, so dass j = 1/2 ist. Für l=1 gelten die beiden möglichen Kombinationen mit j = 3/2 und j = 1/2.

Die Beträge der Vektoren sind proportional zu $(l(l+1))^{1/2}\,\hbar$, $(s(s+1))^{1/2}\,\hbar$ und $(j(j+1))^{1/2}\,\hbar$. Bahndrehimpuls und Spin nennt man parallel, wenn j = l+s ist, und antiparallel, wenn j = l-s gilt.

Gleichung (1) ist ein Spezialfall einer allgemeineren Beziehung, die die Wechselwirkung von zwei Drehimpulsen beschreibt, wenn mehr als ein Teilchen betrachtet wird. Beispielsweise besitzt das Heliumatom zwei Elektronen, die jeweils Spin und Bahndrehimpuls aufweisen. Allgemein gilt:

> **Ist J 1 ein Drehimpuls (Spin- oder Bahndrehimpuls oder eine Kombination aus beiden) und J 2 ein anderer, dann hat der resultierende Drehimpuls J = J1+J2 den Betrag $(j(j+1))^{1/2}$ ħ, wobei J folgende Werte annehmen kann:**
> **J = J1+J2, J1+J2 -1... J1-J2**
> **(3)**

In einem Magnetfeld, das in z-Richtung verläuft, kann die z-Komponente des Gesamtdrehimpulses einen der (2J+1) Werte mj = -J, -J+1, ...+J annehmen, wobei mj die magnetische Quantenzahl des Gesamtdrehimpulses ist. In der spektroskopischen Notation wird die Quantenzahl des Gesamtdrehimpulses des betreffenden Zustands als Index an den Buchstaben gesetzt, der den Bahndrehimpuls angibt. So wird der Grundzustand des Wasserstoffatoms als solches notiert; dabei gibt es die vorangestellte Ziffer den Wert der Hauptquantenzahl n an. Für n=2 ist L=0 oder L=1, und der Zustand mit L=1 kann entweder J = 3/2 oder J = 1/2 haben. Die entsprechenden Zustände sind damit 2S $_{1/2}$, 2P $_{3/2}$ und 2P $_{1/2}$.
Wie schon erwähnt, haben die beiden Zustände mit gleichen Werten von n und L, aber anderem Spin,

geringfügig unterschiedliche Energien, weil Spin und Bahndrehimpuls miteinander wechselwirken. Das nennt man Spin-Bahn-Kopplung. Sie führt zur Feinstruktur-Aufspaltung der Spektrallinien, etwa zu den Übergängen $2P_{3/2} \gg 2S_{1/2}$ oder $2_{1/2} \gg 2S_{2/2}$ im Wasserstoffatom. Anhand des einfachen Bohrschen Modells wollen wir die Spin-Bahn-Kopplung veranschaulichen. Für das Elektron auf der Kreisbahn scheint das Proton eine kreisförmige Bewegung auszuführen, die einem Ringstrom entspricht, der am Ort des Elektrons ein Magnetfeld B erzeugt. Diese sei aufwärtsgerichtet, parallel zu L. Die potentielle Energie V eines magnetischen Moments in einem Magnetfeld hängt von der relativen Orientierung ab und ist

$$V = -\mu B = -\mu_z B \qquad (4)$$

Die potentielle Energie ist minimal, wenn das magnetische Moment parallel zu B steht, und maximal bei antiparalleler Ausrichtung. Das Elektron ist negativ; daher ist sein magnetisches Moment seinem Spin entgegengerichtet. Folglich ist die Energie der Spin-Bahn-Kopplung am höchsten, wenn der Spin parallel zu B und damit auch zu L steht.

Somit ist im Wasserstoffatom die Energie des Zustands $2P_{3/2}$ (L und S parallel) etwas höher als die des Zustands $2P_{1/2}$ (L und S antiparallel). (36)

Atome in äußeren Feldern

Die Feinstrukturaufspaltung und damit die Spin-Bahn-Kopplung leiten sich quantenmechanisch exakt aus der sog.

Dirac-Gleichung her; im semiklassischen Bild kann man sie durch die Wechselwirkung zwischen Elektronenspin und innerem Bahn-Magnetfeld erklären. Wichtig ist, dass die Spin-Bahn-Kopplung eine naturgegebene intrinsische Eigenschaft aller Atome ist. Ob man sie messen kann oder nicht, hängt nur von der Auflösung des verwendeten Spektrometers ab. Setzt man nur Atome gezielt äußeren Feldern - magnetischen oder elektrischen - aus, so wird man (bei genügend hoher Auflösung des Messgeräts) feststellen, dass die ohne diese B Felder gemessenen Spektrallinien neue Linien aufspalten, deren Abstand von der Stärke der äußeren Felder abhängt. Durch die äußeren Felder wird eine Vorzugsrichtung vorgegeben, um die die Gesamtdrehimpulse J der Atome präzessieren.

Das magnetische oder elektrische Moment der Atome kann im äußeren Feld $2J+1$ Einstellungen einnehmen. Mit anderen Worten: aus einem Energieniveau gilt jetzt $2J+1$. Durch das extreme Feld wird die Gleichwertigkeit aller Raumrichtungen, man spricht auch von Entartung, aufgehoben.
Die Aufspaltung von Spektrallinien in einem äußeren Magnetfeld wurde zuerst von P. Zeeman entdeckt und war bereits 1896, also vor dem Bohrschen Atommodell und erst recht lange, bevor das Konzept des Elektronenspins entwickelt. Das Phänomen der Linienaufspaltung im Magnetfeld wird nach seinem Entdecker Zeeman-Effekt genannt. Die Art der Aufspaltung - ob aus einer Linie zwei, drei oder mehr werden - hängt wesentlich davon ab, ob das magnetische Moment des Atoms ausschließlich vom Spin-

oder Bahnmagnetismus herrührt oder ob es eine Mischung aus beiden ist. Ist S = 0 (addieren sich also die einzelnen Elektronenspins im Atom vektoriell zu null) ist also J=L+S=L und $\mu = \mu$ (L), so gilt für die Linienaufspaltung Δ E = μ B. (μB ist das Bohrsche Magneton), es kommt (ohne dass wir diesen Effekt hier näher begründen) zu Linientripletts. Man spricht auch vom normalen Zeeman-Effekt. Ist L = 0, d.h. J=S und $\mu = \mu$ (S) so erhalten wir Δ E = 2 μ_B B. Dieser Fall ist praktisch nur für freie Elektronen denkbar, denn im Atom gilt immer L $\neq$ 0. Im allgemeinen Fall, d.h. wenn gemischter Magnetismus vorliegt (wenn die Spin-Bahn-Kopplung sich also auswirkt), ist J=L+S und $\mu = \mu$ (L,S), und es gilt: Δ E = g- μ_B B. Dabei ist g der Landesche g-Faktor.

Er ist so definiert, dass er im Fall des reinen Bahnmagnetismus (S=0) den Wert 1, für freie Elektronen (L=0) den Wert ge = 2,002319304386 und im gemischten Fall (ausgeprägte Spin-Bahn-Kopplung) Werte bis 10 und größer annehmen kann.
Die Linienaufspaltung aufgrund des gemischten Magnetismus (es ergeben sich Linien Dubletts,- Tripletts und zahlreiche andere Multiples) wird als normaler Zeeman-Effekt bezeichnet.
Der entsprechende Effekt der Linienaufspaltung durch Einfluss eines äußeren elektrischen Feldes wurde 1913 von J. Stark nachgewiesen. Diese nach ihm als Stark-Effekt benannte Erscheinung hat für die Entwicklung der modernen Physik und auch den physikalischen Anwendungen allerdings nie eine so wichtige Rolle gespielt

wie der Zeeman-Effekt. Die Untersuchungen der Spektren von Atomen in äußeren Magnetfeldern gehört heute zu den Standartmethoden der Physik. Als ein Beispiel für ein solches Verfahren sei die sog. Elektronenspinresonanz (ESR)-Spektroskopie genannt, bei der Zeeman-Übergänge (magnetische Dipolübergänge zwischen den einzelnen Einstellungen des magnetischen Moments im äußeren Feld) direkt beobachtet werden können. Die Wellenlänge der Übergänge liegt dabei im cm-Bereich, es handelt sich also um Mikrowellen.   (37)

a) Zwei Elektronen haben jeweils den Bahndrehimpuls null. Welche Quantenzahlen sind für den Gesamtdrehimpuls des Zwei-Elektronen-Systems möglich?

b) Ein Elektron in einem Atom habe den Bahndrehimpuls L_1 mit der Quantenzahl $l_1 = 2$. Ein zweites Elektron habe den Bahndrehimpuls L_2 mit $l_2 = 3$. Welche Quantenzahlen L sind für den gesamten Bahndrehimpuls $L = L_1 + L_2$ möglich?

c) Die Feinstruktur-Aufspaltung der Zustände $2P_{3/2}$ und $2P_{1/2}$ im Wasserstoffatom beträgt $4,5 \times 10^{-5}$ eV. Wenn auf ein Elektron in einem dieser P-Zustände das innere Magnetfeld B wirkt, so beträgt die Aufspaltung aufgrund der Spin-Bahn-Kopplung. (μ_B ist das Bohrsche Magnetron). Schätzen sie das auf das Elektron einwirkende Magnetfeld B ab.

a) Hier ist j1=j2=1/2. Nach (3) kann J=1 oder J=0 sein. Man spricht dabei von parallelen oder von antiparallelen Spins. Für J=1 ist die Quantenzahl mj gleich -1,0 oder +1. Dies ist ein Triplett-Zustand, da drei Möglichkeiten existieren. Dagegen für J=0 nur mj=0 sein, und es liegt ein Singulett-Zustand vor.

b) Wegen l1+l2=2+3=5 und l1-l2 = 2-3 = 1kann L einen der Werte 5,4,3,2 und 1 annehmen.

c)

Es gilt:

$$\Delta E = 2\,\mu_B\ B = 4,5\ \ 10^{-5}\ eV$$

$$\gg\ \ B = \frac{4,5\ \ 10^{-5}\,eV}{2\mu B} = \frac{4,5\ \ 10^{-5}\,eV}{2\ \ 5,79\ 10^{-5}\,eV/T} = 0,3886010363\ T$$

Aufgabe 30

Helium (Z=2)

Das auf den Wasserstoff folgende Element Helium besitzt die Kernladungszahl Z=2 und hat deshalb zwei Elektronen. Beide befinden sich in der K-Schale mit n=1 und l=0 sowie m=0. Eines der Elektronen mit ms = +1/2, und das andere hat ms = -1/2. Diese Konfiguration liegt energetisch tiefer als jede andere Kombination von Quantenzahlen für die beiden Elektronen. Der Gesamtspin ist null, ebenso der Gesamtdrehimpuls. Wir schreiben die Elektronenfiguration des Heliums als $1\,s^2$, wobei der

Exponent 2 die Anzahl der Elektronen angibt. Weil für n=1 der einzige Wert von l null ist, ist die K-Schale mit den beiden Elektronen vollständig gefüllt. Die Energie, die nötig ist, um das in unserem Modell zuletzt hinzugefügte Elektron vollständig aus dem Atom zu entfernen, heißt Ionisierungsenergie. Sie beträgt beim Heliumatom 24,6 eV. Das ist ein sehr hoher Wert; er veranschaulicht, dass das Edelgas Helium chemisch inert ist, d.h. mit anderen Elementen praktisch nicht reagiert.   (38)

a) Berechnen Sie die Wechselwirkungsenergie der beiden Elektronen im Grundzustand des Heliumatoms und daraus ihren mittleren Abstand.

a) Würden beide Elektronen nicht aufeinander einwirken, dann wäre mit Z=2 und n=1 die Energie jedes Elektrons im Grundzustand

$$E_1 = -\frac{Z^2 \, E0}{n^2} = -\frac{2^2 \; 13,6 \, eV}{1^2} = -54,4 \text{ eV}$$

Die Energie beider Elektronen wäre doppelt so groß: $2 \times (-54,4\text{eV}) = -108,8$ eV.

Beim Entfernen eines Elektrons verbliebe das andere mit der Energie $-54,4$eV, also müsste eine Ionisierungsenergie von 54,4 eV zum Herauslösen eines Elektrons aufgewandt werden. Die gemessene Ionisierungsenergie beträgt aber nur 24,6 eV. Daraus folgt die Energie des Grundzustands im Heliumatom zu $-(54,4 \text{ eV} + 24,6 \text{ eV}) = -79,0$ eV. Die Differenz zu $-108,8$ eV ist die Wechselwirkungsenergie der beiden Elektronen im Grundzustand: 29,8 eV. Die potentielle Energie zweier Ladungen e, die einen Abstand r voneinander haben ist

$$v = \left(\frac{1}{4\,\pi\epsilon 0} \right) \times e^2 / r$$

Das setzen wir gleich 29,8 eV:

$$v = \left(\frac{1}{4\,\pi\epsilon 0} \right) \times \frac{e^2}{r} = 29,8 \text{ eV}$$

Wir wissen aus

$$v\,(r) = - \left(\frac{1}{4\,\pi\epsilon 0} \right) \times \frac{Z\,e^2}{r} \quad\text{, dass daraus folgt: } \left(\frac{1}{4\,\pi\epsilon 0} \right) \times \frac{e^2}{a0}$$

Wenn wir nun die Gleichung mit a0 erweitern, so können wir den Abstand r der beiden Elektronen berechnen:

Es gilt: a 0 = 0,0529 nm

$$(1) \qquad k = \left(\frac{1}{4\,\pi\epsilon 0} \right) \; \frac{l^2}{a0} = 13,6 \text{ eV}$$

$$(2) \qquad v = \left(\frac{1}{4\,\pi\epsilon 0} \right) \; \frac{l^2}{r} = 29,8 \text{ eV}$$

Die Gleichungen (1) und (2) werden nun mit a0 erweitert:

Daraus folgt:

$$v = \left(\frac{1}{4\,\pi\epsilon 0} \right) \times \frac{l^2}{r} \times \frac{a0}{a0} = \left(\frac{1}{4\,\pi\epsilon 0} \right) \times \frac{l^2}{a0} \times \frac{a0}{r}$$

$$\gg \; k = \frac{a0}{r} = 29{,}8 \text{ eV}$$

Es ergibt sich nun:

$$13{,}6 \text{ eV} = \frac{a0}{r} = 29{,}8 \text{ eV} \gg r = \frac{13{,}6 \, eV}{29{,}8 \, eV} \; a_0 = 0{,}4563758393 \; a_0$$
$$= 0{,}02414228188 \text{ nm}$$

Aufgabe 31

Spektren im sichtbaren und im Röntge-Bereich

Spektren im sichtbaren Bereich

Von einem angeregten Zustand eines Atoms spricht man, wenn ein Elektron (oder mehrere) sich in einem Zustand höherer Energie als der des Grundzustands befindet. Der angeregte Zustand kann beispielsweise durch Beschuss mit Elektronen erreicht werden, die durch eine hohe Spannung beschleunigt wurden. Wenn ein Elektron aus einem angeregten Zustand E2 in einen Zustand mit der geringeren Energie E1 übergeht, wird elektromagnetische Strahlung emittiert. Deren Frequenz ϑ ist proportional zur Energiedifferenz beider Zustände: ϑ = (E1-E2) / h. Darin ist h das Plancksche Wirkungsquantum. Die Wellenlänge der Strahlung ist Lambda = c/v. Weil die angeregten Zustände im Atom nur bestimmte Energiewerte haben

können, wird Strahlung mit diskreten Frequenzen bzw. Wellenlängen emittiert (oder absorbiert). Die Gesamtheit der auftretenden Linien nennt man das Spektrum des betreffenden Atoms. Um das Spektrum eines Atoms zu erklären, müssen wir seine angeregten Zustände kennen. Dabei ist die Situation bei Mehr-Elektronen-Atomen im Allgemeinen viel komplizierter als beim Wasserstoffatom mit nur einem Elektron, denn es können (auch mehrere) Elektronen aus ganz verschiedenen Zuständen angeregt werden. Die Anregungsenergien der äußeren Elektronen, der sog. Valenz-Elektronen, liegen in der Größenordnung einiger Elektronenvolt. Die bei der Rückkehr in den Grundzustand emittierten Photonen haben die Wellenlängen im oder nahe beim sichtbaren Bereich (entsprechend etwa 1,8 eV bis 3 eV).

Die Anregungsenergie lässt sich häufig berechnen, indem man das betreffende Atom wie ein Ein-Elektronen-Atom behandelt, das außer dem Kern eine stabile, kugelförmige negative Ladung enthält, die die Abschirmung durch die inneren Elektronen repräsentiert. Die besten Werte liefert dieses einfache Verfahren bei den Alkalimentalen (Lithium, Natrium, Rubidium und Cäsium), die ein einzelnes Außenelektron besitzen. Es gelten die optischen Übergänge der beteiligten Energieniveaus des Natriumatoms. Dieses hat die Elektronenkonfiguration des Neons, zudem ein einzelnes Außenelektron hinzugefügt wurde. Der Spin (Eigendrehimpuls) aller inneren (Neon)-Elektronen addiert sich zu null, und der resultierende Spin des Atoms ist gleich dem des einzelnen Außenelektrons. Wegen der Spin-Bahn-Kopplung haben die Zustände mit J=L-1/2 eine etwas geringere Energie als die mit J=L + 1/2. Daher ist jeder Zustand - außer den S-Zuständen - ein Dublett (allerdings werden die S-Zustände trotzdem häufig als Dubletts notiert). Die Feinstruktur-Aufspaltung ist sehr gering. Der erste angeregte Zustand wird erreicht durch ein Abheben des äußeren Elektrons vom 3s- in das 3p-Niveau, das rund 2,1 eV über dem Grundzustand liegt.

Der Energieunterschied zwischen den Zuständen P $_{3/2}$ und P $_{1/2}$ rührt von der Spin-Bahn-Kopplung her und beträgt etwa 0,002 eV. Die Übergänge aus diesen Zuständen in den Grundzustand erzeugen das bekannte gelbe Linienpaar des Natriums:

3p (^{2} P $_{1/2}$)   3s (^{2} S $_{1/2}$)   Lambda = 589,59 nm

3p (^{2} P $_{3/2}$)   3s (^{2} S $_{1/2}$)   Lambda = 588,99 nm

Zwischen den Dublett-Zuständen der Energieniveaus und der Aufspaltung der Linien in Dubletts muss wohl unterschieden werden: jeder Übergang, der in einem S-Zustand beginnt oder endet, ergibt ein Linienpaar, weil ein Dublett- und ein Singulett-Zustand beteiligt ist. (Die Auswahlregel lautet $\Delta L = \pm 1$ und verbietet daher Übergänge zwischen S-Zuständen). Zwischen zwei Dublett-Zuständen existieren vier Übergangsmöglichkeiten, von denen eine aufgrund der Auswahlregel für J nicht auftreten kann. Erlaubt sind die Übergänge $\Delta J = \pm 1$. Verboten ist J=0. Daher führen Übergänge zwischen Dublett-Zuständen zu einer Aufspaltung der Linie in ein Triplett. Die Energieniveaus und die Spektren der anderen Alkalimetalle ähneln den des Natriums. Die Spektren der Elemente mit zwei Valenzelektronen (dazu zählen Helium sowie die Erdalkalimetalle Beryllium, Magnesium, Calcium usw.) sind wegen der Wechselwirkung der beiden Außenelektronen wesentlich komplexer als die der Alkalimetalle.   (39)

Röntgen-Spektren

Für die Anregung eines inneren Elektrons, beispielsweise in der K-Schale mit $n=1$, wird eine viel höhere Energie benötigt als bei einem Außenelektron. Das innere Elektron kann aufgrund des Pauli-Verbots nicht in einem besetzten Zustand angehoben werden, also etwa beim Natrium in einen 2s-Zustand, sondern nur in einen höheren Zustand.

Deswegen liegt die aufzuwendende Anregungsenergie meist bei mehreren tausend Elektronenvolt. Die Anregung lässt sich, etwa in einer Röntgenröhre, durch Beschuss mit hochenergetischen Elektronen herbeiführen. Wird dadurch ein Elektron aus der K-Schale herausgeschlagen, so entsteht hier eine Lücke, die von einem Elektron aus der L-Schale (oder aus einer höheren Schale) gefüllt werden kann. Bei diesem Übergang wird ein Photon mit einer Energie von größenordnungsmäßig 1 keV emittiert. Die meist sehr scharfe Linie ist Teil des für jede Substanz charakteristischen Röntgenspektrums, das außerdem einen kontinuierlichen Anteil enthält. Es gilt das Röntgenspektrum des Molybdäns mit den beiden Linien, die von Zuständen mit n=2 und n=3 zu solchen mit n=1 (K-Schale) führen.

Die Energien der beteiligten Zustände, und damit die Wellenlänge der Röntgenlinien, können wir wie folgend abschätzen: Die Energie eines Elektrons mit der Hauptquantenzahl n ist in einem Ein-Elektronen-Atom mit der Kernladungszahl Z:

$$E_n = -Z^2 \frac{13{,}6\ eV}{n^2}$$

Alle Atome außer dem des Wasserstoffs enthalten in der K-Schale zwei Elektronen. Jedes von diesen erfährt infolge der Abschirmung durch das andere Elektron eine Kernladung, die geringer als Ze ist. Wenn die effektive Kernladung (Z-1) e beträgt, dann setzen wir in die vorherige Gleichung anstelle von Z nun (Z-1) ein und erhalten mit n=1: $E_1 = -(Z-1)^2 \times 13{,}6\ eV$.

Mit der gleichen effektiven Kernladung ist die Energie eines Elektrons mit der Hauptquantenzahl n:

$$E_n = (-Z-1)^2 \times \frac{13{,}6\ eV}{n^2}$$. Geht dieses Elektron in einen

Zustand mit n=1 über, dann ist die Wellenlänge der emittierten Spektrallinie:

$$Lambda = \frac{h\,c}{E_n - E_1} \times \frac{h\,c}{(Z-1)^2\ \ 13{,}6\ eV\ \ (1-1/n^2)}$$

Im Jahre 1913 bestimmte der englische Physiker H. Mosely die charakteristischen Wellenlängen der Röntgenspektren von über 40 Elementen und fand die mit dieser Gleichung beschriebene Abhängigkeit von den Hauptquantenzahlen der beteiligten Zustände. Damit konnte er die

Ordnungszahlen bzw. Kernladungszahlen der Elemente ermitteln.

a) Berechnen Sie die Wellenlänge der K-Alpha-Linie im Röntgenspektrum von Molybdän (Z=42). Vergleichen sie den berechneten Wert mit dem von Moseley gemessenen: Lambda = 0,0721 nm.

a) Die K-Alpha-Linie stammt aus einem Übergang von n=2 zu n=1. Zunächst leiten wir Gleichung (2) her und setzen dann Z=42 und n=2 für die Wellenlänge ein. Es ergibt sich:

$$\text{Lambda} = \frac{h\,c}{En - E1} \; ;$$

$$E_n - E_1 = \left(-(Z-1)^2 \, \frac{13,6\,eV}{n^2}\right) - \left(-(Z-1)\,2 \quad 13,6\,eV\right)$$

$$= (Z-1)^2 \left(\frac{-13,6\,eV}{n^2} + 13,6\,eV\right)$$

$$= (Z-1)^2 \left(13,6\,eV - \frac{13,6\,eV}{n^2}\right)$$

$$= (Z-1)^2 \quad 13,6\,eV \quad \left(1 - \frac{1}{n^2}\right)$$

$$\text{Lambda} = \frac{h\,c}{En - E1} = \frac{h\,c}{(Z-1)^2 \quad 13,6\,eV \quad \left(1 - \frac{1}{n^2}\right)}$$

Es gilt:

$$\text{Lambda} = \frac{h\,c}{En - E1}$$

$$= \frac{h\,c}{(Z-1)^2 \; 13{,}6\,eV \; (1 - \frac{1}{n^2})}$$

h c = 6,6260755 $\times 10^{-34}$ J/s $\times$ 3 $\times$ 10^{8} km/s

= 1,987812 $\times 10^{-25}$ J;

1 eV = 1,602 10^{-19} J

h c = 1,987812$\times 10^{-25}$ J / 1,602 $\times$ 10^{-19}

= 1,2408315 $\times$ 10^{-6} eV $\approx$ 1240 nm

Es gilt:

Z = 42; n = 2

$$\text{Lambda} = \frac{h\,c}{(Z-1)^2 \times \; 13{,}6\,eV \times (1 - \frac{1}{n^2})}$$

$$= \frac{1240\,nm}{(42-1)^2 \times 13{,}6\,eV \times (1 - \frac{1}{2^2})} = \frac{1240\,nm}{41^2 \times 13{,}6 \times \frac{3}{4}}$$

= 0,0723192 nm

Aufgabe 32

Mehratomige Moleküle

Zu den Molekülen mit mehr als zwei Atomen gehören so einfache wie das Wasser mit der molaren Masse 18 g/mol, aber auch riesige Makromoleküle - etwa von Proteinen - mit molaren Massen von bis zu 10^6 g/mol. Die Struktur auch dieser Moleküle kann im Prinzip mit denselben quantenmechanischen Methoden beschrieben werden, wie sie auf zweiatomige Moleküle angewandt werden können. Bei viel größeren Molekülen tritt neben der kovalenten Bedingung auch die Wasserstoffbrückenbindung auf. Wir wollen uns hier auf einige einfache Moleküle beschränken: Wasser (H_2O), Ammoniak (NH_3) und Methan (CH_4). An diesen können wir sowohl die Einfachheit als auch die Leistungsfähigkeit der quantenmechanischen Beschreibung illustrieren.

Die wichtigste Bedingung für das Zustandekommen einer kovalenten Bindung ist die Zugehörigkeit der bindenden Elektronen zu allen jeweils beteiligten Atomen. Die Wellenfunktionen müssen sich also so stark wie möglich überlappen. Betrachten wir das beim H_2O-Molekü. Das Sauerstoffatom hat im Grundzustand die Elektronenkonfiguration $1s^2, 2s^2; 2p^4$. Die 1S - und die 2S-Elektronen nehmen an der Bindung nicht teil, sondern nur die äußersten, die 2p -Elektronen. Die 2P-Unterschale (mit $l=1$) kann insgesamt 6 Elektronen aufnehmen. Im isolierten Atom können wir deren Zustände durch die wasserstoffähnlichen Wellenfunktionen mit den magnetischen Quantenzahlen m = -1,0 und- +1 beschreiben. Geht ein Atom eine Bindung ein, so sind nur ganz bestimmte Linearkombinationen dieser Wellenfunktionen wichtig: im vorliegenden Fall die sog. p_x, p_y und p_z Orbitale Die Winkelabhängigkeit dieser Orbitale sieht wie folgt aus:

$$P\,x \propto \sin\theta \cos qp$$
$$P\,y \propto \sin\theta \sin qp$$
$$P\,z \propto \cos\theta$$

Für die Elektronendichteverteilung dieser Orbitale gilt: Im Gegensatz zu den p-Atomorbitalen sind die s-Atomorbitale kugelsymmetrisch. Man erkennt, dass die Elektronendichte jeweils in Richtung der betreffenden Achse maximal ist.

Von den vier 2p-Elektronen des Sauerstoffatoms befinden sich zwei (mit antiparallelen Spins) in einem Orbital, beispielsweise 2p $_z$-Orbital, und jene eines 2p $_x$ und im 2p $_y$ Orbital. Diese beiden Elektronen bilden nun mit je einem 1s-Elektron der beiden Wasserstoffatome eine kovalente Bindung (d.h., die Elektronen paaren ihre Spins, wobei sich die Wellenfunktion überlappen). Wegen der gegenseitigen Abstoßung der p-Elektronen sowie der Elektronen der Wasserstoffatome ist der Winkel zwischen den Bindungen größer als 90 ° (dies ist ja der Winkel zwischen den p-Orbitalen im Atom). Das Ausmaß der Abstoßung kann quantenmechanisch berechnet werden. Dabei ergibt sich der Bindungswinkel zu 104,5 °, wie er auch experimentell ermittelt wurde. Mit Hilfe ähnlicher Betrachtungen können wir die Struktur des Ammoniakmoleküls erklären. Das Stickstoff-Atom hat in den drei 2p-Orbitalen je ein Elektron, von denen jedes eine Bindung ausbilden kann, hier zu einem Wasserstoffatom. Auch im NH_3 sind die Bindungswinkel wegen der Abstoßung größer als 90 °. Bei den Bindungen, die das Kohlenstoffatom eingeht, sind die Verhältnisse etwas komplizierter. Hier gibt es verschiedene Bindungstypen, die zur großen Vielfalt der Kohlenstoffverbindungen beitragen. Das C-Atom hat im Grundzustand die Elektronenkonfiguration. Danach sollte man erwarten, dass es mit den beiden p-Elektronen zwei Bindungen ausbildet, die einen Winkel von rund 90 ° einschließen. Jedoch ist der Kohlenstoff, wie im Methan, fast ausnahmslos vier bindig.

Somit muss ein Mechanismus wirksam sein, den wir noch nicht betrachtet haben. Im ersten angeregten Zustand des Kohlenstoffatoms ist eines der beiden 2s-Elektronen in das leere p-Orbital angehoben. Nach dieser sog. Promotion liegen vier ungepaarte Elektronen vor: $2s$, $2p_x$, $2p_y$, $2p_z$. Nun können wir vermuten, dass drei Bindungen mit den p-Elektronen und eine (etwas anders geartete) mit dem s-Elektron ausgebildet werden. Jedoch tritt eine Hybridisierung ein, bei der aus den drei p-Orbitalen und dem einen s-Orbital vier neue, gleiche Orbitale entstehen (sp^3 - Hybridisierung). Sie können durch Linearkombinationen der Atomorbitale der betreffenden

Elektronen beschrieben werden. Da sich die Elektronen in den vier gleichen Hybridorbitalen gegenseitig abstoßen, sind diese Orbitale in die Ecken eines regelmäßigen Tetraeders gerichtet. Diese tetraedrische Struktur finden wir auch beim Ethanmolekül. Hier besteht zwischen den beiden Kohlenstoffatomen eine Bindung, so dass die beiden Tetraeder Spitze an Spitze miteinander verbunden sind. Als weitere Möglichkeit können im Kohlenstoffatom nur zwei p-Elektronen mit dem s-Elektron hybridisieren (sp^3 - Hybridisierung). Die drei dadurch gebildeten Hybridorbitale liegen in einer Ebene und schließen jeweils einen Winkel von 120 ° ein. Das an dieser Hybridisierung nicht beteiligte p-Orbital steht senkrecht auf dieser Ebene und wird zur Ausbildung einer Bindung herangezogen, die in gleicher Richtung wie eine der Bindungen verläuft, die also mit den Hybridorbitalen gebildet werden. Dann spricht man von einer Doppelbindung, wie z.B. im Ethen $H_2C = CH_2$.

Die sp-Hybridisierung liegt auch im Graphit vor und führt zu dessen Schichtstruktur. Schließlich sei noch die sp-Hybridisierung erwähnt, bei der zwei p-Orbitale unbeteiligt bleiben. Die Hybridorbitale liegen abgewandt voneinander auf einer Geraden, und die beiden p-Elektronen tragen zu einer Dreifachbindung bei, wie etwa im Ethin $HC \equiv CH_2$.   (41)

Energieniveaus und Spektren zweiatomiger Moleküle

Wie die Atome emittieren auch die Moleküle elektromagnetische Strahlung, wenn sie von einem angeregten Zustand in einen energetisch tieferen (meist den Grundzustand) übergehen. Entsprechend muss für einen Übergang in einen energetisch höheren Zustand Strahlung absorbiert werden. Daher erhält man aus den Emissions- oder Absorptionsspektren der Moleküle Informationen über deren Energieniveaus. Der Einfachheit halber betrachten wir im Folgenden nur zweiatomige Moleküle. Die Energie, die ein zweiatomiges Molekül bei der Absorption aufgenommen hat, kann in drei Formen vorliegen:

- als elektronische Anregung,
- als Schwingen der Atome oder
- als Rotation des Moleküls um seinen Massenmittelpunkt.

Die jeweiligen Energien sind recht unterschiedlich, so dass wir sie in der Regel separat betrachten können, wenn keine sehr hohe Genauigkeit gefordert ist.

Die zur Anregung eines Elektrons erforderliche Energie liegt - wie bei den Atomen - in der Größenordnung von 1 eV. Dagegen sind die Energien von Schwingung und Rotation deutlich geringer.

Rotationsenergieniveaus

Es gilt das Hantelmodell eines zweiatomigen Moleküls. Seine Atome haben die Massen m1 und m2, und der Kern-Kern-Abstand ist r0. Das Molekül soll um eine Achse rotieren, die durch seinen Massenmittelpunkt verläuft. Nach der klassischen Mechanik ist die Rotationsenergie

$$E_{rot} = \frac{1}{2}\, l\, w^2 \tag{4}$$

Darin ist l das Trägheitsmoment und w ist die Kreisfrequenz oder Winkelgeschwindigkeit der Rotation. Wir drücken die Energie durch den Drehimpuls L =lw aus und erhalten

$$E_{rot} = \frac{(Iw)^2}{2l} = \frac{L^2}{2l} \tag{5}$$

Aus den Lösungen der Schrödinger-Gleichung für die Rotation ergibt sich die Quantisierung des Drehimpulses L:

$$L^2 = J\,(J+1)\;\hbar^2 \tag{6}$$

Hier ist J die Rotationsquantenzahl. Diese Quantisierungsbedingung ist identisch mit derjenigen für den Bahndrehimpuls eines Elektrons in einem Atom.

In der Spektroskopie wird die Rotationsquantenzahl üblicherweise mit J und nicht mit l bezeichnet. Betrachten Sie aber, dass die Größe L in (6) den Drehimpuls des gesamten Moleküls angibt, wenn es rotiert.

Die Energieniveaus der Rotation sind damit

$$E_{rot} = \frac{J\,(J+1)\;\hbar^2}{2l} = J\,(J+1)\,B \qquad J = 0,1,2... \tag{7}$$

Darin ist B die charakteristische Rotationsenergie des betreffenden Moleküls, die auch Rotationskonstante genannt wird. Sie ist umgekehrt proportional zu dessen Trägheitsmoment:

$$B = \frac{\hbar^2}{2\,l} \tag{8}$$

Aus dem Rotationsspektrum eines Moleküls können dessen Rotationsenergieniveaus und damit sein Trägheitsmoment ermittelt werden. Daraus lässt sich wiederum die Bindungslänge errechnen, wenn man die Masse der Atome kennt. Bei einem zweiatomigen Molekül ist das Trägheitsmoment um eine Rotationsachse durch den Massenmittelpunkt des Moleküls (den Molekülschwerpunkt)

$I = m_1 r_1^2 + m_2 r_2^2$ beschrieben.

Der Gleichgewichtsabstand der Atome voneinander ist $r_0 = r_1 + r_2$. Damit können wir das Trägheitsmoment schreiben als

$$I = \mu\, r_0^2 \tag{9}$$

Darin ist μ die redutzierte Masse,

$$\mu = \frac{m_1 \times m_2}{m_1 + m_2} \tag{10}$$

Sind die Massen beider Atome gleich (also $m_1 = m_2 = m$), etwa in H_2 oder O_2, dann ist die reduzierte Masse gleich der halben Masse eines Atoms ($\mu = \frac{1}{2} m$), und das Trägheitsmoment ist

$$I = \frac{1}{2} m\, r_0^2 \tag{11}$$

Der Bequemlichkeit halber werden die Massen von Atomen und Molekülen oft in der atomaren Masseneinheit u angegeben. Diese ist definiert als 1/12 der Masse eines Atoms des Kohlenstoff-12-Isotops. Demnach ist die Masse eines Atoms in u ebenso groß wie seine molare Masse in Gramm. Mit der Avogadro-Zahl

$N_a = 6{,}0221 \times 10^{23}$ gilt:

$$1\ u = \frac{1g}{Na} = \frac{10^{-3}\,kg}{6{,}0221 \times 10^{23}} = 1{,}6606 \times 10^{-27}\ kg \tag{12}$$

Zweifellos gilt, dass die Rotationsenergie um einige Größenordnungen kleiner als die der elektronischen Anregung sind, die bei 1 eV oder höher liegen. Höhere Rotationsenergieniveaus in Molekülen können also durch die Absorption von Photonen niedriger Energie, d.h. Licht im Bereich des fernen Infrarots, besetzt werden. Beachten Sie außerdem, dass die Rotationsenergien wesentlich kleiner sind als die thermische Energie bei Raumtemperatur. Sie liegen bei T=300 K und es gilt k T = 0,026 eV. Daher kann man bei gewöhnlichen Temperaturen ein Molekül schon durch Stöße mit anderen Teilchen zu Rotation anregen, jedoch nicht zu elektronischen Übergängen.

Für Übergänge zwischen den Rotationszuständen gilt die Auswahlregel $\Delta\,J \pm 1$ die Rotationsquantenzahl kann sich also höchstens im 1 ändern. $\qquad$ (42)

Schwingungsenergieniveaus

Die Quantisierung der Energie eines einfachen harmonische Oszillators war eines der ersten Probleme, dessen Lösung Schrödinger im Zusammenhang mit seiner Wellengleichung veröffentlichte. Die Lösung der Schrödinger-Gleichung für einen einfachen harmonischen Oszillator ergeben die Energieniveaus

$$E_{vib} = \left(\vartheta + \frac{1}{2}\right) h\,v \qquad\qquad \vartheta = 0,1,2,3 \quad . \qquad (13)$$

Darin ist ϑ die Frequenz der Schwingung, und v ist die Schwingungsquantenzahl. Gleichung (13) zeigt, dass zwei Schwingungsenergieniveaus stets den Abstand hv haben. Die Frequenz, mit der die Atome eines zweiatomigen Moleküls gegeneinander schwingen, hängt von der Kraft ab, die sie in der Bindung aufeinander ausüben. Nehmen wir an, zwei Körper mit den Massen m1 und m2 werden durch eine Feder mit der Kraftkonstante k zusammengehalten.

Dann ist die Frequenz ϑ, mit der die beiden Körper schwingen,

$$\vartheta = \frac{1}{2\pi} \sqrt{k/\mu} \qquad\qquad (14)$$

Auch hier ist μ die reduzierte Masse.

Wenn man spektroskopisch die Schwinguingsenergieniveaus des Moleküls ermittelt, kann man daraus dessen Schwingungsfrequenz und die Kraftkonstante der Bindung berechenen. Für den Übergang zwischen den Schwingungszuständen gilt bei einem harmonischen Oszillator die Auswahlregel $\Delta\vartheta = \pm 1$. Somit wird jeweils ein Photon der Energie hv absorbiert oder emittiert, wobei ϑ identisch mit der Frequenz der angeregten Molekülschwingung ist. Ein typischer Wert von ϑ ist 5×10^{13} Hz. Damit haben die Energieniveaus der Schwingung die Größenordnung

$E \approx hv = (4{,}14 \times 10^{-15}\ eVs) \times (5 \times 10^{13}\ s^{-1}) = 0{,}207\ eV$

Diese Energie ist rund 1000mal größer als die charakteristische Rotationsenergie und etwa 8mal größer als die thermische Energie bei Raumtemperatur, denn bei T = 300K ist k$_B$T = 0,026 eV.   (43)

a) Berechnen Sie die reduzierte Masse des HCI-Moleküls.

b) Schätzen Sie die charakteristische Rotationsenergie des O$_2$ Moleküls ab. Nehmen sie dabei den Abstand der Atome r0=0,1 nm an.

c) Die Schwingungsfrequenz des CO-Moleküls beträgt 6,42 $\times 10^{13}$ Hz. Wie groß ist die Kraftkonstante der C-O-Bindung?

a) Aus dem Periodensystem entnehmen wir die Atommassen mh = 1,01 u und mCI = 35,5 u. Damit ist die reduzierte Masse

$$\mu = \frac{m1\,m2}{m1{+}m2} = \frac{(1,01\,u)\,(35,5\,u)}{1,01u{+}35,5\,u} = 0,9820597097\ u$$

Beachten Sie, dass die reduzierte Masse kleiner ist als die geringere der beiden Atommassen. Ist - wie hier - eine der beiden Massen wesentlich größer als die andere, so liegt der Massenmittelpunkt des Moleküls nahe beim Mittelpunkt des schweren Atoms und die reduzierte Masse ist etwa gleich der des leichteren Atoms.

b) Mit der Masse m eines O-Atoms ist gemäß Gleichung (11) das Trägheitsmoment I $= \frac{1}{2}$ m r$_0$ ^{2} Das setzen wir in (8) ein und erhalten so für die Rotationskonstante B =

$\dfrac{\hbar^2}{m\,r0^2}$. Mit m = 16 u = 16 (1,66 $\times$ 10^{-26} kg) = 2,66$\times$ 10^{26}

kg und r0=10$\times$10^{-10} m wird

$$B = \frac{\hbar^2}{m\,r0^2} = \frac{\left(1{,}054572\ 10^{-34}\right)^2}{\left(2{,}66\ 10^{-26}\right)\left(10^{-10}\right)^2} \approx 4{,}18 \times 10^{-23}\ \text{J}$$

$$= 2{,}56 \times 10^{-4}\ \text{eV}$$

c) Die Massen sind m1 = 12 u (Kohlenstoff) und m2 = 16 u (Sauerstoff). Damit ist die reduzierte Masse:

$$\mu = \frac{m1\,m2}{m1+m2} = \frac{12\,u\ 16\,u}{12\,u+16\,u} = 6{,}857142857\ \text{u}$$

Wir rechnen in SI-Einheiten um, indem wir mit
1,66 $\times$ 10^{-27} kg/u multiplizieren
μ = 6,857142857u $\times$ (1,66 $\times$ 10^{-27})
  = 1,138285714 $\times$ 10^{-26} kg

Nun lösen wir (14) nach der Kraftkonstante k auf und setzen die Werte ein:

$$\vartheta = \frac{1}{2\pi}\ \sqrt{k/\mu}\ ;\ v = 6{,}41 \times 10^{13}\ \text{Hz}$$

$$2\pi\vartheta = \sqrt{\frac{k}{\mu}}\qquad : k = (2\mu\vartheta)^2\,\mu$$

$$(2\pi\vartheta)\,2 = \frac{k}{\mu} \quad ; \quad \mu = 1{,}14 \times 10^{-26}\,kg$$

$$k = 4\,\pi^2\,(6{,}42 \times 10^{13}\,Hz)^2\,\mu$$
$$= 4\,\pi^2\,(6{,}42 \times 10^{13})\,(1{,}14 \times 10^{-26}\,kg)$$
$$= 1{,}86 \times 10^{3}\,N/m$$

Aufgabe 33

Ionenkristalle

In Ionenkristallen kommen (mindestens) zwei Teilchensorten vor. Sie unterscheiden sich in ihrer Ladung und fast immer auch in m ihrer Größe. Meist ist der Radius des Anions größer als der des Kations. Ionische Strukturen sind stets weniger dicht gepackt als Metalle; die Koordinationszahlen sind aufgrund der Abstoßung gleichnamiger Ladung ebenfalls kleiner.
(Als Koordinationszahl wird in Ionenkristallen die Anzahl der nächsten Nachbarn mit entgegengesetzter Ladung bezeichnet).

Wichtig sind die Cäsiumchlorid-Strukturen (CsCi Struktur) mit der Koordinationszahl 8 und die Natriumchlorid-Struktur (NaCi Struktur) mit der Koordinationszahl 6. In welcher Struktur ein ionischer Festkörper kristallisiert, hängt unter anderem vom Radien Verhältnis der Ionen ab; dies ist der Quotient aus dem Radius des kleineren und dem des größeren Ions. In jeder ionischen Struktur darf das Radien Verhältnis einen

bestimmten Wert nicht unterschreiten; andernfalls hätten entgegengesetzte geladene Ionen keinen Kontakt mehr, und gleichnamig geladene Ionen müssten sich berühren. Bei einem Radien Verhältnis über 0,732 tritt die Cäsiumchlorid-Struktur auf; ist sie kleiner, so ist die Natriumchlorid-Struktur energetisch am günstigsten und zwar bis hinab zu einem Radien Verhältnis von etwa 0,414. Noch kleinere Radien Verhältnisse führen zu Strukturen mit kleineren Koordinationszahlen, die wir hier nicht behandeln. Ist die Bindung zwischen den Ionen nicht rein ionisch, dann wird die Regel der Radien Verhältnisse nicht eingehalten, und es können andere Strukturen auftreten. Das Natrium-Chlorid-Ion ist etwa doppelt so groß wie das Natrion-Ion. Es ist zu beachten, dass die Ionen im Ionenkristall nicht paarweise angeordnet sind; im NaCi-Kristall liegen also keine NaCi-Moleküle vor.
Wir berechnen nun die potentielle Wechselwirkungsenergie der Ionen im NaCi-Kristall. Dazu gehen wir von V aus, die ein Ion in der NaCi-Struktur hat. Sie setzt sich aus einem anziehenden (attraktiven) Anteil V_{att} und einem abstoßenden (repulsiven) V_{rep} zusammen.

Die Anziehung der entgegengesetzt geladenen Ionen beruht auf der Coulomb`schen Wechselwirkung. Der (insgesamt) anziehende Coulomb´sche Teil lässt sich dementsprechend schreiben als

$$V_{att} = - \alpha \frac{e^2}{4 \pi \epsilon_0 \, r} \tag{1}$$

Hierbei steht r für den Abstand der Atomkerne zweier benachbarter entgegensetz geladener Ionen im Kristall. Da im NaCi alle Ionen einfach positiv bzw. einfach negativ geladen sind, haben die einander anziehenden Ladungen den Betrag e. Die Größe ist die Madelung-Konstante. Ihr Wert hängt von der Kristallstruktur ab; bei der NaCi-Struktur beträgt er 1,7476. Die Bedeutung der Madelung-Konstante und ihren Wert kann man sich folgendermaßen klarmachen: hätte jedes Ion im Gitter nur die sechs entgegengesetzt geladenen Nachbarn, so wäre $\alpha = 6$. Jedes Ion „spürt" aber auch die zwölf gleichnamig geladenen Ionen im Abstand $\sqrt{2}$ r und so weiter. Die weiter entfernten Ionen liefern also zur Coulomb´schen Wechselwirkungsenergie ebenfalls Beiträge. Diese sind alle durch die Madelung-Konstante in (1) berücksichtigt. Im NaCi-Kristall ist sie $\alpha = 6 - \dfrac{21}{\sqrt{2}} + \dfrac{8}{\sqrt{3}}$. Bei sehr kleinen Abständen gewinnt die Abstoßung der Elektronenhüllen aufgrund des Pauli-Verbots an Bedeutung.

Folgender empirisch gefundener Ansatz beschreibt den abstoßenden Anteil an der potentiellen Energie recht gut:

$$V_{rep} = \frac{A}{r^{\underline{n}}} \tag{2}$$

wobei A und n Konstanten sind. Somit ist im NaCi-Kristall die gesamte potentielle Energie eines Na^+ - oder eines Ci^- - Ions.

$$V_{ij} = V_{att} + V_{rep} = -\alpha \frac{e^{\frac{2}{}}}{4\pi\epsilon_0\, r} + \frac{A}{r^{\frac{n}{}}} \tag{3}$$

Halten anziehende und abstoßende Kraft einander die Waage, dann befinden sich die Ionen in ihrem Gleichgewichtsabstand r0 und die Gesamtkraft auf ein Ion $F = -d\,V_{ij}\,/\,dr$ ist dann null. Dieser Ansatz bietet die Möglichkeit, die Konstante A zu bestimmen: differenziert man die Wechselwirkungsenergie aus Gleichung (3) nach r, und setzt dV/dr für den Gleichgewichtsabstand (r=r0) gleich null, so erhält man:

$$A = \alpha \frac{e^{\frac{2}{}}\, r0^{\frac{n-1}{}}}{4\pi\epsilon_0\, n} \tag{4}$$

Mit diesem Ausdruck für A ist bei der Natriumchlorid-Struktur die gesamte potentielle Wechselwirkungsenergie eines Ions im Gitter (Gleichung (3)):

$$V_{ij} = -\alpha \frac{e^{\frac{2}{}}}{4\pi\epsilon_0\, r} \left(\frac{r0}{r} - \frac{1}{n}\left(\frac{r0}{r}\right)^n \right) \tag{5}$$

Bein Gleichgewichtsabstand (r=r0) gilt:

$$V_{ij\,(r0)} = -\alpha \frac{e^{\frac{2}{}}}{4\pi\epsilon_0\, r} \left(1 - \frac{1}{n}\right) \tag{6}$$

Gleichung (6) beschreibt die Wechselwirkung eines einzigen Ionenpaars im NaCi-Kristall. Ein makroskopischer Kristall enthält N Ionenpaare. Damit ist die gesamte potentielle Wechselwirkungsenergie V in einem Kristall aus je N Natrium- und Chlorid-Ionen die Summe aller einzelnen Wechselwirkungsenergien. Diese wird durch die Formel

$V_{(r0)} = \sum v_{ij}(r0) = N V_{ij}$ beschrieben.

Diese Energie wird auch Gitterenergie genannt. Würde man umgekehrt die Ionen, ausgehend von ihrem Gleichgewichtsabständen, auf unendliche Abstände $r \to \infty$ bringen, müsste man die Gitterenergie aufbringen; sie wird gewonnen, wenn sich die Ionen aus der Gasphase zum Kristall anordnen. Die Gitterenergie kann durch kalorische und spektroskopische Messungen experimentell bestimmt werden; den Gleichgewichtsabstand r0 erhält man aus Röntgenbeugungsexperimenten. Sind beide Größen bekannt, so kann der Exponent n im abstoßenden Beitrag der Wechselwirkungsenergie mit Gleichung (6) berechnet werden.   (44)

Experimentell wurde die Gitterenergie zu 770 kj/mol bestimmt

a) Schätzen Sie den Gleichgewichtsabstand zweier nächstbenachbarten Natrium- und Chlorid-Ionen in festem Kochsalz ab.
b) Wie groß ist der Exponent n im abstoßenden Beitrag der potentiellen Wechselwirkungsenergie in Gleichung (6)?

a) Zur Abschätzung des Gleichgewichtsabstandes aus der Dichte gehen wir zweckmäßigerweise von einem MolCi aus. Die Masse eines Mols NaCi ist gleich der Summe der atomaren Massen von Natrium und Chlor; also NaCi =58,4 g/mol. Ein Mol NaCi besteht aus 2 Na Teilchen, nämlich aus je Na $^+$-und Ci $^-$-Ionen. (Na = $6,02 \times 10^{23}$ mol ist die Avogadro-Zahl). Das Volumen eines Ions können wir abschätzen, indem wir es näherungsweise als Würfel der Kantenlänge r0 betrachten. Die 2 Na Ionen haben also das Volumen 2 Na r_0^3. Die Dichte ist der Quotient aus Masse und Volumen:

$$C = \frac{M\,Na\,Ci}{2\,Na\,r0^3}$$

Damit erhält man:

$$(r_0)^3 = \frac{M\,Na\,Ci}{2\,Na\,C} = \left(\frac{58,4\,mol^{-2}}{2 \times 6,02 \times 10^{23}\,mol^{-1} \times 2,16\,g\,cm^{-3}} \right)$$

$$= (2,245601083 \times 10^{-23})^3$$

und der Gleichgewichtsabstand ist

$$r_0 = \sqrt[3]{2,245601083 \times 10^{-23}} = 0,2821267091 \text{ nm}$$

b) Aus der gemessenen Gitterenergie V = - 770 kJ/mol berechnen wir die potentielle Wechselwirkungsenergie pro Ion im NaCi-Kristall:

$$V_{ij\,(r0)} = \frac{V}{Na} = -1,28 \times 10^{-18} \text{ J}$$

Aus Gleichung (6) lässt sich dann n berechnen. Da in (6) die Ladung e auftritt, ist es sehr praktisch. die Energie $V_{ij\,(ro)}$ in eV umzurechnen. Damit wird

$$V_{ij\,(r0)} = - \frac{1,28 \times 10^{-18}\,CeV}{1,602\,\,10^{-19}\,C} = -7,940012484 \text{ e J/C}$$

Setzt man nun den Wert für V ij (r) und alle anderen Größen, nämlich e = 1,602 × 10 $^{-19}$ C; α = 1,75; r0 = 0,282nm sowie e0 = 8,854 ×10 $^{-12}$ N $^{-1}$ m $^{-2}$ in Gleichung (6) ein, und löst man nach n auf, so ergibt es folgendes Ergebnis:

$$V_{ij\,(r0)} = -\,\alpha\,\frac{e\frac{2}{}}{4\,\pi\epsilon 0\,r}\,(1 - \frac{1}{n})$$

$$(1 - \frac{1}{n}) = \frac{V\,ij\times\,r0\times\,4\pi\times\,\epsilon 0\times\,r0}{-\alpha\,e\frac{2}{}}$$

$$\frac{1}{n} = 1 - \frac{V\,ij\times\,r0\times\,4\pi\times\,\epsilon 0\times\,r0}{-\alpha\,e\frac{2}{}}$$

$$n = \frac{1}{1 - \frac{V\,ij\times\,r0\times\,4\pi\times\,\epsilon 0\times\,r0}{-\alpha\,e\frac{2}{}}}$$

$$n = \frac{1}{1 - \frac{-1,28\;\;10\frac{-18}{}\;\;4\pi\;8,854\;10\frac{-22}{}\;\;2,82\;\;10\frac{-20}{}}{-\,1,75\left(1,602\;\;10\frac{-29}{}\right)\frac{2}{}}}$$

$$= \frac{1}{1 - \frac{-4,0161364\;\;10\frac{-58}{}}{-4,491207\;\;10\frac{-58}{}}} = \frac{1}{1 - 0,98422} = 9,45376848 \approx 9$$

Aufgabe 34

Die Energieverteilung am absoluten Nullpunkt der Temperatur

Vom Standpunkt der klassischen Physik aus haben alle zur elektrischen Leitung beitragenden Elektronen eines Leiters am absoluten Nullpunkt (T=0K) die kinetische Energie null. Wird der Leiter erwärmt, dann nimmt jedes Gitter-

Ion im Mittel die kinetische Energie $\frac{3}{2}$ k$_B$T auf, die an das Elektronengas durch Stöße zwischen den Elektronen und Ionen weitergegeben wird. Im Gleichgewicht sollten dann die Elektronen ebenfalls eine mittlere Energie von $\frac{3}{2}$ k$_B$T besitzen.

Da die Elektronen innerhalb des Volumens eingeschlossen sind, welches das Metall einnimmt, folgt aus der Heisenbergschen Unschärferation, dass die kinetische Energie eines Elektrons auch am absoluten Nullpunkt der Temperatur nicht null sein kann. Weiterhin sorgt das Pauli-Verbot dafür, dass sich nicht mehr als zwei Elektronen - und diese mit entgegengesetztem Spin - im niedrigsten Energiezustand befinden können. Wir erwarten, dass die Elektronen ihre niedrigste Energie bei T = 0 K annehmen. Es ist hilfreich, zunächst ein eindimensionales Modell aufzustellen und dieses auf die Energien der Elektronen am absoluten Nullpunkt anzuwenden.

Wir betrachten N Elektronen, die sich im Inneren des Leiters aufhalten.
Etwaige Wechselwirkungen zwischen den Bewegungen der Gitter-Ionen und der Elektronen werden vernachlässigt. (Man nennt dies adiabatische Näherung oder Born-Oppenheimer-Näherung). Die Elektronen bewegen sich zwischen den als ruhend betrachteten Gitter- Ionen und nehmen dabei das periodische Potential der Gitter- Ionen an. An den Grenzflächen des Kristalls ist das Potential sehr

hoch. Wir greifen zunächst eines der N Elektronen des Elektronengas heraus und betrachtet den eindimensionalen Fall; dann lässt sich das Verhalten des Elektrons näherungsweise durch das Modell des „eindimensionalen Potentialtopfes mit unendlich hohen Wänden" beschreiben. Die erlaubten Energiezustände werden dabei durch die Gleichungen $E_n = n^2 E_1$ und

$$E_1 = \frac{h^2}{8\,me\,l^2}$$ angeben. Wie schon erwähnt gilt:

$$E_n = n^2 E_1 \qquad (1)$$

Außerdem gilt:

$$E_1 = -\frac{h^2}{8\,n\,l^2} \qquad (2)$$

Dabei ist l die Breite des Potentialtopfes und E1 die Energie des niedrigsten Zustands. Dieser Grundzustand (mit n=1) kann mit zwei Elektronen entgegengesetzten Spins besetzt werden, ebenso der Zustand mit n=1 und so fort.

Alle N Elektronen füllen daher N/2 Zustände von n=1 bis n= N/2 auf; die Energie des höchsten besetzten Zustandes - also für n = 1/2 N - bezeichnet man als Fermi-Energie. Für sie gilt der absoluteTemperaturnullpunkt (bei T=0K). Mit (1) und (2) lässt sie sich für N Elektronen berechnen:

$$E_F = E_{n/2} = \left(\frac{N}{2}\right)^2 E_1 = \frac{h^2}{32\,me}\left(\frac{N}{l}\right)^2 = \frac{(hc)^2}{32\,me\,c^2}\left(\frac{N}{l}\right)^2 \qquad (3)$$

Dabei ist der letzte Schritt einfach eine Erweiterung des Bruches mit c^2, um die numerischen Berechnungen zu vereinfachen. Gleichung (3) zeigt, dass (im eindimensionalen Modell) die Fermi-Energie E_F eine Funktion der Elektronenanzahl pro Längeneinheit (N/l), also einer eindimensionalen Elektronendichte, ist.

Die mittlere Energie $< E >$ der Elektronen erhält man durch Summieren der Energie aller Elektronen und Division durch die Elektronenanzahl (jedes Energieniveau wird doppelt gezählt, da es mit zwei Elektronen besetzt ist):

$$< E > = \frac{1}{n} \; \sum_{n=1}^{N/2} 2n^2 E_1$$

Da N/2>1 ist, kann man die Summe durch ein Integral annähern:

$$\sum_{n=1}^{N/2} n^2 \; \approx \; \int_0^{N/2} n^2 = \frac{1}{3} \left(\frac{N}{2} \right)^3$$

Dann ist die mittlere Energie der Elektronen

$$< E > = \frac{2\,E_1}{N} \; \frac{1}{3} \left(\frac{N}{2} \right)^3 = \left(\frac{N}{2} \right)^2 E_1 = \frac{1}{3} E_F \qquad\qquad (4)$$

Die Energiezustände liegen so eng beieinander, dass man sie näherungsweise als Kontinuum betrachten kann.

Wir untersuchen nun, wie sich die N Elektronen auf die einzelnen Energiezustände verteilen. Wir greifen dazu ein Energieintervall dE zwischen E und E+dE heraus. Dieses Intervall ist von dN Elektronen besetzt; dabei ist n(E)= dN/dE die Anzahldichte der Elektronen, die die Energie E haben. n(E) gibt uns damit auch ein Bild der Energieverteilung der Elektronen an. Um die dN Elektronen auf die Energiezustände zu verteilen, müssen wir die Anzahl der Energiezustände pro Energieintervall dE kennen, die sog. Zustandsdichte g(E). Außerdem müssen wir wissen, mit welcher Wahrscheinlichkeit F ein jeder Zustand besetzt ist. Dann können wir die Anzahl der Elektronen im Energieintervall dE zwischen E und E+dE schreiben als:

$$dN = n\,(E)\,d\,E = g\,(E)\,dEF \tag{5}$$

Die Besetzungswahrscheinlichkeit F wird auch Fermi-Faktor genannt. Er kann für T=0K zwei Werte, nämlich 0 und 1, annehmen. Am absoluten Nullpunkt der Temperatur hat der Fermi-Faktor den Wert 1 für Zustände mit Energien, die unterhalb der Fermi-Energie E$_F$ liegen; er ist 0, wenn die Zustände Energien haben, die größer als die Fermi-Energie sind:

$$F=1 \qquad \text{bei} \qquad E < EF$$
$$F=0 \qquad \text{bei} \qquad E > EF$$
$$\tag{6}$$

Die Zustandsdichte wird im eindimensionalen Modell mit

$$g\,(E) = 2\;\frac{dn\,(E)}{dE} \tag{7}$$

beschrieben, wobei nach Gleichung (1) $E = n^2\,E_1$ ist. Der Faktor 2 berücksichtigt die beiden Einstellmöglichkeiten des Spins in jedem einzelnen Energiezustand. Differenziert man Gleichung (1) nach n, so erhält man

$$dE / dn = E_1 \times 2n \tag{8}$$

Löst man (1) nach n auf und setzt dies in (8) ein, so folgt:

$$dE = 2\,E1\,\sqrt{\frac{E}{E1}}\,dn = 2\,\sqrt{E1\,E}\,dn \tag{9}$$

Damit wird die Zustandsdichte (1) zu:

$$g\,(E) = \frac{1}{\sqrt{E\,1\,E}} \tag{9}$$

Für die Anzahldichte n(E) in Gleichung (5) ergibt sich damit:

$$n\,(E) = \frac{1}{\sqrt{E\,1\,E}} \times F$$

Soweit das eindimensionale Modell. In drei Dimensionen ist es deutlich schwieriger, die Zustandsdichte zu berechnen. Wir geben daher nur die Ergebnisse an. Die Fermi-Energie im dreidimensionalen Fall ist

$$E_F = \frac{h^2}{8\,me}\left(\frac{3N}{\pi v}\right)^{2/3} = \frac{(hc)^2}{8\,me\,c^2}\left(\frac{3N}{\pi v}\right)^{2/3} \tag{10}$$

Darin ist V das Volumen, das vom Metall eingenommen wird. Wie im eindimensionalen Fall hängt auch hier die Fermi-Energie von der Dichte N/ V der Elektronen ab, wobei $N = \int n\,(E)\,dE$ gilt. Die Temperatur ist für die Anzahlsdichten N/V der freien Elektronen und der berechneten Fermi-Energien für einige Metalle am absoluten Nullpunkt aufgeführt.

Auch im dreidimensionalen Fall wird die Anzahldichte n(E) als g(E) F geschrieben. Hierbei ist F wieder der Fermi-Faktor, und g (E) ist die (dreidimensionale) Zustandsdichte. Für diese gilt:

$$g\,(E) = \frac{3N}{2}\,EF^{-3/2} \times E^{1/2} \tag{11}$$

Die mittlere Energie $< E>$ der Elektronen ist

$$< E> = \frac{\int_0^{EF} Eg(E)dE}{\int_0^{EF} g(E)dE} = \frac{1}{N} \int_0^{EF} Eg(E)dE \qquad (12)$$

Mit Gleichung (12) kann man zeigen, dass $\int_0^{EF} g(E)dE = N$ ist, also gleich der Zahl der Elektronen im betrachteten Volumen. Damit wird die mittlere Energie der Elektronen am absoluten Tempertaturnullpunkt:

$$< E> = \frac{3}{5} E_F \qquad (13)$$

(1)

Wenden Sie das eindimensionale Modell auf metallisches Kupfer an. Die molare Masse von Kupfer beträgt 63,5 g mol $^{-1}$, und seine Dichte ist $8,93 \times 10^3$ kg m

a) Berechnen Sie die Elektronendichte (die Anzahl freier Elektronen pro Volumen) in Kupfer

b) Die Fermi-Energie von Kupfer.

c) Die mittlere Energie der Elektronen.

(2)

Berechnen Sie die Fermi-Energie bei T=0 K für Kupfer.

(1)

a)

Nimmt man an, dass jedes Kupferatom mit einem Elektron zum Elektronengas beiträgt, dann ist die Anzahldichte der Elektronen gleich der Anzahldichte der Kupferatome. 8,93 10^6 kg Kupfer ist eine Stoffmenge von

$$\frac{8{,}93 \ 10^{\underline{6}} \, kg}{63{,}5 \, mol^{\underline{-1}}} = 140{,}6 \times 10^{-3} \text{ mol}$$

1 mol enthält Na = 6,02 $\times$ 10^{23} Teilchen. In 8,93$\times$ 10^3 kg bzw. 1m Kupfer befindet sich also Na 140,6 $\times$ 10^3 mol = 8,47 $\times$ 10^{28} freie Elektronen. Die Anzahldichte N/l der Elektronen in einer Dimension ist dann

Na 140,6 $\times$ 10^3 mol = 8,47 $\times$ 10^{28} m^{-3}

$$\sqrt{8{,}47 \times 10^{\underline{28}} \, m^{\underline{-3}}} = 2{,}9103264 \times 10^{14} \text{ N/l}$$

b)

Mit (3) erhalten wir für die Fermi-Energie im eindimensionalen Fall

$$E_F = \frac{(hc)^{\underline{2}}}{32 \, me \, c^{\underline{2}}} \times \left(\frac{N}{l}\right)^2$$

(hc)^2 = (1240 eV nm)^2 $\qquad\qquad$ (N/l)^2 = (4,39 / nm)^2

$$E_F = \frac{(1240 \text{ eV nm})^{\underline{2}} \, (4{,}39 \,/\, nm)^{\underline{2}}}{32 \times \left(5{,}11 \times 10^{\underline{5}}\right) eV} = 1{,}81 \text{ eV}$$

c)

Die mittlere Energie der Elektronen wird mit der Gleichung (4) berechnet zu

$$<E> = \frac{1}{3} E_F = \frac{1}{3} \ 1{,}81 \text{ eV} \approx 0{,}6 \text{ eV}$$

(2)

Nach (10) ist die Fermi-Energie:

$$E_F = \frac{(hc)^2}{8\,me\,c^2} \times \left(\frac{3N}{\pi v}\right)^{2/3}$$

$$E_F = \frac{(1240\ eV\ nm)^2}{8\left(5{,}11\ 10^5\right)} \times \left(\frac{3N}{\pi v}\right)^{2/3} = 0{,}376\ \text{eV nm}^2 \left(\frac{N}{v}\right)^{2/3}$$

Die Elektronendichte für Kupfer ist v = 8,47 $\times$ 10^{22} (N/V) / cm^3 = 84,7 / nm^3)

E F= (0,376 eV nm ^{2}) $\times$ (84,7 / nm^3) $^{2/3}$ = 7,25176032 eV

Aufgabe 35

Die Energieverteilung bei einer Temperatur T>0 K:

Bei Temperaturen größer als T=0K können einige Elektronen höhere Energiezustände besetzen. Der Fermi-Faktor weicht dann etwas von dem ab, der durch Gleichung

F = 1	**bei**	**E<E $_F$**
F = 0	**bei**	**E>E $_F$**

gegeben ist. Die Elektronen können natürlich nur dann in andere Energieniveaus überwechseln, wenn diese nicht besetzt sind. Die kinetische Energie der Gitter- Ionen liegt in der Größenordnung von k_BT, so dass die Elektronen nicht wesentlich mehr Energie aus den Stößen mit den Gitterionen aufnehmen können. Bei steigender Temperatur

können daher nur solche Elektronen Energie aufnehmen, deren Energie höchstens $k_B T$ unterhalb der Fermi-Energie liegen. Für T=300K ist $k_B T$ = 0,026eV. Die Fermi-Temperatur Tf wird definiert durch

$$k_B T_F = E_F \tag{1}$$

Darin ist k_B die Boltzmann-Konstante. Bei Temperaturen, die viel kleiner sind als die Fermi-Temperatur, ist die mittlere Energie der Gitterionen sehr viel niedriger als die Fermi-Energie. Die Energieverteilung der Elektronen unterscheidet sich dann nicht sehr von derjenigen bei T=0K.

Die vollständige, quantenmechanisch zu berechnende Verteilungsfunktion wird F(T) genannt. (Für T=0K geht sie in den Fermi-Faktor über). Die Energieverteilung n(E) dE ist durch (1) gegeben. Die Fermi-Dirac-Verteilung für Temperatur, die sehr viel kleiner als die Fermi-Temperaturen sind, wird als Funktion der Energie aufgetragen. Bei Temperaturen oberhalb T=0K gibt es keine Energie, unterhalb derer alle Zustände unbesetzt sind. Also muss hier die Fermi-Energie anders definiert werden:

Außer bei wirklich extrem hohen Tempertaturen ist der Unterschied zwischen der Fermi-Energie bei der Temperatur T und der bei T=0 K sehr klein, weil ja nur solche Elektronen in höhere Energiezustände angeregt werden können, deren Energie höchstens $k_B T$ unter der Fermi-Energie liegt.

Die Fermi-Dirac-Verteilung F(T) bei der Temperatur T ist gegeben durch

$$F_{(T)} = \frac{1}{e^{\frac{E-EF/kBT}{}}+1} \qquad (2)$$

Hieraus ersehen wir: wenn T gegen null geht, so geht auch $e^{(E-Ef/kBT)}$ gegen null, sofern E<Ef ist. Ist jedoch E>Ef so geht $e^{(E-Ef/kBT)}$ gegen ∞. Das ist mit Gleichung

F 1 = 1   bei   E<EF

F = 0   bei   E>EF

konsistent. Zusätzlich erkennt man, dass sich F(T) für die wenigen Elektronen, deren Energie deutlich größer als die Fermi-Energie ist, dem Ausdruck $e^{(E-Ef/kBT)}$ nähert. Somit nimmt die Fermi-Dirac-Verteilung zu hohen Energien hin mit $e^{(-E/kbT)}$ ab, genau wie die klassische Maxwell-Boltzmann Verteilung. In diesem Energiebereich gibt es viele unbesetzte Energiezustände, aber nur wenige Elektronen, so dass das Pauli-Verbot keine Rolle spielt und die Energieverteilung der klassischen Verteilungen ähnelt. Dieser Sachverhalt ist sehr wichtig bei den Leitungselektronen im Halbleiter. (46)

Kontaktspannung

Wenn man zwei verschiedene Metalle miteinander in Kontakt bringt, entsteht zwischen ihnen ein Potentialunterschied. Es gelten die Energiezustände zweier Metalle mit verschiedenen Fermi-Energien E_{F1} und E_{F2}

und verschiedenen Austrittsarbeiten W_{A1} und W_{A2}. Beim Kontakt verringert sich die Gesamtenergie des Systems, wenn Elektronen nahe der Grenzfläche aus dem Metall mit der höheren Fermi-Energie in das Metall in der geringeren Fermi-Energie fließen. Das geschieht so lange, bis die Fermi-Energien beider Metalle gleich sind. Wenn sich der Gleichgewichtszustand eingestellt hat, ist das Metall mit der ursprünglich kleineren Fermi-Energie negativ geladen und das andere positiv. Damit ist eine Potentialdifferenz zwischen den beiden Metallen entstanden, die sog. Kontaktspannung $U_{Kontakt}$. Diese ist gleich der Differenz der Austrittsarbeiten, dividiert durch die Elektronenladung e:

$$U_{Kontakt} = \frac{w_{A1} - w_{A2}}{e}$$

a) Berechnen Sie die Fermi-Temperatur von Kupfer.
b) Berechnen Sie die Grenzwellenfläche beim photoelektrischen Effekt. Sie beträgt für Wolfram 271 nm und für Silber 262 nm.
Welches Kontaktpotential entsteht, wenn sich die beiden Metalle berühren?

a)
Der Wert der Energie von Kupfer ist $E_f = 7,04$ eV. Die Boltzmann-Konstante beträgt: $1,380658 \times 10^{-23}$ J/K
Nach Gleichung (1) ergibt sich die Fermi-Temperatur zu

$$T_F = \frac{E_F}{k_B} = \frac{7{,}04\ eV}{1{,}380658 \times 10^{-23}\ \frac{J}{K}} \approx \frac{7{,}04\ eV}{8{,}62 \times 10^{-5}\ eV/K}$$

$$= 81670{,}53364\ K$$

b)

Die Austrittsarbeit W_A berechnet sich folgendermaßen zu

$$W_A = \frac{h\,c}{Lambda\ c},$$

wobei Lambda c die Grenzwellenlänge ist. Damit ist die Austrittsarbeit des Wolframs:

$$W_{A\,W} = \frac{h\,c}{Lambda\ c} = \frac{1240\ eV\ nm}{271\ nm} = 4{,}575645756\ eV$$

Für Silber erhalten wir:

$$W_{A\,AG} = \frac{h\,c}{Lambda\ c} = \frac{1240\ eV\ nm}{262\ nm} = 4{,}7328244\ eV$$

Damit ist die Kontaktspannung der beiden Metalle:

$$U_{Kontakt} = \frac{w\,A1 - w\,A2}{e} = 4{,}7328244\ V - 4{,}575645756\ V$$

$$= 0{,}1571786435\ V$$

Aufgabe 36

Mit zwei relativ einfachen, aber entscheidenden quantenmechanischen Modifikationen der klassischen Theorie der freien Elektronen lässt sich die elektrische

Leitung in Metallen korrekt beschreiben. Zuerst wird die Maxwell-Boltzmann-Verteilung durch die Fermi-Dirac-Verteilung ersetzt. Zweitens werden die Welleneigenschaften der Elektronen bei der Streuung an den Gitterionen berücksichtig. Im Folgenden wird nun eine qualitative Beschreibung gegeben. Wegen des Pauli-Verbots könnte man erwarten, dass nur wenige Elektronen an der elektrischen Leitung im Metall teilnehmen. Jedoch werden alle Elektronen gemeinsam durch ein elektrisches Feld beschleunigt. Für eine Temperatur T = 300 (also für die Raumtemperaturm, die weit unterhalb der Fermi-Temperatur T f liegt), wird die Fermi-Dirac-Verteilungsfunktion F(T) (für eine Dimension) gegen die Geschwindigkeit aufgetragen.

F(T) ist näherungsweise 1 bei Geschwindigkeiten ϑ x, die im Bereich $-\mu F < \vartheta\ x < \mu F$ liegen, wobei μF die Fermi-Geschwindigkeit ist.

Sie berechnet sich aus Fermi-Energie E f, man setzt Ef gleich der kinetischen Energie $\frac{1}{2}$ m e μ^2 F zu

$$\mu_{\mathrm{F}} = \sqrt{\frac{2\,E\,F}{me}} \tag{1}$$

Es wird die Änderung des Fermi-Faktors gezeigt, nachdem das elektrische Feld einige Zeit wirkte.

Man erkennt die Verschiebung der Elektronen zu höheren Geschwindigkeiten. Obwohl alle Elektronen von dieser Verschiebung betroffen sind, besteht der Netto-Effekt darin, dass nur Elektronen nahe der Fermi-Energie verschoben werden. Der spezifische Widerstand ς berechnet sich wie in

$$\varrho = \frac{me <\vartheta>}{n\,e^{\frac{2}{-}}\,Lambda}\ .\ \text{Jedoch wird die mittlere}$$

Geschwindigkeit ϑ durch die Fermi-Geschwindigkeit μF ersetzt:

$$\varrho = \frac{me\,\mu F}{n\,e^{\frac{2}{-}}\,le} \tag{2}$$

(Hier steht le für die mittlere freie Wellenlänge der Elektronen). Nun treten aber zwei Probleme auf. Erstens ist die Fermi-Geschwindigkeit näherungsweise unabhängig von der Temperatur und damit auch der spezifische Widerstand nach (2), wenn nicht die mittlere Wellenlänge der Elektronen von der Temperatur unabhängig ist. Zweitens weicht der mit (2) berechnete Wert für den spezifischen Widerstand noch deutlicher vom experimentell bestimmten Wert ab als der mit dem klassischen Modell berechnete. Dies liegt daran, dass die Fermi-Geschwindigkeit rund 16mal so hoch wie die aus der Maxwell-Boltzmann-Verteilung folgende mittlere Geschwindigkeit ist.

Die Erklärung für die Diskrepanz liegt in der Berechnung der mittleren freien Wellenlänge. Wenn man μF aus (1) und den experimentell ehaltenen Wert für den spezifischen Widerstand $\varrho \approx 1,7 \times 10^{-8}$ Ohm erhält, folgt:

le = 40 nm. Dieser Wert ist etwa um den Faktor 100-mal größer als der mit

$$Lambda = \frac{\vartheta\,t}{n\,\pi\,r^{\frac{2}{-}}\vartheta t} = \frac{1}{n\,\pi\,r^{\frac{2}{-}}}$$

klassisch berechnete Wert (der Radius der Kupferionen ist zu r ≈ 0,1nm gesetzt). Die starke Abweichung liegt darin begründet, dass in der klassischen Rechnung die Wellennatur der Elektronen nicht berücksichtigt wurde. Der Stoß eines Elektrons mit einem Gitter Ion entspricht nicht dem klassischen Stoß eines Balls auf einen „Baumstamm". Vielmehr wird die Elektronenwelle an dem periodischen räumlichen Gitter gestreut. Allerdings zeigen genaue Rechnungen, dass die Elektronenwelle an einer perfekten Kristallstruktur nicht gestreut wird, so dass die mittlere freie Wellenlänge unendlich groß wird. Streuung ergibt sich aber durch Unregelmäßigkeiten im Kristallgitter, die von Verunreinigung oder von thermischen Schwingungen der Gitterionen herrühren. In der klassischen Gleichung

$$\text{Lambda} = \frac{\vartheta t}{n\,\pi\,r^2 - \vartheta t} = \frac{1}{n\,\pi\,r^2} \quad \text{für die mittlere freie}$$

Wellenlänge lässt sich die Größe $\pi\,r^2$ als Fläche A eines Gitterions verstehen, die von der Elektronenwelle „gesehen" wird. Es gilt

$$l_e = \frac{1}{n\,A} \tag{3}$$

Die Gitterionen haben jeweils eine Querschnittsfläche. Gemäß der quantenmechanischen Theorie der Elektronenstrahlung hat die Fläche A jedoch nichts mit der Größe der Gitterionen zu tun, sondern ist ein Maß für die

Abweichung des Gitters von seiner perfekten Struktur. Nach der quantenmechanischen Vorstellung sind die Gitterionen Punkte, die den Elektronen den Stoßquerschnitt $A = \pi r_0^2$ bieten, wobei r_0 die Amplitude der thermischen Schwingung der Ionen ist. Die Fläche ist also proportional zum Quadrat der Amplitude, ebenso die Energie der Schwingung (wenn wir von einer harmonischen Schwingung ausgehen). Damit ist die effektive Fläche A proportional zur Schwingungsenergie der Gitterionen. Nach dem Gleichverteilungssatz ist die Schwingungsenergie proportional zu $k_B T$. Damit ist die mittlere freie Weglänge l 1 proportional zu 1/T, so dass der spezifische Widerstand proportional zur Temperatur T ist. Dies gilt in Übereinstimmung mit den experimentellen Ergebnissen.

Wenn man die von den thermischen Schwingungen herrührende Fläche A berechnet, stellt sich heraus, dass sie bei T = 300 K etwa 100mal kleiner ist als die Querschnittsfläche πr^2 eines Gitterions. Man erhält also eine gute Übereinstimmung mit den experimentell gemessenen spezifischen Widerständen, wenn man die klassische mittlere Geschwindigkeit $< \vartheta >$ durch die Fermi-Geschwindigkeit μF ersetzt und die Welleneigenschaften der Elektronen berücksichtigt, d.h.,

deren Stöße mit den Gitterionen als Streuung der Elektronenwelle beschreibt, für die nur Abweichungen von der idealen Gitterstruktur relevant sind.

Auch Verunreinigungen in einem Metall führen zu Abweichungen von idealen Kristallgittern. Der Einfluss von Verunreinigungen auf den spezifischen Widerstand ist annähernd temperaturunabhängig. Der spezifische Widerstand eines Metalls lässt sich als Summe zweier Komponenten beschreiben:

$\varrho = \varrho$ t $+ \varrho$ i .Hier rührt ϱ t von der thermischen Bewegung der Gitter Ionen her und ϱ i von den Verunreinigungen. Es gibt eine typische Temperaturunabhängigkeit des Widerstands eines verunreinigten Metalls. Wenn T gegen null geht, so geht auch

ϱ r gegen null; damit nähert sich der spezifische

Widerstand ϱ dem konstanten Wert ϱ i.

Wärmeleitung und Wärmekapazität

Auch bei der Theorie der Wärmeleitung in Metallen führen quantenmechanische Modifikationen zu guten Übereinstimmungen mit experimentellen Werten. Die Maxwell-Boltzmann-Energieverteilung der Elektronen wird durch die Fermi-Dirac-Verteilung ersetzt, so dass sich ein wesentlich kleinerer Betrag der Elektronen zur Wärmekapazität des Metalls ergibt, als von der klassischen Theorie mit 3/2 R vorhergesagt.

Bei T = 0 K ist die mittlere Energie der Elektronen 3/5 Ef und damit die Gesamtenergie E = 3/5 N Ef.

Bei einer Temperatur T werden nur solche Elektronen durch Stöße mit den Gitterionen angeregt, deren Energie schon vor dem Stoß in der Nähe der Fermi-Energie lag. Die mittlere Energie der Gitter-Ionen beträgt ungefähr $k_B T$. Der Anteil der Elektronen, der angeregt wird, liegt nahe bei $k_B T / E_f$ und der Energiezuwachs dieser Elektronen ist ca. $k_B T$. Damit ergibt sich die Energie von N Elektronen bei der Temperatur T zu

$$E = \frac{3}{5} \, NE_F + \alpha` N \frac{K_b T}{E_F} \ k_B T \tag{4}$$

Dabei ist $\alpha`$ eine Konstante der Größenordnung I. Die Berechnung von $\alpha`$ beinhaltet die völlständige Fermi-Dirac-Verteilung bei einer beliebigen Temperatur und ist sehr schwierig. An dieser Stelle sei nur das Resultat angegeben: $\alpha` = \pi^2 /4$. Die Wärmekapazität bei konstantem Volumen ist die Ableitung der in (4) gegebenen Energie nach der Temperatur; der Beitrag des Elektronengases ist also

$$C_{ve} = \frac{dE}{dT} = 2 \, \alpha` \, N \, k_B \ \frac{k_B T}{E_F}$$

Setzt man den angegebenen Wert von $\alpha`$ und $E_{F/k_B} = T$ ein und verwendet

$k = N_A \, k_B$, erhält man für den Beitrag der Elektronen zur molaren Wärmekapazität bei konstantem Volumen

$$C_{v,m,e} = \frac{\pi \frac{2}{-}}{2} \times k \ \frac{T}{T_F} \tag{5}$$

Auf Grund des hohen Wertes von Tf ist der Beitrag des Elektronengases zur spezifischen Wärme bei Zimmertemperatur ein sehr geringer Bruchteil von R.

(49)

a) Berechnen Sie die Fermi-Geschwindigkeit für Kupfer.

b) Berechnen Sie die molare Wärmekapazität des Elektronengases von Kupfer

a) Die Fermi-Energie des Kupfers ist Ef = 7,04 eV. Damit ist die Fermi-Geschwindigkeit nach Gleichung (1)

$$\mu F = \sqrt{\frac{2\,E\,F}{me}}$$

$$\mu F = \sqrt{\frac{2 \times 7,04\,eV}{9,109389 \times 10^{-31}\,kg}}$$

$$= \sqrt{\frac{2 \times 7,04\,eV \times 1eV}{9,109389 \times 10^{-31}\,kg} \cdot \frac{1,602 \times 10^{-19}\,J}{1\,eV}}$$

$$= 1573576{,}855 \text{ m/s}$$

b) Die Fermi-Temperatur von Kupfer ist Tf = 81700 K. Damit ist bei T=300K die molare Wärmekapazität des Elektronengeses:

$$C_{v,m,e} = \frac{\pi^2}{2} \times k \, \frac{T}{T\,F}$$

$$C_{v,m,e} = \frac{\pi^2}{2} \times \frac{300\,K}{81700\,K} \, k = \frac{\pi^2}{2}\,k = 3{,}6719706 \times 10^{-3}\,k$$

$$= 0{,}0181204\,k$$

Aufgabe 37

Supraleitung

Zweifellos gibt es Materialien - die Suprataleiter - deren Widerstand unterhalb einer bestimmten kritischen Temperatur Tc null wird. Die kritische Temperatur (sie wird manchmal auch als Sprungtemperatur bezeichnet) ist von Material zu Material verschieden. In Anwesenheit eines Magnetfeldes ist Tc niedriger als ohne Feld. Bei stärker werdenden Magnetfeldern verringert sich Tc. Wenn das Magnetfeld größer als das ebenfalls substanzspezifische kritische Magnetfeld Bc wird, so wird das Material bei kleiner Temperatur supraleitend. Betrachten wir ein supraleitendes Material bei einer Temperatur, die höher als seine kritische Temperatur ist; ferner liege ein kleines externes Magnetfeld B<Bc an. Wird das Material auf Temperaturen unterhalb seiner kritischen Temperatur abgekühlt, dann wird es supraleitend. Da der Widerstand jetzt null ist, kann keine Spannung im Supraleiter abfallen und auch keine Spannung im Supraleiter induziert werden. Aufgrund des Faraday'schen Gesetzes kann sich daher das Magnetfeld im Supraleiter nicht ändern. Experimentell beobachtet man jedoch folgendes: wenn ein Supraleiter in einem externen Magnetfeld unter seine kritische Temperatur abgekühlt wird, so werden die Magnetfeldlinien aus ihm herausgedrängt, und das Magnetfeld innerhalb des Supraleiters ist null. Diese Erscheinung wurde im Jahr 1933 entdeckt und heißt Meißner-Ochsenfeld-Effekt.

Der Mechanismus, durch den die Magnetfeldlinien herausgedrückt werden, beruht auf einem supraleitenden Strom auf der Oberfläche des Supraleiters.

Das Schweben eines Magneten über einem Supraleiter ergibt sich aus der Abstoßung zwischen dem (äußeren) Magnetfeld des Permanentmagneten und dem Magnetfeld, das durch die induzierten Ströme innerhalb des Supraleiters hervorgerufen wird. Nur die sog. Supraleiter 1. Art oder Typ-I-Supraleiter zeigen den vollständig ausgebildeten Meißner-Ochsenfeld-Effekts: bis zu dem kritischen Feld Bc werden die Feldlinien aus dem Supraleiter hinausgedrängt, und bei stärkerem Feld tritt keine Supraleitung auf. Es gilt μ_0 M. (μ ist die magnetische Feldkonstante und M die Magnetisierung). Für einen Typ-I-Supraleiter wird das äußere Magnetfeld B0 aufgetragen. Ist dieses kleiner als das kritische Feld Bc, so ist das im Supraleiter induzierte Magnetfeld μ_0 M ebenso groß wie das äußere Magnetfeld, aber diesem entgegengesetzt. Damit ist der Supraleiter ein perfekter Diamagnet. Die Werte von Bc für Typ-I-Supraleiter sind zu klein, als dass diese Materialien in den Wicklungen von supraleitenden Magneten eingesetzt werden könnten, denn das Magnetfeld des Stromes zerstört die Supraleitung.

Für die Magnetisierungskurve bestimmter anderer Materialien gilt der sog. Supraleiter 2. Art oder der Typ-II-Supraleiter. Diese sind meist Legierungen oder Metalle, die im Normalzustand hohe spezifische Widerstände haben.

Typ-II-Supraleiter weisen die elektrischen Merkmale eines Supraleiters auf, mit einer Ausnahme:

bei ihnen tritt neben der stofflichen Phase, die den Meißner-Ochsenfeld-Effekt zeigt (das Magnetfeld wird vollständig aus dem Material verdrängt), noch eine zweite stoffliche Phase auf, in der das Magnetfeld zwar in das Material eindringt, aber dennoch die Supraleitung erhalten bleibt (sog. Shubnikov-Phase). Der Phasenübergang (im thermodynamischen Sinne) von der ersten zur Shubnikov-Phase findet beim unteren kritischen Feld statt. In der Shubnikov-Phase nimmt die Magnetisierung mit wachendem Feld monoton ab und wird erst beim oberen kritischen Feld B_{c2} null.

B_{c2} kann bis zu einige hundertmal größer sein als die typischen kritischen Felder der Supraleiter 1. Art. Beispielsweise ist B_{c2} = 23,2 T bei der Legierung Nb_3Ge. Solche Materialien können in supraleitenden Hochfeldmagneten verwendet werden. (50)

Die BCS-Theorie der Supraleitung

Schon vor einiger Zeit erkannte man, dass es sich bei der Supraleitung um ein kollektives Phänomen der Leitungselektronen handelt. Im Jahre 1957 veröffentlichten John Bardeen, Leon Cooper und Bob Schrieffer ihre Theorie der Supraleitung, die heute als BCS-Theorie bezeichnet wird. Nach dieser sind die Elektronen bei tiefer Temperatur gepaart. Die Kopplung zwischen ihnen beruht auf ihrer Wechselwirkung mit dem Kristallgitter. Ein Elektron wechselwirkt mit dem Gitter und deformiert es.

Das zerstörte Gitter wechselwirkt mit einem anderen Elektron in der Weise, dass zwischen den beiden Elektronen eine Anziehung besteht, die bei niedrigen Temperaturen stärker ist als die Coulomb-Abstoßung. Die beiden Elektronen bilden also einen gebundenen Zustand, und man spricht von einem Cooper-Paar. Dessen Elektronen haben entgegengesetzte Spins, so dass sie als ein Teilchen mit Gesamtspin null betrachtet werden.

Solche Teilchen (es handelt sich um Bosonen) unterliegen nicht dem Pauli-Verbot, so dass sich beliebig viele Cooper-Paare im gleichen Quantenzustand mit gleicher Energie befinden können. (das Pauli-Verbot gilt nur für Fermionen, also für Teilchen mit halbzahligem Spin). Im Grundzustand des Supraleiters bei T=0K sind sämtliche Elektronen in Cooper-Paaren gebunden, die alle die gleiche Energie haben. Die Impulse der einzelnen Elektronen sind bei T=0 K gleich groß,

aber entgegengesetzt. Um die Bindung der Cooper-Paare aufzubrechen, muss dem Supraleiter Energie zugeführt werden. Diese Energie bezeichnet man als Supraleiter-Energielücke Eg. Gemäß der BCS-Theorie gilt am absoluten Temperaturnullpunkt

$$E_g = 3{,}5 \, k_B \, T_C \tag{1}$$

Beachten sie, dass die Energielücke eines typischen Supraleiters wesentlich kleiner ist als die zwischen Valenz- und Leitungsband bei typischen Halbleitern auftretende Energielücke (Größenordnung 1 eV). Bei einer Temperatur etwas oberhalb 0 K werden einige Cooper-Paare aufgebrochen.

Die daraus resultierenden einzelnen, ungepaarten Elektronen wechselwirken mit den verbliebenen Cooper-Paaren und verringern dadurch die Energielücke, die bei der Temperatur Tc schließlich null wird.

Die bisherigen besprochenen Cooper-Paare haben keinen Impuls. Somit bewegen sich gleich viele Elektronen in die ein wie die andere Richtung, und es fließt kein Strom. Wird dem System, z.B. durch Anlegung einer Spannung, Energie E < E g zugeführt, so bleiben die Cooper-Paare erhalten, besitzen aber einem von null verschiedenen Gesamtimpuls. Alle Cooper-Paare haben dabei den gleichen Impuls: im Supraleiter fließt ein Strom. Ein normaler Leiter hat einen Widerstand, weil der Impuls der Ladungsträger bei deren Streuung an Verunreinigungen (Fremdatomen) oder an thermischen Schwingungen der Gitter Ionen auftritt. In einem Supraleiter werden die Cooper-Paare fortwährend aneinander gestreut; jedoch bleibt bei diesem Vorgang der Gesamtimpuls erhalten, so dass sich keine Änderung des Stromes ergibt. Ein B Cooper-Paar kann nicht an einem Gitterion gestreut werden, weil die Paare aufgrund ihrer starken Korrelation als Gesamtheit wirken. Der einzige Weg, den Strom durch Streuung zu verringern, besteht darin, die Bindung der Cooper-Paare aufzubrechen. Dies erfordert eine Energie, die gleich der Energielücke Eg oder größer als diese ist. Bei kleinen Strömen sind Streuvorgänge, bei denen sich der Gesamtimpuls eines Cooper-Paares ändert, völlig ausgeschlossen. Daher hat ein Supraleiter keinen Widerstand. (51)

Flussquantisierung

Betrachten wir einen supraleitenden Ring der Fläche A, durch den ein Strom fließt. Aufgrund des Ringstroms (und evtl. auch verursacht von Strömen außerhalb des Rings) existiert ein magnetischer Fluss durch den Ring, für den $\emptyset_m = B_n A$ ist. Wenn sich dieser Fluss ändert, wird nach dem Faraday'schen Gesetz eine Spannung im Ring induziert, die proportional zu Flussänderung ist.

Da ein Supraleiter keinen Widerstand hat, kann jedoch keine Spannung induziert werden, so dass der Fluss durch den Ring praktisch eingefroren ist, sich also nicht ändert. Die quantenmechanische Berechnung der Supraleitung (benötigt durch Experimente) zeigt, dass der Gesamtfluss durch den Ring quantisiert ist. Dabei gilt:

$$\emptyset_m = n\,\frac{h}{2e} \tag{2}$$

Die kleinste Einheit des magnetischen Flusses, ein sog. Flussquant oder Fluxon, ist gegeben durch:

$$\emptyset_m = \frac{h}{2e} = \frac{6{,}626075 \times 10^{-34}}{2 \times \left(1{,}602177 \times 10^{-19}\right)}$$

$$= 2{,}06783489 \times 10^{-15}\ \mathrm{T\ m^2} \tag{3}$$

Der Faktor 2 im Nenner bestätigt die Vorstellung, dass der Suprastrom mit Ladungsträger der Ladung 2e (eben der Cooper-Paaren) korreliert ist. In diesem Fall gilt n=1. (52) Nun, das Tunneln von Elektronen von einem Metall zu einem anderen lässt sich beispielsweise beobachten, wenn beide Metalle durch eine dünne, nur einige wenige nm starker Schicht eines isolierenden Materials, etwa Aluminiumoxid, voneinander getrennt sind.

Wenn beide Metalle keine Supraleiter sind, gehorcht der durch die Isolationsschicht fließende Strom bei niedriger angelegter Spannung dem Ohm'schen Gesetz. Ist aber eines der Metalle ein Supraleiter und das andere ein normales Metall, so fließt (bei T=0K) erst dann ein Strom, wenn die angelegte Spannung U größer als die kritische Spannung U$_c$ = E$_g$ / 2$_e$ ist.

Darin ist Eg die Supraleiter-Energielücke. Der Strom steigt sprunghaft an, wenn die Energie 2eU, die ein Cooper-Paar absorbiert, groß genug ist, um seine Bindung aufzubrechen. (Bei Temperaturen oberhalb von T=0K entsteht ein kleiner Strom, weil einige Elektronen im Supraleiter thermisch angeregt sind. Sie befinden sich dann oberhalb der Energielücke und bilden deshalb kein Cooper-Paar). Durch Messung der kritischen Spannung Uc kann man also die Energielücke Eg eines Supraleiters exakt bestimmen. Im Jahre 1962 sagte Brian Josephson in einer theoretischen Arbeit voraus, dass Cooper-Paare widerstandsfrei zwischen zwei Supraleitern tunneln, die durch eine dünne Oxidschicht miteinander verbunden sind.

Dies nennt man Josephson-Kontakt. Der Strom tritt auf, ohne dass eine Spannung an die beiden Leitern angelegt wird; er ist gegeben durch

$$I = I_{max} \sin (\varphi 2 - \varphi 1) \tag{4}$$

Die durch Gleichung (3) beschriebene Abhängigkeit wurde experimentell beobachtet und heißt Gleichstrom-Josephson-Effekt.

Weiterhin sagte Josephson voraus, dass beim Anlegen einer Gleichspannung U über einen Josephson-Kontakt ein Wechselstrom der Frequenz

$$v = \frac{2\,eV}{h} \tag{5}$$

entsteht. Auch dieser Zusammenhang wurde experimentell beobachtet. Er wird Wechselstrom-Josephson-Effekt genannt.

Eine Messung der Frequenz v ermöglicht also eine Bestimmung des Verhältnisses e/h. Da Frequenzen sehr genau gemessen werden können, kann der Wechselstrom-Josephson-Effekt ausgenutzt werden, um präzise Spanungsstandards festzusetzen. Der umgekehrte Effekt wurde ebenfalls beobachtet; bei diesem wird eine Wechselspannung über einen Josephson-Kontakt angelegt, wobei ein Gleichstrom durch die Kontaktschicht resultiert. Es lässt sich noch ein dritter Effekt an Josephson-Kontakten beobachten: wenn man einen supraleitenden Ring, der zwei Josephson-Kontakte enthält, einem konstanten Magnetfeld aussetzt, zeigt der maximale Suprastrom eine Interferenzstruktur, die von der Intensität des Magnetfeldes abhängt. Dieser Effekt lässt sich ausnutzen, um sehr schwache Magnetfelder zu messen; er ist auch die Grundlage für eine Apparatur, die man als SQUJID bezeichnet. Mit ihr lassen sich kleine Magnetfelder bis zu 10^{-14} T nachweisen, etwa auch die Felder, die durch die geringen Ströme im menschlichen Körper hervorgerufen werden.

(53)

Hochtemperatur-Supraleitung

Die bis 1986 höchste bekannte kritische Temperatur eines Supraleiters war mit 23,2 K diejenigen der Legierung NB_3 GE. Im Jahr 1986 stellten K. Bednorz und A. Müller fest, dass ein Mischoxid von Lanthan, Barium und Kupfer schon bei der kritischen Temperatur von 30 K supraleitend wird. Bald danach, im Jahre 1987, wurde ein Mischoxid von Kupfer, Yttrium und Barium entdeckt ($YB_{A2} Cu_3 O_7$), ein keramisches Material, das bereits bei 92 K supraleitend wird. In der Folgezeit fand man einige oxidische Materialien mit kritischen Temperaturen bis zu 133 K. Diese Entdeckungen haben die Forschung auf dem Gebiet der Supraleitung revolutioniert, weil man bei diesen Temperaturen flüssigen Stickstoff, der bei 77 K siedet, als preisewertes Kühlmittel verwenden kann. Es sind jedoch noch viele Probleme nicht gelöst. So wird die Anwendung dieser neuen keramischen Supraleiter durch ihre Sprödigkeit erschwert.
Die neuen Hochtemperatur-Supraleiter sind alle Supraleiter 2. Art mit sehr hohen kritischen Feldern BC_2. Für einige wird der Wert von BC_2 auf bis zu 100 T geschätzt. Obwohl die BCS-Theorie anscheinend der richtige Ansatz zum Beschreiben dieser neuen Supraleiter ist, lassen sich doch einige ihrer Eigenschaften noch nicht deuten. Viele Fragen, auf experimentellen theoretischen Gebieten, sind noch offen.   (54)

a) Berechnen Sie die Supraleiter-Energielücke für Quecksilber nach der BCS-Theorie und vergleichen sie das Ergebnis mit dem gemessenen Wert.

b) Berechnen Sie die Frequenz v des Wechselstroms, der durch einen Josephson-Effekt fließt, wenn die angelegte Spannung U = 1 μ V beträgt.

a) Die kritische Temperatur der Supraleitung beträgt beim Quecksilber

Tc=4,15 K. Damit ergibt sich nach der BCS-Theorie

$$E_g = 3,5 \times k_B \times Tc = 3,5 \times (1,38 \times 10^{-23}) \times 4,15\ K \times \frac{1eV}{1,6\ 10^{-19}} \approx 1,25 \times 10^{-3}\ eV$$

Der von der BCS-Theorie vorhergesagte Wert weicht vom gemessenen um 24% ab.

b) Aus (5) erhalten wir:

$$v = \frac{2\,eV}{h}\ ,\ v = \frac{2 \times \left(1,602177 \times 10^{19}\right) \times 10^{-6}\,V}{6,626075 \times 10^{-34}\,Js}$$

$$= 4,83597604 \times 10^8\ Hz \approx 483,6\ MHz$$

Aufgabe 38

Masse und Bindungsenergie

Laut spezieller Relativitätstheorie gilt, dass die Masse eines Kerns nicht gleich der Summe der Massen seiner Bestandteile ist.

Wenn zwei oder mehrere Nukleonen einen stabilen Kern bilden, nimmt die gesamte Ruhemasse ab, und Energie wird frei. Umgekehrt muss Energie aufgewendet werden, um einen Kern in seine Bestandteile zu zerlegen. Die Energiedifferenz zwischen der Ruheenergie eines Kerns und der seiner einzelnen Bestandteile ist die gesamte Bindungsenergie des Kerns. Sie ist gleich der Massendifferenz multipliziert mit
c^2, dem Quadrat der Lichtgeschwindigkeit.
Atom- und Kernmassen werden oft in der atomaren Masseneinheit u angegeben, die als ein Zwölftel der Masse des neutralen ^{6}C-Atoms definiert ist. Die einer atomaren Masseneinheit entsprechende Ruheenergie ist:

$$(1u)\,c^2 = (1{,}660540 \times 10^{-27})\ \ 300\,000^2\,/1{,}602 \times 10^{-19}$$
$$= 1{,}494486 \times 10^{-16}/1{,}602 \times 10^{-19} = 932{,}8876404\ \text{MeV}$$

$$(1)$$

Wir betrachten im Folgenden einen 4 He-Kern, der aus zwei Protonen und zwei Neutronen besteht.
Die Masse eines ^{4}He-Atoms lässt sich mit einem Massenspektrometer sehr genau zu 4,002602 u bestimmen, wobei ein gewisser Anteil der Masse der Hüllenelektronen zuzuschreiben ist. Die Masse eines ^{1}H-Atoms beträgt 1,007825 u und die des Neutrons 1,008665 u. Die Summe der Massen zweier Neutronen und zweier ^{1}H-Atome ist gleich:

$2 \times 1{,}007825 \text{ u} + 2 \times 1{,}005665 \text{ u} = 4{,}03298 \text{ u}$

Dieser Wert übertrifft die Masse des ^{4}He-Atoms um 0,032980 u (indem wir zwei ^{1}H-Atome an Stelle zweier Protonen verwendet haben, sind die Massen der beiden Hüllenelektronen des ^{4}He-Atoms bereits berücksichtigt. Dieses Verfahren ist zweckmäßig, da meist die atomaren Massen, nicht aber die Kernmassen tabelliert ist). Aus der Massendifferenz ergibt sich die Bindungsenergie des ^{4}He-Kerns durch Multiplikation mit c^2:

$$2 \times 1{,}007825 \text{ u} + 2 \times 1{,}005665 \text{ u} = 4{,}03298 \text{ u}$$

$$4{,}03298 \text{ u} - 4{,}002602 \text{ u} = 0{,}030378 \text{ u}$$

$$(0{,}030378 \text{ u})\, c^2 = (0{,}030378 \text{ u})\, c^2\, \frac{932{,}88769\ MeV}{(1u)c^2}$$

$$= 28{,}33926225 \text{ MeV,}$$

wobei wir (1) benutzt haben. Die Bindungsenergie des ^{4}He-Atoms beträgt also ca. 28,3 MeV.

Im Allgemeinen lässt sich die Bindungsenergie Eb eines Kerns der atomaren Masse Ma, der Z Protonen und N Neutronen enthält, nach der Formel

$$E_B = (Z\, m_H + N\, m_N - M_A)\, c^2 \tag{2}$$

berechnen. Darin ist m_H die Masse eines ^{1}H-Atoms und m_n die Masse eines Neutrons. Auch diese Formel ist in Atommassen, nicht in Kernmassen geschrieben. Die Masse der Z Elektronen im Term $Z\, m_H$ wird durch die Masse von Z Elektronen im Term kompensiert. Die Bindungsenergie pro Nukleon E_B/A ist gegen die Massenzahl A aufgetragen. Der Mittelwert von E_B/A liegt bei 8,03 MeV.

Der relativ flache Verlauf der Kurve im Bereich A>50 bedeutet, dass die Bindungsenergie Eb ungefähr proportional zur Anzahl A der Nukleonen im Kern ist. Nehmen wir einmal an, dass jedes Nukleon mit jedem anderen Nukleon eines Kerns eine Bindung eingeht. Für jedes Nukleon liegen dann (A-1) Bindungen vor, für alle Nukleonen zusammen daher 1/2 A (A-1) Bindungen. (Der Faktor 1/2 berücksichtigt, dass jede Bindung nur einmal gezählt werden darf). Die gesamte Bindungsenergie sollte demnach proportional zu A (A-1) sein, und E_B/ A wäre nicht konstant. Die starke Kernkraft muss also einer Art Sättigungseffekt unterliegen.

Darunter verstehen wir, dass in einem aus vielen Nukleonen bestehenden Kern jedes einzelne Nukleon nur mit einer maximalen Anzahl benachbarter Nukleonen eine Bindung eingehen kann. Der Sättigungscharakter der starken Kernkraft führt zu einer konstanten Nukleonen-Dichte im Kern in Übereinstimmung mit dem schon erwähntem Streuexperimenten. Der steile Anstieg der Bindungsenergie für kleine Massenzahlen A spiegelt die Tatsache wider, dass für Kerne mit wenigen Nukleonen - also für kleine A - die Anzahl der möglichen Bindungspartner für ein Nukleon noch stark zunehmen kann, da der Kern eine entsprechend geringe Ausdehnung besitzt. Der allmähliche Abfall von F_B/A für große Massenzahlen rührt von der Coulomb-Abstoßung der Protonen her, die mit Z anwächst und die Coulomb-Abstoßung so groß ist, dass die Kerne instabil werden und spontan zerplatzen.

Aufgrund der großen Stärke der Kernkräfte benötigt man viel Energie, um ein Nukleon aus dem Atomkern zu lösen.

Sobald es aber nur wenige 10 Ferometer vom Kern entfernt ist, spürt es die anziehende Kernkraft nicht mehr. Ein analoges Phänomen beobachtet man bei einem Flüssigkeitstropfen, aus dem Moleküle abgedampft werden; der Hauptunterschied zwischen den Kernkräften und den Molekularkräften bezieht sich lediglich auf Betrag und Reichweite. Wie die Flüssigkeit hat die Kernmaterie eine nahezu konstante Dichte (dies trifft zumindest auf schwere Kerne zu), und die Oberflächenenergie wächst in beiden Fällen mit der Zahl der Teilchen (Moleküle, Nukleonen) an. Im Jahr 1935 verwendete Carl Friedrich von Weizsäcker diese Analogie, um eine Gleichung für die Bindungsenergie in Abhängigkeit von der Kernladungszahl Z und der Massenzahl A zu formulieren

$$E_B = E_{vol} + E_{ob} + E_{cb} + E_s + E_\varrho = (a_1 f - a_2 f^{2/3} - a_3 Z (Z-1) f^{-1/3} - a_4 (A-2Z)^2 A^{-1} a_5 A^{-1}) c^2 \qquad (3)$$

Der erste und wichtigste Term dieser Gleichung, die Volumenenergie, beruht sich auf der wechselseitigen Anziehung der Nukleonen und steigt mit der Massenzahl A an. Diese lineare Zunahme gilt aber nur für die Nukleonen im Kerninnern. An der Kernoberfläche besitzen die Nukleonen eine geringe Anzahl nächster Nachbarn, daher ist deren Bindungsenergie vermindert.

Die Korrektur durch diesen Oberflächeneffekt wird im zweiten Term, der Oberflächenenergie, berücksichtigt. Die Oberfläche ist proportional zum Quadrat des Kernradius R und damit nach $R = R0 \times A^{1/3}$ proportional zu $A^{2/3}$.

Die Coulomb-Energie, die im dritten Term berücksichtigt ist, führt zu einer Verminderung der Bindungsenergie durch die elektrostatische Abstoßung der Protonen. Diese ist proportional zu Z (Z-1) R, also zu Z (Z-1) A $^{-1/3}$. Der vierte Term besitzt keine Analogie zum Modell eines Flüssigkeitstropfen, sondern ist die quantenmechanische Korrektur aufgrund des Pauli-Prinzips. Dieser sog. Antisymmetrieterm ist abhängig vom Neutronenüberschuss: für N=Z ist er gleich null, für den Fall eines Neutronenüberschusses N>Z beschreibt er die damit verbundene Verminderung der Bindungsenergie. Der letzte Term berücksichtigt schließlich die Möglichkeit, dass sich Nukleonen im Kern zu Paaren zusammenschließen können. Kerne mit einer geraden Protonen- und einer geraden Neutronenzahl sind besonders stabil, solche mit ungerader Protonen- und ungeraden Neutronenzahl besonders instabil. Daher ist dieser Energiebetrag positiv, falls Z und N beide gerade sind, und negativ, falls beide ungerade sind, ansonsten null. Die Vorfaktoren a₁ bis a₅ (3) müssen empirisch bestimmt werden. Aus zahlreichen Messungen von Atommassen ergibt sich:

$$a\ c = 15{,}7 \text{ MeV}$$
$$a\ c = 17{,}8 \text{ MeV}$$
$$a\ c = 0{,}712 \text{ MeV}$$
$$a\ c = 23{,}6 \text{ MeV}$$
$$a\ c = 132 \text{ MeV oder } 0$$

Aus (3) folgt für die Masse eines Kerns:

$$M_A = Z\ m_H + (a-Z)\ m_N - E_B = Z\ m_H + (A-Z)\ m_N - (a_1\ A - a_2\ A^{2/3}\ a_3\ Z\ (Z-1)\ A^{-1/3} - a_4\ (A-2Z)^2\ A^{-1} \pm a_5\ A^{-1})\ c^2 \qquad (4)$$

Oberhalb von A>40 gibt (4) die Masse eines Kerns mit etwa 1% Genauigkeit wieder, was für ein solch einfaches Modell sehr erstaunlich ist. (55)

Spin und magnetisches Moment

Der Drehimpuls eines Kerns ergibt sich aus den Spins der einzelnen Nukleonen und aus ihren Bahndrehimpulsen. Die Spinquantenzahl des Protons und des Neutrons ist dabei gleich 1/2. Der resultierende Drehimpuls wird oft als Kernspin I bezeichnet, obwohl nicht nur der Spin, sondern auch die Bahndrehimpulse der Nukleonen zu I beitragen. Für Kerne mit gerader Protonenanzahl und gerader Neutronenanzahl ist der Kernspin gleich null. Die Nukleonen schließen sich demnach in Paaren zusammen, so dass sich ihre Drehimpulse zu null addieren. Wie wir wissen, hat das magnetische Moment eines Elektrons aufgrund seines Bahndrehimpulses in der Größenordnung des Bohrschen Magnetons folgenden Wert: μ = e ℏ / 2m$_e$. Sein magnetisches Moment aufgrund des Spins ist nach der sog. Dirac-Gleichung beschrieben, nicht aber μ_B /2, wie von der klassischen Physik vorhergesagt. Das magnetische Moment eines Kerns liegt in der Größenordnung des Kernmagnetons:

$$\mu_N = \frac{e\,\hbar}{2mp} = 5{,}05 \times 10^{-27}\ \text{J/t} = 3{,}15 \times 10^{-8}\ \text{eV}/\text{t} \qquad (5)$$

wobei mp die Masse des Protons ist. Nehmen wir einmal an, dass die Dirac-Gleichung nicht nur für das Elektron, sondern auch für Protonen und Neutronen gilt.

Dann sollte das magnetische Moment, das die drei Teilchen aufgrund ihres Spins haben (genauer: die z-Komponente dieses magnetischen Moments), den Wert I annehmen, der auch für Protonen gilt, und 0 für die (ungeladenen) Neutronen. Die experimentell bestimmten Werte lauten jedoch

$$\mu_{(Z)\,\text{Proton}} = +\,2{,}7908\ \mu_N \qquad (6)$$

für das Proton und $\mu_{(z)\,\text{Neutron}} = -\,1{,}9135\ \mu_N$ $\qquad (7)$

für das Neutron. Das magnetische Moment des Neutrons besitzt ein negatives Vorzeichen für die z-Komponente, d.h. die Richtung des magnetischen Moments ist dem Spin entgegengesetzt. Beim Proton zeigen Spin und die z-Komponente des magnetischen Moments in die gleiche Richtung. Bei beiden Nukleonen liegen die Abweichungen zwischen gemessenem magnetischem Moment und dem vorhergesagten Wert in ähnlicher Größenordnung und zwar 1,91 μ_N für das Neutron und 2,79 μ_N für das Proton. Erklären lässt sich diese Abweichung durch den komplexen inneren Aufbau von Proton und Neutron.

Sie sind keine Punktteilchen wie das Elektron, sondern aus elementaren Teilchen, den sog. Quarks aufgebaut. (56)

Kernspinresonanz

Nun, wir wissen, dass die Energieniveaus eines Atoms in einem äußeren magnetischen Feld aufgespalten werden, und zwar aufgrund der Wechselwirkung des atomaren magnetischen Moments mit dem Magnetfeld. Da Kerne ebenfalls ein magnetisches Moment besitzen, tritt auch hier eine Energieaufspaltung in einem äußeren Magnetfeld ein. Wir betrachten zunächst den einfachsten möglichen Fall, den Kern eines [1] H-Atoms, der aus einem einzelnen Proton besteht. Die potentielle Energie eines magnetischen Moments μ in einem äußeren magnetischen Feld B ist durch wie folgt gegeben:

$$v = - \mu \times B \tag{8}$$

Sie ist minimal, wenn das magnetische Moment in Richtung des Magnetfelds zeigt und maximal, wenn es entgegengesetzt gerichtet ist.

Da die Spinquantenzahl des Protons 1/2 ist, besitzt das magnetische Moment des Protons gerade zwei mögliche Ausrichtungen: parallel und antiparallel zum Magnetfeld. Die damit verbundene Energiedifferenz beträgt:

$$\Delta E = 2 \, (\mu_z)_p \, B \tag{9}$$

Werden Wasserstoffatome, die sich in einem äußeren Magnetfeld befinden, mit Photonen der Energie ΔE bestrahlt, so können Kerne durch Absorption dieser Photonen von dem niedrigeren Niveau und das höhere Niveau übergehen. Dieses Umspannen der Spins tritt auch bei komplexeren Kernen auf und heißt Kernspinresonanz.

Nach einer Weile gehen die angeregten Zustände unter Emission eines Photons der Energie ΔE in den energetisch niedrigeren Zustand über. Die Frequenz der Photonen ergibt sich aus: $h\, v = \Delta E = 2\,(\mu\, z)\, p\, B$. In einem Magnetfeld der Stärke B=1T beträgt die Energiedifferenz:

$$\Delta E = 2\,(\mu\ z)_p\, B = 2\,(2{,}7928\,\mu\ n)\left(\frac{3{,}15\ \ 10^{-8}\,eV/t}{e\mu\ N}\right)$$

$$= 1{,}759464 \times 10^{-7}$$

$$h = 6{,}626078 \times 10^{-34} / 1{,}602 \times 10^{-19} = 4{,}136128589 \times 10^{-15}$$
$$\approx 4{,}14 \times 10^{-15}\ eVS$$

Die entsprechende Frequenz der Photonen liegt bei:

$$v = \frac{\Delta E}{h} = \frac{1{,}759464\ \ 10^{-7}\,eV}{4{,}14\ \ 10^{-15}\,eVs} = 4{,}25 \times 10^{7}\ Hz = 42{,}5\ MHz$$

d.h. im Bereich der Radiowellen des elektromagnetischen Spektrums. Durch eine Messung dieser Frequenz für freie Protonen (z.B. in einem Atomstrahl) lässt sich das magnetische Moment des Protons bestimmen. Ist ein Wasserstoffatom in einem Molekül gebunden, so ist das auf seinen Kern wirkende magnetische Feld aus zwei Anteilen zusammengesetzt. Auf ihn wirkt nicht nur das von außen angelegte magnetische Feld, sondern auch ein lokales inneres Feld, das von den Atomen und Kernen in seiner nächsten Umgebung herrührt und zu einer Abschirmung des äußeren Feldes führt.

Da die Resonanzfrequenz proportional zu dem am Kernort wirksamen Magnetfeld ist, kann ihre Messung Aufschluss über das lokale Magnetfeld am Kernort geben und damit auch auf die chemische Umgebung, in der sich das Proton befindet.

Die Kernspinresonanz ist als bildgebendes Verfahren aus der medizinischen Diagnostik nicht mehr wegzudenken. Im Gegensatz zur Röntgenstrahlung ermöglicht die Kernspinresonanz die Abbildung von Gewebe, also von wasserhaltiger Substanz. Bei einer Kernspintomographie-Untersuchung befindet sich der Patient in einem starken homogenen Magnetfeld, dem ein inhomogenes Magnetfeld überlagert wird. Auch hier nutzt man (wie bei der oben beschriebenen Kernspinspektroskopie) aus, dass die von einem Sender emittieren Radiowellen bei der Resonanzfrequenz zu einem Umklappen der im Magnetfeld ausgerichteten Spins führt. Man erhält jetzt aber neben der Information über die chemische Umgebung der Wasserstoffkerne auch eine Ortsinformation: Das überlagerte inhomogene Magnetfeld besitzt eine solche Form, dass jedem Volumenelement des Gewebes eindeutig keine bestimmte Resonanzfrequenz zugeordnet werden kann. Die Amplitude der gemessenen Absorptionssignale sind proportional zur Spinkonzentration im jeweiligen Volumenelement. Im angeschlossenen Computer werden alle gemessenen Spindichten zu einem zwei- oder auch dreidimensionalen Bild zusammengesetzt.

Da die Energie der Radiowellen sehr viel kleiner ist als die Energie der Molekülbindungen im Körper und nur sehr kleine Strahlungsintensitäten nötig sind, führt die Kernspinresonanztomographie - auch nach den bisher vorliegenden Erkenntnissen aus dem Einsatz in Kliniken - zu keiner Schädigung der Zellen.   (57)

Radioaktivität

Instabile Kerne nennt man radioaktiv, denn sie zerfallen unter Emission von Strahlung in andere, leichtere Kerne. Der Begriff „Strahlung" bezieht sich hierbei sowohl auf Teilchen wie Elektronen, Neutronen und α-Teilchen als auch auf elektromagnetische Strahlung. Die drei Arten radioktiver Strahlung wurden
α -Strahlung, β -Strahlung und -Strahlung genannt, bevor man wusste, dass es sich bei β- Teilchen um ^{4}He-Kerne, dass es bei β- Teilchen um Elektronen (e⁻) oder

Positronen (e +) und bei $\varrho\varrho$ +

$$(1)$$

Die Wahrscheinlichkeit für diese Reaktion ist allerdings nur dann groß, wenn das Positron in Ruhe oder nahezu in Ruhe ist. In der Reaktion müssen zwei Photonen freigesetzt werden, die in entgegengesetzte Richtung auseinanderfliegen, damit die Impulserhaltung gewährleistet wird.
Obwohl wir die Elektronen als Teilchen bezeichnen und die Positronen als Antiteilchen, sind die Positronen nicht weniger fundamental als die Elektronen.

Die Begriffsbildung orientiert sich lediglich an den Verhältnissen in unserem Teil des Universums. Bestünde unsere Materie aus negativen Protonen und positiven Elektronen, würden positive Protonen und negative Elektronen rasch vernichtet werde und wir würden sie daher als Antiteilchen bezeichnen.

Das Antiproton (p⁻) wurde 1955 von E. Segre und O. Chamberlain im Bevatron in Berkeley entdeckt. (Das Antiproton kann man auch mit p bezeichnen. Die Antiteilchen neutraler Teilchen müssen auf jeden Fall mit einem Querbalken geschrieben werden, also z.B. n für das Antineutron. Das Elektron und das Proton werden meist mit e und p bezeichnet, also ohne Angabe der Ladung.) Mit einem Protonstrahl erzeugte Segre und Chamberlain die Reaktion

$$p^+ + p^+ \gg p^+ + p^+ + p^- \tag{2}$$

Zur Bildung eines Proton-Antiproton-Paars wird eine kinetische Energie von mindestens $2\,m_p\,c^2 = 1877$ MeV $= 1{,}877$ GeV im Schwerpunktsystem der beiden Protonen benötigt.

Im Laborsystem, indem sich eines der Protonen zu Anfang in Ruhe befindet, muss die kinetische Energie des einlaufenden Protons mindestens $6\,m_p\,c^2 = 5{,}63$ GeV betragen. Diese Energie war vor der Entwicklung der Hochenergiebeschleuniger in den 1950er Jahren nicht verfügbar. Antiprotonen und Protonen vernichten sich bei einem Zusammenstoß und es entstehen zwei Gammaquanten in einem ähnlichen Prozess wie bei einem Zusammenstoß von Elektronen und Positronen. (69)

Ein Proton und ein Antiproton vernichten sich nach der Reaktion.

a) Berechnen Sie die Energie der Photonen

b) und die Wellenlängen der Photonen.

a) Da sich Proton und Antiproton in Ruhe befinden, folgt aus dem Impulserhaltungssatz, dass die beiden erzeugten Photonen entgegengesetzt den gleichen Impuls und damit die gleiche Energie besitzen. Die Gesamtenergie auf der linken Seite der Reaktion beträgt 2 mpc ^{2}, deshalb ist die Energie jedes der beiden Photonen:

$$E = mpc^2 = 1{,}672623 \times 10^{-27} \times 300\,0000^2 / 1{,}602 \times 10^{-19}$$
$$= 1{,}5053607 \times 10^{-16} / 1{,}602\ 10^{-19} = 939{,}67584 \text{ MeV}$$

b) Die Wellenlänge beträgt somit:

$$\text{Lambda} = \frac{c}{v} = \frac{h\,c}{h\,v} = \frac{hc}{E}$$
$$hc = 6{,}626075 \times 10^{-34} \times 300\,000 / 1{,}602 \times 10^{-19} =$$
$$1{,}9880025\ 10^{-28} / 1{,}602\ 10^{19}$$
$$= 1{,}240\,838015\ 10^{-19} = 1240{,}838015 \text{ eV / nm}$$

$$\text{Lambda} = \frac{hc}{E} = \frac{1240{,}838015\ \frac{eV}{nm}}{0{,}93967584\ 10^{\frac{8}{}}\,eV} = 1{,}320495816 \times 10^{-5} \text{ m}$$

$$\approx 1{,}32 \text{ fm}$$

Aufgabe 43

Neben den Leptonen und Quarks gibt es eine weitere Elementarteilchengruppe, die Feldquanten. Sie vermitteln die Wechselwirkung zwischen Leptonen und Quarks und jeder dieser Teilchenarten untereinander. Ihr Spin ist ganzzahlig, sie zählen somit zu den Bosonen.
Das elektromagnetische Feld eines geladenen Teilchens wird in der Quantenelektrodynamik durch virtuelle Photonen beschrieben, die ständig von diesem emittiert und wieder absorbiert werden. Bei genügend kleinem Abstand zweier geladener Teilchen kann es zum Austausch von virtuellen Photonen kommen: Auf diese Weise wird die elektromagnetische Wechselwirkung durch die Photonen vermittelt.
Auch die anderen drei fundamentalen Wechselwirkungen lassen sich in analoger Weise beschreiben.
Das Feldquantum der Gravitation, wurde noch nicht gefunden. Die der elektrischen Ladung analoge „Gravitationsladung" ist die Masse. Die schwache Wechselwirkung wird durch drei sog. Vektorbosonen vermittelt: das W^+, das
W^- und das Z°-Boson. Diese Teilchen wurden von S. Glashow, A. Salam und S. Weinberg in ihrer Theorie der elektroschwachen Wechselwirkung vorhergesagt. Die W-Bosonen und die Z-Bosonen wurden zuerst im Jahr 1983 von einer B Gruppe von über 100 Wissenschaftler unter der Leitung von C. Rubbia am CERN in Genf nachgewiesen.

Die Massen von W$^+$ (etwa 80 GeV / c^2) und Z$^\circ$ (etwa 91 GeV / c^2) wurden in diesem Experiment bestimmt und befinden sich in exzellenter Übereinstimmung mit der theoretischen vorhergesagten Werten. Das W ist das Antiteilchen des W$^+$, ihre Massen sind deshalb gleich. Die Feldquanten, welche die starke Wechselwirkung zwischen Quarks vermitteln, nennt man Gluonen. Isolierte Gluonen wurden, ähnlich wie die Quarks, noch nie beobachtet. Die Ladung der starken Wechselwirkung nennt man „Farbladung", kurz „Farbe". Sie tritt in drei Variationen auf, die nach den drei Grundfarben Rot, Grün und Blau benannt wurden. Die Feldtheorie der starken Wechselwirkung nennt man, in Anlehnung an die des Elektronmagnetismus, Quantenchromodynamik (QCD).
a) Schätzen Sie die Reichweite der Kraft ab, die durch ein virtuelles Z-Boson übertragen wird.

a) Nach der Unschärferelation beträgt die Zeitdauer, innerhalb der ein Z$^\circ$-Teilchen existieren kann, ohne die Energieerhaltung zu verletzen.

$$\Delta t \approx \frac{\hbar}{\Delta E} \approx \frac{\hbar}{m_Z c^2}$$

Es gilt somit:

$$d = C\,\Delta t = \frac{\hbar^2 c^2}{m\,Z\,c^2} = \frac{\left(1{,}054572\ 10^{-34}\,J\right)^2 \left(3\ 10^{\frac{8\,m}{s}}\right)^2}{91{,}2\,GeV\frac{GeV}{c^2} \times c^2}$$

$$= 1{,}097488918 \times 10^{-53}$$

Aufgabe 44

Das Phänomen der Lichtgeschwindigkeit

Formelzeichen c; sie ist die Ausbreitungsgeschwindigkeit des Lichts, d.h. diejenige Geschwindigkeit, mit der sich ein bestimmter Phasenzustand einer Lichtwelle ausbreitet. Man spricht deshalb in diesem Zusammenhang auch von Phasengeschwindigkeit des Lichts. Von ihr zu unterscheiden ist die Geschwindigkeit, mit der sich eine Wellengruppe als Ganzes fortbewegt. Phasengeschwindigkeit und Gruppengeschwindigkeit stimmen nur im Vakuum überein. Die Lichtgeschwindigkeit ist frequenzunabhängig; dort nimmt sie ihren höchsten Wert an. Die Geschwindigkeit des Lichts (Vakuumlichtgeschwindigkeit c_0) ist eine grundlegende physikalische Konstante. Ihr Wert ist: c_0 = 299 792 458 m/s. Dieser Wert stellt nach der Relativitätstheorie die obere Grenzgeschwindigkeit für eine Energie- oder Signalübertragung dar. Die Lichtgeschwindigkeit in der Luft liegt nur um etwa 0,03 % unter der Vakuumlicht-Geschwindigkeit.

In beiden Fällen genügt es zumeist, mit dem gerundeten Wert von c $\approx 300\,000$ km /s zu arbeiten. Zur Bestimmung der Lichtgeschwindigkeit sind im Laufe der Naturwissenschaftsgeschichte zahlreiche Methoden entwickelt worden, von denen einige besonders bahnbrechende im Folgenden beschrieben werden:

1. Methode O. Romer

Als erstem überhaupt gelang es dem dänischen Astronomen O. Romer in den Jahren 1675/76 eine Messung der Lichtgeschwindigkeit. Romer beobachtete über eine Reihe von Jahren hinweg die Verfinsterung eines Jupitermondes, also den Eintritt des betreffenden Mondes in den Schatten des Jupiters. Die mittlere Zeit zwischen zwei aufeinanderfolgenden Verfinsterungen bestimmte er zu 42h 28 min und 36s. Das ist aber gerade die Zeit, die der Jupitermond für einen vollen Umlauf benötigt, also seine Umlaufzeit. Man sollte nun annehmen, dass jeweils nach 42h 28 min und 36s eine Mondverfinsterung zu beobachten sei. Das ist aber nicht der Fall.

Beginnt man nämlich die Beobachtung zu der Zeit, zu sich die Erde in Konjunktion zum Jupiter befindet und führt sie über ein halbes Jahr hinweg fort, über einen Zeitraum also, während dessen sich die Erde von Stellung I in die Stellung III (Opposition zum Jupiter) bewegt, dann stellt man fest, dass die Mondverfinsterungen immer etwas später eintreten, als aufgrund der Umlaufzeit zu erwarten wäre. Diese Verspätung beträgt zwischen den Stellungen I und III rund 1000s. Während sich im nächsten halbem Jahr die Erde von der Stellung II nach Stellung I bewegt, werden die Verspätungen wieder kürzer.

In Stellung I erfolgt die Verfinsterung dann erneut zum vorausberechneten Zeitpunkt.

Romer erkannte als Grund für diese Erscheinung die Tatsache, dass das vom Jupitermond kommende Licht in die Erdstellung III einen weiteren Weg zurücklegen muss als in Erdstellung I. Die Verspätung von 1000s deutete er als die Zeit, die das Licht benötigt, um die Entfernung zwischen den Punkten I und III zu durchlaufen. Diese Entfernung ist aber gerade gleich dem Erdbahndurchmesser; sie beträgt 2999 000 000 km. Die Lichtgeschwindigkeit ergibt sich dann aus der Beziehung Geschwindigkeit = Weg / Zeit (v = s/t)zu

c = 299 000 km/s. Auch aus nur je einer Messung der Umlaufzeit des Jupitermondes in den Stellungen I, II, III oder IV der Erdbahn lässt sich die Lichtgeschwindigkeit bestimmen. Es zeigt sich dabei nämlich, dass die von den Stellungen I und IV aus gemessenen Umlaufzeiten 15 s länger bzw. 15 s kürzer sind als die von Stellungen I und III ausgemessen. Die Ursache dieser scheinbaren Umlaufzeitsverlängerung bzw. - Verkürzung liegt darin, dass sich die Erde während eines Mondumlaufs in Stellung II um rund 4 500 000 km auf den Jupiter zubewegt. Um diesen Betrag verlängert sich in Stellung IV der Lichtweg. Daraus folgt aber, dass das Licht in 15 s rund 4 500 000 km zurücklegt, woraus sich eine Lichtgeschwindigkeit von c = 300 000 km/s ergibt.

2. Methode von J. Bradley:

Der englische Astronom James Bradley bestimmte die Lichtgeschwindigkeit im Jahre 1728 aus der von ihm entdeckten Aberration des Lichts.

Wie die Erde selbst dreht sich auch ein fest mit ihr verbundenes Fernrohr mit einer Geschwindigkeit von 29,77 km/s um die Sonne. Jeder Fixstern erscheint deshalb, außer wenn die Visierrichtung des Fernrohrs mit der Bewegungsrichtung der Erde übereinstimmt, um einen bestimmten, sehr kleinen Winkel, den sog. Abberationswinkel, verschoben. Nach astronomischen Messungen beträgt dieser Winkel, wenn die Visierlinie des Fernrohrs senkrecht zur Erdbewegung gerichtet ist, genau 20,6 Winkelsekunden. Für den Abberationswinkel α gilt aber die Beziehung: $\tan \alpha = \dfrac{v}{c}$ (v Bahngeschwindigkeit der Erde; c Lichtgeschwindigkeit) Mit tan 20,6 `` und v = 29,77 km/s ergibt sich für die Lichtgeschwindigkeit der Wert:

$$\tan \alpha = 20,6`` = 0,0001$$

$$c = \frac{v}{\tan \alpha} = \frac{29,77\frac{km}{s}}{0,0001\, s} = 297\ 700\ \text{km/s}$$

3. Methode von = 0,63875 MeV
Die kinetische Energie ergibt sich als Differenz aus Gesamtenergie und Ruheenergie:

$$E_{kin} = E - m_0 c^2 = 0,638975\ \text{MeV} - 0,511\ \text{MeV} = 0,12775\ \text{MeV}$$

Frage 3

Was lässt sich über den Zusammenhang zwischen klassischer und relativistischer kinetischer Energie sagen? Nun, der Ausdruck (2a) für die kinetischer Energie sieht dem klassischen Ausdruck $\frac{1}{2} m_0 u^2$ nicht sehr ähnlich, lässt sich jedoch für den Grenzfall u<c in diesen überführen, wenn man folgende Reihe entwickelt:

$$= 1 + \frac{1}{2}\frac{u^2}{c^2} + \frac{3}{8}\frac{u^4}{c^4} + \dots \approx 1 + \frac{1}{2} u^2/c^2$$

Wir können die Reihe nach dem zweiten Glied abbrechen und erhalten trotzdem eine gute Näherung, weil der dritte und alle höheren Terme für u<c vernachlässigbar klein werden. Für die kinetische Energie erhalten wir somit:

$$E_{kin} = m_0 c^2 (\approx m_0 c^2 (1 + \frac{1}{2} u^2/c^2 - 1) \approx \frac{1}{2} m_0 u^2$$

Frage 4

In einer typischen nuklearen Fusionsreaktion verschmelzen ein Tritium Kern (^{3}H) und ein Deuterium Kern (^{2}H) zu einem Heliumkern (^{4}He), und ein Neutron bleibt übrig:

^{2}H + ^{3}H $\gg$ ^{4}He + n

Wieviel Energie wird bei dieser Reaktion frei?

Wir wissen, dass die Summe der Ruheenergien des Tritiums- und Deuterium Kern 1875, 628 MeV + 2808, 944 MeV = 4648, 572 MeV ist.

Die Summe der Ruheenergien des Heliumkerns und des Neutrons liegen mit 3727, 409 MeV + 939, 573 MeV = 4666, 982 MeV um 17, 59 MeV niedriger. Die in der Reaktion freiwerdende Energie ist also 17, 59 MeV. Diese und andere Reaktionen finden kontinuierlich in der Sonne statt, die freiwerdende Energie wird dabei in den Weltraum abgestrahlt. Durch diese Kernfusionen verringert sich die Ruhemasse der Sonne also ständig.

Frage 5:
Ein Wasserstoffatom besteht aus einem Proton, einem Neutron und einem Elektron und hat eine Bindungsenergie von etwa 13,6 MeV.

Um wieviel Prozent ist die Summe der Ruhemassen des Protons und des Elektrons größer als die des Wasserstoffatoms?
Nun, die Summe der Ruheenergien des Protons und Elektrons ist 938, 28 MeV + 0,511 MeV = 938, 791 MeV/ c^2.
Die Masse des Wasserstoffatoms liegt um 13,6 eV /c^2 niedriger. Die prozentuale Differenz ist also:

$$\frac{13,6 \; eV/c^2}{938{,}791 \times 10^6 \; eV/c^2} = 1{,}45 \times 10^{-8} = 1{,}45 \times 10^{-6} \, \%$$

Die Massendifferenz ist so klein, dass die sich kaum messen lässt.

Aufgabe 49

**Wir wissen, dass die Eigenzeit das Zeitintervall zwischen zwei Ereignissen ist, die in einem Bezugsystem am selben Ort stattfinden. Sie kann daher mit einer einzigen Uhr gemessen werden. In einem anderen Bezugsystem, das sich relativ zum ersten bewegt, finden diese Ereignisse jedoch an verschiedenen Orten statt. Der Zeitpunkt jedes Ereignisses muss also mit verschiedenen Uhren gemessen

werden, und das Zeitintervall ergibt sich durch Subtraktion der Zeitpunkte. Dazu müssen die Uhren jedoch synchronisiert sein. Nun, zwei Uhren, die in einem Bezugsystem synchronisiert sind, gehen in keinem relativ zum ersten bewegten Bezugsystem synchron.
Eine Folgerung daraus ist: Zwei Ereignisse, die in einem Bezugsystem gleichzeitig stattfinden, sind in einem relativ zum ersten bewegten Bezugsystem nicht simultan.

Ein gründliches Verständnis dieser Zusammenhänge löst im Allgemeinen alle Paradoxa der speziellen Relativitätstheorie. Es ist jedoch oft schwierig, die intuitive Vorstellung von einer absoluten Gleichzeitigkeit aufzuheben.
Betrachten wir nun zwei Uhren, die in einem Bezugsystem S im Abstand l voneinander an den Punkten A und B ruhen. Wie können wir diese Uhren synchronisieren? Wenn der Beobachter im Punkt A einfach die Zeit auf der Uhr B abliest und seine Uhr danach stellt, sind die Uhren damit nicht synchronisiert, da das Licht die Zeit l/c benötigt, um den Weg von B nach A zurückzulegen. Um die Uhren zu synchronisieren, muss der Beobachter im Punkt A daher seine Uhr um l/c relativ zur Uhr im Punkt B vorstellen. Er sieht die Uhr im Punkt B zwar nachgehen, aber er kann schnell ausrechnen, dass die Uhren synchronisiert sind, wenn die Laufzeit des Lichtes berücksichtigt wird. Für alle anderen Beobachter, die sich nicht von beiden Uhren gleich weit weg befinden, zeigen die Uhren verschiedene Zeiten an. Berücksichtigen Sie jedoch die verschiedenen Laufzeiten des Lichtes, so stellen auch sie die Synchronisation der Uhren fest. Äquivalent dieser

Methoden der Synchronisation ist das Verfahren, einen Beobachter zu einem Punkt C in der Mitte zwischen den Punkten A und B ein Lichtsignal aussenden zu lassen. Die Beobachter in A und B stellen ihre Uhren dann auf den Zeitpunkt ein, zu dem das Lichtsignal sie erreicht.
Wir untersuchen nun den Begriff der Gleichzeitigkeit.
Dazu nehmen wir an, die Uhren in A und B vereinbaren, zum Zeitpunkt t_0 ein Lichtsignal loszuschicken.

Der Beobachter C sieht die Lichtsignale zur selben Zeit. Da er von A nach B gleich weit entfernt ist, schließt er, dass die Lichtsignale gleichzeitig ausgesendet werden. Andere Beobachter im Bezugsystem S sehen, abhängig von ihrem Ort, die Lichtsignale nicht zur selben Zeit. Berücksichtigen sie jedoch die verschiedenen Laufzeiten des Lichtes, so stellen auch sie fest, dass die Lichtsignale gleichzeitig ausgesendet wurden. Wir können daher sagen: In einem Bezugsystem sind zwei Ereignisse gleichzeitig, wenn die von den Ereignissen ausgesendeten Lichtsignale einen Beobachter, der sich in der Mitte zwischen den Ereignissen befindet, zur selben Zeit erreichen. Um zu zeigen, dass Ereignisse, die in einem Bezugsystem S`, das sich relativ zu S bewegt, nicht gleichzeitig sind, betrachten wir das folgende von Einstein eingeführte Beispiel. Ein Zug fährt mit konstanter Geschwindigkeit v an einem Bahnsteig vorbei. Der Zug befinde sich im Bezugsystem S. Wir setzen einen Beobachter A` und B` an den Anfang und das Ende und einen weiteren Beobachter C` in die Mitte des Zugs. Nehmen wir nun an, die Spitze und das Ende des Zuges werden von zwei Blitzen getroffen und die Einschläge passieren im Ruhesystem S des Bahnsteigs gleichzeitig. Ein

Beobachter C auf dem Bahnsteig in der Mitte zwischen den Punkten A und B, an denen die Blitze einschlagen, sieht diese zur selben Zeit. Da C`
sich in der Mitte des Zuges befindet, sind die Blitze in S` genau dann gleichzeitig, wenn C` sie zur selben Zeit sieht.

C` sieht den Blitz an der Spitze des Zuges jedoch vor dem Blitz am Ende des Zuges. In der Zeit, die das Licht des verlorenen Blitzes benötigt, um von der Zugspitze bis zum Beobachter C` zu gelangen, hat C` sich um eine bestimmte Strecke auf die Zugspitze zu- und vom hinteren Ende wegbewegt. Das beim Blitzeinschlag vom Zugende ausgehende Licht hat C `in dieser Zeit noch nicht erreicht. Der Beobachter C `kommt damit zum Schluss, dass die Blitze nicht gleichzeitig eingeschlagen sind, sondern dass die Spitze des Zuges vor dem Ende von einem Blitz getroffen wurde. Darüber hinaus werden alle anderen Beobachter in S` in C` übereinstimmen, wenn sie die verschiedenen Laufzeiten des Lichts berücksichtigt haben. Sei nun $I_{r,Zug}$ die Ruhelänge des Zuges, also die Länge des Zugs im Bezugsystems S`, in dem er sich bewegt.
Es sei außerdem $I_{R,AB}$ die Ruhelänge der Strecke zwischen den Einschlagstellen A und B auf dem Bahnsteig. Im Bezugsystem S fallen die Einschlagstellen der Blitze zum Zeitpunkt des Einschlags mit der Spitze bzw. mit dem Ende des Zuges zusammen. Daher ist die Strecke $I_{R,AB}$ zwischen den Einschlagstellen gleich der im Ruhesystem S des Bahnsteigs gemessenen Länge I_{Zug} des Zuges. Da sich der

Zug in diesem Bezugsystem bewegt, ist diese Länge aufgrund der Längenkontraktion kleiner als die Ruhelänge des Zuges:

I $_{Zug}$ = I $_{R, Bahnsteig}$ < I $_{R, Zug}$

Im Ruhesystem S` des Zuges bewegt sich der Bahnsteig.

In diesem Bezugsystem ist die Distanz zwischen den Einschlagstellen auf dem Bahnsteig kontrahiert, also kürzer als in S. In dem Moment, indem der Blitz in die Spitze A` des Zuges einschlägt, befindet sich diese am Punkt A in S, das Ende des Zuges B` hat den Punkt B noch nicht erreicht. B` kommt erst bei B an, wenn der Blitz am Ende des Zuges einschlägt.

Im Bezugsystem S schlagen die Blitze gleichzeitig ein. Wir betrachten nun zwei im Bezugsystem S synchronisierte Uhren, die sich an den Punkten A und B auf dem Bahnsteig befinden. Vom Ruhesystem S` des Zuges aus gesehen, bewegen sich Uhren und Bahnsteig am Zug vorbei. In diesem Bezugssystem schlägt zunächst ein Blitz im Punkt A an der Spitze des Zuges ein und etwas später ein weiterer Blitz am Ende des Zuges, das sich nun im Punkt B befindet. Zeigt beispielsweise die Uhr am Punkt A im Augenblick des Blitzeinschlages 12.00 Uhr an, so muss, vom Bezugsystem S` aus, im selben Augenblick die Uhr am Punkt B eine Zeit vor 12.00 Uhr anzeigen. Auf der B-Uhr ist es erst etwas später, nämlich wenn der Blitz im Punkt B einschlägt, genau 12.00 Uhr. Im Bezugsystem S` sind die Uhren also nicht synchronisiert, die Uhr im Punkt A geht relativ zur

Uhr im Punkt B vor. In dieser Uhrenkonstellation wird die Uhr in A auch „führende" Uhr genannt.

Der sich im Bezugsystem S `ergebende Zeitunterschied zweier im Bezugssystem S synchronisierter Uhren lässt sich mit den Gleichungen der Lorentz-Transformation berechnen.

Dazu betrachten wir zwei in S synchronisierte Uhren an den Punkten x_1 und x_2 und berechnen die Zeitpunkte t_1 und t_2, die diese Uhren für einen Zeitpunkt t´$_0$ in S´ anzeigen. Es ergibt sich folgende Gleichung:

$$t`_0 = (t_1 - \frac{v\,x_1}{c^2}) \quad \text{und} \quad t`_0 = (t_2 - \frac{v\,x_2}{c^2})$$

und damit

$$t_2 - t_1 = \frac{v}{c^2}(x_2 - x_1) \tag{1}$$

Die führende Uhr am Punkt x_2 geht gegenüber der Uhr am Punkt x_1 um einen Betrag, der proportional zum Ruheabstand $x_2 - x_1$ der Uhren ist, vor.

Werden zwei Uhren in ihrem Ruhesystem synchronisiert, so sind sie in keinem anderen Bezugsystem synchron. In dem Bezugsystem, in dem die Uhren sich bewegen, geht die führende Uhr um einen gewissen Betrag vor (zeigt eine spätere Zeit an), wobei I_R der Ruheabstand der Uhren ist.

Aufgabe 1:

Es soll gelten:
a) $I_R = 150$ km; $v = 800$ km/s
b) $I_R = 300$ km; $v = 1000$ klm/s
c) $I_R = 400$ km; $v = 15000$ Km/s

Es gilt:

$$\Delta ts = l_R \times \frac{v}{c^2}$$

a)

$$\Delta ts = 150 \text{ km} \quad \frac{800 \frac{km}{s}}{c^2} = 1,3 \quad 10^{-6} \text{ s}$$

b)

$$\Delta ts = 300 \text{ km} \quad \frac{1000 \frac{km}{s}}{c^2} = 3,3 \quad 10^{-6} \text{ s}$$

c)

$$\Delta ts = 400 \text{ km} \quad \frac{15000 \frac{km}{s}}{c^2} = 1,5 \quad 10^{-5} \text{ s}$$

Aufgabe 50:

Dunkle Materie:

Dunkle Materie ist eine postulierte Form von Materie, die nicht direkt sichtbar ist, aber über die Gravitation wechselwirkt. Ihre Existenz wird postuliert, weil im Standardmodell der Kosmologie nur so die Bewegung der sichtbaren Materie erklärt werden kann, insbesondere die Geschwindigkeit, mit der sichtbare Sterne das Zentrum ihrer Galaxie umkreisen. In den Außenbereichen ist diese Geschwindigkeit deutlich höher, als man es allein auf Grund der Gravitation der Sterne, Gas- und Staubwolken erwarten würde. Auch für die beobachtete Stärke des Gravitationslinseneffekts wird Dunkle Materie postuliert. Nach derzeitigen Erkenntnissen ist demnach nur etwa ein Sechstel der Materie sichtbar und im Standardmodell der Elementarteilchenphysik erfasst. Die Natur der Dunklen Materie ist eine wichtige offene Frage der Kosmologie.

Existenz und Bedeutung:

Nach dem Dritten Keplerschen Gesetz und dem Gravitationsgesetz müsste die Umlaufgeschwindigkeit der Sterne mit wachsendem Abstand vom Galaxiezentrum, um

das sie rotieren, abnehmen, da die sichtbare Materie innen konzentriert ist. Messungen der Doppler-Verschiebung zeigen jedoch, dass sie konstant bleibt oder sogar ansteigt, siehe Rotationskurve. Dies legt die Vermutung nahe, dass es dort Masse gibt, die nicht in Form von Sternen, Staub

oder Gas sichtbar ist, eben *Dunkle Materie*.
Ihre Existenz gilt bisher als nicht nachgewiesen, wird aber durch weitere astronomische Beobachtungen wie die Dynamik von Galaxienhaufen und den schon erwähnten Gravitationslinseneffekt nahegelegt, die durch die sichtbare Materie allein nicht erklärbar sind, wenn man die anerkannten Gravitationsgesetze zugrunde legt.
Der Dunklen Materie wird eine wichtige Rolle bei der Strukturbildung im Universum und bei der Galaxienbildung zugeschrieben. Messungen im Rahmen des Standardmodells der Kosmologie legen nahe, dass der Anteil der Dunklen Materie an der Masse-Energie-Dichte im Universum etwa fünfmal so hoch ist wie derjenige der gewöhnlichen (sichtbaren) Materie. Auch Photonen und Neutrinos tragen zur Energiedichte des Universums bei, sind aber gleichmäßig verteilt und an den beobachteten Gravitationseffekten nicht wesentlich beteiligt.
Materie zu erwarten wäre. Rechts: Galaxie mit einer flachen Rotationskurve ähnlich der Rotationskurve real beobachteter Galaxien.

Der niederländische Astronom Jan Hendrik Oort vermutete 1932 die Existenz Dunkler Materie im Bereich der Scheibe der Milchstraße aufgrund seiner

Untersuchungen zur Anzahldichte und Geschwindigkeitsverteilung senkrecht zur Scheibe von verschiedenen Sternpopulationen und für verschiedene Abstände zur Scheibe. Er ermittelte daraus eine Massendichte in der Scheibe (in der Umgebung der Sonne) von 0,092 Sonnenmassen pro Kubikparsec, was weit größer war als die damals bekannte Dichte von 0,038 in Form von Sternen. Der heutige Wert der mit ähnlichen Methoden erschlossenen Dichte beträgt 0,1 bis 0,11;

allerdings wurde ein Großteil der Diskrepanz als Gas und Staub identifiziert, zusammen mit der stellaren Masse 0,095

Ungefähr gleichzeitig beobachtete der Schweizer Physiker und Astronom Fritz Zwicky 1933, dass der Coma-Haufen (ein Galaxienhaufen, bestehend aus über 1000 Einzelgalaxien, mit großer Streuung der Einzelgeschwindigkeiten und einer mittleren Entfernungsgeschwindigkeit von 7.500 km/s) nicht durch die Gravitationswirkung seiner sichtbaren Bestandteile (im Wesentlichen die Sterne der Galaxien) allein zusammengehalten wird. Er stellte fest, dass das 400-Fache der sichtbaren Masse notwendig ist, um den Haufen gravitativ zusammenzuhalten. Seine Hypothese, dass diese fehlende Masse in Form Dunkler Materie vorliege, stieß seinerzeit in der Fachwelt auf breite Ablehnung.

Die Analyse der Umlaufgeschwindigkeiten von Sternen in Spiralgalaxien durch Vera Rubin seit 1960 zeigte erneut die Problematik auf: Die Umlaufgeschwindigkeit der Sterne müsste mit zunehmendem Abstand zum Galaxiezentrum viel niedriger sein, als sie tatsächlich ist. Seitdem wurde die *Dunkle Materie* ernstgenommen und aufgrund detaillierter Beobachtungen in fast allen großen astronomischen Systemen vermutet.

Mit der Durchführung großräumiger Durchmusterungen von Galaxienhaufen und Galaxiensuperhaufen wurde zusätzlich deutlich, dass diese Konzentration an Materie nicht allein durch die sichtbare Materie bewerkstelligt werden konnte. Von der sichtbaren Materie ist zu wenig vorhanden, um durch Gravitation die Dichtekontraste zu erzeugen.

Gravitationslinse: Die Verzerrung des Lichts einer entfernten Galaxie wird durch die Masse in einem Galaxienhaufen im Vordergrund erzeugt.
Aus der Verzerrung lässt sich die Massenverteilung bestimmen, dabei tritt eine Diskrepanz zwischen beobachteter Materie und bestimmter Masse auf.
Vergleichende Beobachtungen des Gravitationslinseneffekts, der Galaxienverteilung und der Röntgenemission im Bullet-Cluster im Jahr 2006 stellen den bislang stärksten Hinweis auf die Existenz Dunkler Materie dar.
Modelle und Simulationen:
Das Standardmodell der Kosmologie, das Lambda-CDM-Modell, ergibt in der Zusammenfassung verschiedener Ergebnisse der beobachtenden Kosmologie folgende Zusammensetzung des Universums nach Massenanteil:
Etwa 73 Prozent Dunkle Energie, 23 Prozent Dunkle Materie, rund 4 Prozent „gewöhnliche Materie", beispielsweise Atome, und 0,3 Prozent Neutrinos. Die „gewöhnliche Materie" unterteilt sich dabei etwa hälftig in *selbstleuchtende* (beispielsweise Sterne) und *nicht selbstleuchtende* Komponenten wie Planeten und vor allem kaltes Gas.

Dieses Modell hat sich auch in großräumigen kosmologischen Simulationen bewährt, beispielsweise in der Millennium-Simulation, da es zu einer Strukturentstehung führt, die der derzeitigen Beobachtungslage entspricht. Darauf aufbauende lokale Simulationen einiger Dunkle-Materie-Halos, die dem der Milchstraße ähnlich sind, machen statistische Vorhersagen darüber, wie groß die Dichte der Dunklen Materie im Bereich des Orbits der Sonne um das galaktische Zentrum ist und welche Geschwindigkeitsverteilung diese Teilchen haben.

Diese Parameter beeinflussen Detektorexperimente auf der Erde, die Dunkle Materie direkt nachweisen wollen, und sind dadurch testbar. Aufgrund der Feststellung, dass Strukturen in der Verteilung der Dunklen Materie bevorzugt in den Halos der Galaxien konzentriert sind, lassen sich großräumige Netzstrukturen beobachteter Galaxie-Verteilungen mit Computersimulationen großräumiger, aber leider nicht-beobachtbarer Netze Dunkler Materie vergleichen, wobei mathematische Theoreme über die statistische Struktur solcher Netze nützlich sind. Eine weitere Vorhersage dieser Simulationen ist das charakteristische Strahlungsmuster, das entsteht, wenn Dunkle Materie durch Annihilationsprozesse Gammastrahlung aussendet.
Kommen wir nun zur Röntgenstrahlung durch Paarvernichtung Dunkler Materie. Nach gängiger Theorie muss Dunkle Materie existieren, da sich die Sterne sonst nicht weiter um das Zentrum ihrer Galaxien drehen würden, wie sie es tatsächlich tun. Zu den besonders bevorzugten Kandidaten für die Dunkle Materie zählen sogenannte schwach wechselwirkende massive Teilchen (WIMPs). Diese suchen Forscher beispielsweise im italienischen Untergrundlabor Gran Sasso.

Jüngste wissenschaftliche Veröffentlichungen auf dem Gebiet der Astroteilchenphysik vertreten jedoch zunehmend die Ansicht, dass WIMPs keine tragfähigen Perspektiven für die Dunkle Materie darstellen.
Nach Untersuchungen der Beobachtungen, die 2014 von mehreren unabhängigen Gruppen durchgeführt wurden, wurde über das Vorhandensein einer zuvor unentdeckten Spektrallinie mit einer Energie von 3,5 keV im Röntgenlicht entfernter Galaxien und Galaxienhaufen berichtet.

Diese ungewöhnliche Röntgenstrahlung könnte einen Hinweis auf die Natur der Dunklen Materie geben. Es wurde bereits darauf hingewiesen, dass dunkle Materieteilchen zerfallen und dabei Röntgenstrahlen aussenden könnten.
Das Team von Joachim Kopp vom Mainzer Exzellenzcluster für Präzisionsphysik, fundamentale Wechselwirkungen und Struktur der Materie (PRISMA) verfolgt einen anderen Ansatz. Die PRISMA-Forscher schlagen ein Szenario vor, in dem zwei Teilchen der dunklen Materie kollidieren und sich gegenseitig vernichten. Dies ist analog zur Annihilation (wenn ein Elektron auf sein Antiteilchen, das Positron, trifft). Nach einer genaueren Überprüfung dieses Modells und dem Vergleich mit experimentellen Daten scheint es eine größere Übereinstimmung zu geben als bei älteren Modellen. Demnach wären Dunkle Materieteilchen Fermionen mit einer Masse von nur wenigen Kiloelektronenvolt, die häufig als „sterile Neutrinos" bezeichnet werden. Eine solche leichte Dunkle Materie wird normalerweise als problematisch angesehen, da es schwierig ist zu erklären, wie Galaxien entstanden sein könnten. Das Modell von Joachim Kopp von der

Universität Mainz bietet einen Ausweg durch die Annahme, dass die Vernichtung der dunklen Materie als zweistufiger Prozess abläuft. In der Anfangsphase würde somit ein Zwischenzustand gebildet, der sich später in die beobachteten Röntgenphotonen auflöst. Die Ergebnisse der Berechnungen zeigen, dass die resultierende Röntgensignatur eng mit den Beobachtungen korreliert und somit eine neue mögliche Erklärung dafür darstellt. Dieses neue Modell ist selbst so allgemein, dass es einen neuen Ansatz für die Suche nach dunkler Materie bietet, auch wenn sich herausstellen sollte, dass die 2014 entdeckte Spektrallinie einen anderen Ursprung hat.

Mögliche Formen Dunkler Materie

In der Teilchenphysik werden verschiedene Kandidaten als Konstituenten der Dunklen Materie diskutiert. Ein direkter Nachweis im Labor ist bislang nicht geglückt, damit gilt die Zusammensetzung der Dunklen Materie als unbekannt.

Baryonische Dunkle Materie

Gewöhnliche Materie besteht aus Protonen, Neutronen und Elektronen. Dabei ist die Zahl der Elektronen gleich groß wie die der Protonen. Elektronen haben eine um den Faktor 1800 geringere Masse als Protonen und Neutronen, die damit in guter Näherung die Masse gewöhnlicher Materie bestimmen. Da Protonen und Neutronen zu den Baryonen gehören, wird gewöhnliche Materie auch *baryonische Materie* genannt.

Kaltes Gas:

Da heiße Gase immer Strahlung emittieren, bleibt als erste Möglichkeit für Dunkle Materie nur *kaltes Gas* übrig. Gegen diese Hypothese spricht die Tatsache, dass sich kaltes Gas (unter bestimmten Umständen) durchaus erwärmen kann und selbst riesige Gasmengen nicht die benötigte Masse aufbringen könnten.

Kalte Staubwolken:

Eine ähnliche Lösung stellt die mögliche Existenz *kalter Staubwolken* dar, die auf Grund ihrer niedrigen Temperatur nicht strahlen und somit unsichtbar wären. Allerdings würden sie das Licht von Sternen remittieren und somit im Infrarotbereich sichtbar sein. Außerdem wären so große Mengen an Staub nötig, dass sie die Entstehung der Sterne maßgeblich beeinflusst hätten.
MACHOs

Ernstzunehmende Kandidaten waren Braune Zwerge, die zu den MACHOs *(Massive astrophysical compact halo objects)* gezählt werden. Es handelt sich dabei um Himmelskörper, in denen der Druck so gering ist, dass statt Wasserstoff- nur Deuterium Fusion stattfinden kann, wodurch sie nicht im sichtbaren Spektrum leuchten. Steht ein MACHO allerdings genau vor einem Stern, so verstärkt er als Gravitationslinse dessen Strahlung. In der Tat wurde dies zwischen Erde und der Großen Magellanschen Wolke vereinzelt beobachtet. Man nimmt heute jedoch an, dass *MACHOs* nur einen kleinen Teil der Dunklen Materie ausmachen.
Nichtbaryonische Dunkle Materie:
Anapole Majorana-Fermionen
Im Mai 2013 schlugen die theoretischen Physiker Robert Scherrer und Chiu Man Ho anapole (nichtpolige) Majorana-Fermionen als Träger der Dunklen Materie des Weltalls vor. Anapole Teilchen weisen ein toroidales (reifenförmiges) Feld auf, das bewirkt, dass ein elektrisches Feld in diesem Torus (Reifen) kreisförmig eingeschlossen bleibt und sich dadurch nicht äußerlich bemerkbar macht. Dies steht im Gegensatz zu den bekannten elektrischen Monopolen und magnetischen Dipolen, deren

Felder mit abnehmender Intensität (Coulombsches Gesetz) in die Umgebung ausstrahlen.
Im Standardmodell der Teilchenphysik ist keines der Elementarteilchen ein Majorana-Fermion. Stattdessen werden hier alle Fermionen durch Dirac-Spinoren beschrieben, auch die Neutrinos, die damit von Antineutrinos unterscheidbar wären. Allerdings sind die Neutrinos im Standardmodell im Widerspruch zu experimentellen Ergebnissen masselos.

Eine populäre Erklärung für die beobachteten Neutrino Massen, der *Seesaw-Mechanismus,* erfordert dagegen die Beschreibung der Neutrinos durch Majorana-Spinoren und damit die Gleichheit von Neutrinos und Antineutrinos. Dies würde wiederum eine Verletzung der Leptonenzahlerhaltung implizieren, da Teilchen und Antiteilchen dieselbe Leptonen Zahl zugewiesen werden. Ob zwischen Neutrinos und Antineutrinos unterschieden werden kann, ist derzeit noch offen. Eine Möglichkeit zur experimentellen Klärung bietet der neutrinolose Doppel-Betazerfall, der nur möglich ist, falls Neutrinos Majorana-Teilchen sind. Nach diesem Zerfallsmodus wird in Experimenten wie GERDA oder EXO gesucht.
Heiße Dunkle Materie (HDM):
Neutrinos galten lange Zeit als naheliegende Kandidaten für heiße Dunkle Materie, da ihre Existenz bereits gesichert ist, im Gegensatz zu anderen Kandidaten für Dunkle Materie. Allerdings ist die maximale Masse der Neutrinos nach neueren Erkenntnissen nicht ausreichend, um das Phänomen zu erklären. Bestünde die Dunkle Materie aber zum Großteil aus schnellen, leichten Teilchen, d. h. heißer Dunkler Materie, hätte dies für den Strukturierungsprozess im Universum ein Top-down-

Szenario zur Folge. Dichteschwankungen wären zuerst auf großen Skalen kollabiert, es hätten sich erst Galaxienhaufen, dann Galaxien, Sterne usw. gebildet. Beobachtungen lehren jedoch das Gegenteil. Altersbestimmungen von Galaxien haben ergeben, dass diese vorwiegend alt sind, während manche Galaxienhaufen sich gerade im Entstehungsprozess befinden. Ein Bottom-up-Szenario, eine hierarchische Strukturentstehung, gilt als erwiesen. Daher kann heiße Dunkle Materie allenfalls einen kleinen Teil der gesamten Dunklen Materie ausmachen.

Ein weiterer Kandidat aus dem Neutrino-Sektor ist ein schweres steriles Neutrino, dessen Existenz aber ungeklärt ist. Aufgrund der „Sterilität" könnte es sehr viel massiver sein als die Standardmodell-Neutrinos.
Diese Variante umfasst noch unbeobachtete Elementarteilchen, die nur der Gravitation und der schwachen Wechselwirkung unterliegen, die sogenannten *WIMPs* (englisch *Weakly Interacting Massive Particles*, deutsch schwach wechselwirkende massive Teilchen). WIMPs lassen sich mit einer hierarchischen Entstehung des Universums vereinbaren.
Kandidaten ergeben sich aus der Theorie der Supersymmetrie, die die Anzahl der Elementarteilchen gegenüber dem Standardmodell verdoppelt. Die hypothetischen Teilchen sind meist instabil und zerfallen in das leichteste unter ihnen (LSP, leichtestes supersymmetrisches Teilchen). Beim LSP könnte es sich um das leichteste der vier Neutralinos handeln.
Erhebliche Abweichungen der astronomischen Beobachtungen von den Vorhersagen des CDM-Modells ergab eine 2010 veröffentlichte internationale Studie unter Federführung von Pavel Kroupa. So entsprechen etwa Leuchtkraft und Verteilung von Satellitengalaxien der

Lokalen Gruppe nicht den Erwartungen. Kroupa sieht in den erhobenen Daten eine so starke Kollision mit der CDM-Theorie, dass „diese nicht mehr zu halten scheint". Andererseits wollen Forscher mit tiefgekühlten Halbleiterdetektoren (CDMS, *Cryogenic Dark Matter Search*) im Soudan Underground Laboratory drei Stoßereignisse von WIMPs mit Atomkernen beobachtet haben – bei geschätzt 0,7 Hintergrundereignissen.
Ein weiterer Hinweis kommt von der Zusammensetzung der Kosmischen Strahlung:

Für Teilchenenergien jenseits 10 GeV werden unerwartet viele Positronen gefunden (Antiteilchen des Elektrons). Erste solche Messungen kamen vom Experiment PAMELA auf dem russischen Satelliten Resurs-DK1 und vom Fermi Gamma-ray Space Telescope. Genauere Daten, insbesondere eine niedrigere obere Grenze für die Anisotropie liefert seit Mai 2011 das Alpha-Magnet-Spektrometer an Bord der ISS. Eine Erklärung für den Überschuss an Positronen wäre die Paarvernichtung kollidierender Dunkle-Materie-Teilchen. Die gemessene Positronen Verteilung ist allerdings auch vereinbar mit Pulsaren als Positronen Quelle oder mit speziellen Effekten während der Ausbreitung der Teilchen. Es wird erhofft, dass nach längerer Messzeit genügend Daten vorhanden sind, sodass Klarheit über die Ursache des Positronenüberschusses gewonnen werden kann.
Axionen
Ein weiterer Kandidat, das Axion, ist ein hypothetisches Elementarteilchen zur Erklärung der in der Quantenchromodynamik problematischen elektrischen Neutralität des Neutrons.

Die berechtigte Frage ist der Grund für die Annahme von dunkler Materie. Nun, die Abschätzung für die Masse der dunklen Materie ergibt sich aus der Formel:

$$M_H = \frac{v^{3}\text{-}circ}{10\,GH\,(zZ}.$$ Hier ist vcirc die vom Radius unabhängige Kreisgeschwindigkeit und H(z) die Hubblefunktion zur Epoche z. Es gilt:

$$H_{(z)} = H\,0\,(\text{Omega}_A + \text{Omega}_m\,(1+Z))^{1/2}$$

Kommen wir zur Evidenz für Dunkle Materie. Wir betrachten die Bewegung von Sternen in Spiralgalaxien.

In diesen Galaxien muss für einen Stern, der sich im Abstand r vom Galaxie Mittelpunkt bewegt, gelten, dass die Gravitationskraft der Galaxie auf den Stern und die Zentripetalkraft des Sterns im Kräftegleichgewicht stehen.

$$F\,G = \frac{Gm\,Mr}{r^{2}} = \frac{m\,v^{2}}{r})\,F\,Z \gg v\,(r) = \sqrt{\frac{G\,Mr}{r}} \tag{2}$$

Die Geschwindigkeiten abhängig vom Abstand zum Galaxienzentrum ist mit Formel (2) berechnet. Die Masse. Mr ist die Masse der Galaxie bis zum Radius r. Sie ist innerhalb der Galaxie praktisch homogen verteilt. Außerhalb der Galaxie sollte sie konstant sein.

$$M\,r = p\ \ v = p\,\frac{4}{3}\,\pi r^{3} \tag{3}$$

Damit finden wir innerhalb der Galaxie v(r) $\propto$ r und außerhalb der Galaxie v(r) $\propto$ r$^{-1\,2}$ Die Messwerte liefern uns aber eine Geschwindigkeitsverteilung, die konstant ist. Daraus folgt, dass die Materie Mr $\propto$ r proportional zu r ist und damit folgt, dass die Galaxie in einen größeren kugelförmigen Halo eingebettet sein muss, der durch Dunkle Materie gegeben ist. Man kann nun aus diesem

Geschwindigkeitsfeld und dem Dichteprofil ein hydrostatisches Gleichgewicht herleiten. In diesem Gleichgewicht gilt für die ¨3 Masse Mr (wie oben definiert)

$$M\,r = \frac{K\,B\,tr}{G\,\mu\,mp}\left(-\frac{d\ln p}{d\ln r} - \frac{d\ln T}{d\ln r}\right) \tag{4}$$

Misst man nun das Dichteprofil $\rho(r)$ und das Temperaturprofil $T(r)$ kann man die Masse berechnen. Messungen bei der Galaxie M 87 ergaben M $_{100kpc} = 3\times10^{-13}$ MO. Die sichtbare Materie kann man abschätzen. Damit wäre 99% der ¨ berechneten Materie der Galaxie Dunkle Materie.

Da sich diese Galaxie im Virgo-Haufen befindet ist es allerdings möglich, dass die Formel für die Materie im Gleichgewicht etwas abweicht, da es auch Wechselwirkungen mit ¨ anderen Galaxien des Haufens geben konnte. ¨ Abbildung 2: Galaxie M 87 2.3 Galaxienhaufen Der Virialsatz besagt

$$\langle E_{kin}\rangle * \langle e\,P_{pot}\rangle = 0 \tag{5}$$

Im Fall von N Galaxien gilt für die kinetische Energie

$$\langle E_{kin}\rangle = \frac{1}{2}\,N\,\langle m\,v^2\rangle \tag{6}$$

und für die potentielle Energie

$$\langle E_{pot}\rangle = 1 - \frac{1}{2}\,GN\,(N-1)\,\frac{\langle r^2\rangle}{\langle r\rangle} \tag{7}$$

Die kinetische Energie ist so gegeben, weil sich jede Galaxie im Haufen mit der kinetischen Energie

$$\langle E_{kin}\rangle = \frac{1}{2}\,\langle m\,v^2) \tag{8}$$

bewegt und die potentielle Energie ist

$$\langle E_{pot}\rangle - G\,\frac{\langle m^2\rangle}{\langle r\rangle} \tag{9}$$

, der Faktor 1 /2 · N · (N − 1) ist gleich der Anzahl der
möglichen gegenseitigen Wechselwirkungen ¨ der Galaxien.
Wenn man dann noch die Näherung ¨ N − 1 ≈ N (erfüllt
für¨ N ≫ 1) und die Annahme N<m> = M, d.h. die
Gesamtmasse des Haufens ist identisch mit dem
Erwartungswert für die Masse einer Galaxie multipliziert ¨
mit der Anzahl der Galaxien, einsetzt, dann bekommt man
als Masse des Haufens:

$$M \approx \frac{2<r> <v^{\underline{2}}>}{G} \tag{10}$$

(5) Wenn man sich nun z.B. den Coma-Haufen ansieht,
findet man, dass die Masse, die man in Gleichung (5)
berechnet hat, etwa 10-mal größer ist, als die sichtbare
Masse des Haufens. Somit kommt die moderne Physik ohne
das Phänomen der Dunklen Materie nicht aus!   78

Dunkle Energie

Als Dunkle Energie wird in der Kosmologie eine
hypothetische Form der Energie bezeichnet. Die Dunkle
Energie wurde als eine Verallgemeinerung der
kosmologischen Konstanten eingeführt, um die beobachtete
beschleunigte Expansion des Universums zu erklären. Der
Begriff wurde 1998 von Michael S. Turner geprägt.
Die physikalische Interpretation der Dunklen Energie ist
weitgehend ungeklärt und ihre Existenz ist experimentell
nicht direkt nachgewiesen. Die gängigsten Modelle bringen
sie mit Vakuumfluktuationen in Verbindung. Die

physikalischen Eigenschaften der Dunklen Energie lassen sich durch großräumige Kartierung der Strukturen im Universum untersuchen, beispielsweise durch die Verteilung von Galaxien und Galaxienhaufen. Entsprechende astronomische Großprojekte befinden sich in Vorbereitung oder laufen bereits, wie im Falle des Weltraumteleskops Euclid.

Beobachtung

Nachdem die Expansion des Universums durch die Beobachtung der Rotverschiebung der Galaxien als etabliert galt, wurden detailliertere Messungen durchgeführt, um die Geschwindigkeit der Expansion und ihre Veränderung über die Lebenszeit des Universums zu bestimmen. Traditionelle Modelle besagten, dass die Expansion aufgrund der Materie und der durch sie wirkenden Gravitation verlangsamt wird; Messungen sollten diese Verlangsamung quantifizieren.
Die Messungen, die im Wesentlichen auf Entfernungsbestimmungen weit entfernter Supernovae vom Typ Ia (SN I A) basierten, ergaben entgegen den Voraussagen, dass sich die Expansion nicht nur nicht verlangsamt, sondern schneller wird. Aus den Beobachtungsdaten ergab sich, dass vor ca. 6,1 Milliarden Jahren eine Umkehr der Expansion eintrat, und sich

seither die relative Expansion beschleunigt ($\ddot{a} > 0$), während sie bis zu diesem Zeitpunkt gebremst wurde ($\ddot{a} < 0$). Diese unerwartete Beobachtung wird seither auf eine noch unbestimmte *Dunkle Energie* zurückgeführt. In den Modellen besteht das Universum zum gegenwärtigen Zeitpunkt, ca. 13,8 Milliarden Jahre nach dem Urknall, zu 68,3 % aus Dunkler Energie, 26,8 % aus Dunkler Materie und zu 4,9 % aus der sichtbaren, baryonischen Materie.[2][3] Die Planck-Mission korrigierte 2019 dabei etwas die WMAP-Daten von 2012.

In der Frühzeit des Universums, 380.000 Jahre nach dem Urknall, dem Zeitpunkt Entkopplung der Elektronen von der Hintergrundstrahlung, war die Zusammensetzung noch wesentlich anders (siehe Diagramm rechts). Die Daten der Planck-Mission ergeben ganz unabhängig vom Projekt der Entfernungsbestimmung mit SN I A mit diesen konsistente Daten über den Anteil Dunkler Energie. Zum Zeitpunkt der Umkehr hoben sich die expandierende Wirkung der Dunklen Energie und die kontrahierende Wirkung der Gravitation genau auf. Nach dem Modell bedeutet dies, dass der Energieanteil der Dunklen Energie in der Hubble-Sphäre genau der Hälfte der Masse der Materie entsprach und somit genau einem Drittel der Gesamtenergie, da etwaige sehr geringe Krümmung und die Strahlung demgegenüber nicht ins Gewicht fallen.

$$\Omega_\Lambda = \Omega_m/2 = 1/3$$

Die Existenz einer Dunklen Energie könnte auch eine Erklärung für die Flachheit des Universums sein. Es ist bekannt, dass die normale Materie nicht ausreicht, um dem Universum eine flache, das heißt im Wesentlichen euklidische, Geometrie zu geben; sie stellt nur 2–5 % der notwendigen Masse. Aus Beobachtungen der gravitativen Anziehung zwischen den Galaxien ergibt sich zwar, dass Dunkle Materie vorhanden sein muss, die allerdings auch nur maximal 30 % der erforderlichen Materie sein kann. Daher ergibt es sich, dass die Dunkle Energie heutzutage mit knapp 70 % zur Gesamtmasse im Universum beiträgt.

Aus den Messdaten ergeben sich folgende Werte für die Kosmologische Konstante Λ, und mit der Einsteinkonstante κ ihre Dichte, ihr Druck und ihr heutiger Dichteparameter:

$$\Lambda = 1{,}088 \cdot 10^{-52} \ 1/\mathrm{m}^2$$
$$\rho_\Lambda = \Lambda/\kappa = 5{,}83 \cdot 10^{-27} \ \mathrm{kg/m}^3$$
$$p_\Lambda = -c^2 \rho_\Lambda = -5{,}239 \cdot 10^{-10} \ \mathrm{Pa}$$
$$\Omega_\Lambda = 0{,}685.$$

Theoretischer Hintergrund
Die akzeptierte Theorie zur großräumigen Entwicklung des Kosmos ist die allgemeine Relativitätstheorie (ART). In der Diskussion um die Expansion oder Kontraktion des Universums bewirkt die Materie durch ihre Gravitationswirkung eine Verlangsamung der Expansion;

die kosmologische Konstante (sofern sie positiv ist) beschreibt dagegen eine beschleunigte *Expansion* und, sofern sie auf großen Skalen gegenüber der Krümmung dominiert, ein *flaches* Universum.

Die beobachtete Beschleunigung der Expansionsbewegung bedeutet, dass eine Beschreibung durch die kosmologische Konstante sinnvoll ist. Zuvor war sie nur eine Ad-hoc-Konstruktion, die bei der heuristischen Ableitung der einsteinschen Feldgleichungen nicht ausgeschlossen werden konnte.

Eines der ersten kosmologischen Modelle, das auf Albert Einstein zurückgeht, beschreibt ein statisches, nicht expandierendes Universum. Im Rahmen dieses Modells besitzt die kosmologische Konstante einen Wert ungleich null. Die kosmologische Konstante entspricht einer Energie des Vakuums, die der Gravitation der im Universum enthaltenen Materie entgegenwirkt. Nachdem entdeckt wurde, dass das Universum nicht statisch ist, sondern expandiert, ging auch Einstein dazu über, die kosmologische Konstante gleich null zu setzen. Dennoch wurden in der Literatur auch weiterhin Modelle diskutiert, in denen die kosmologische Konstante einen von null verschiedenen Wert besitzt, beispielsweise im Lemaitre-Universum (Inflexionsmodell).

Ein weiteres Problem war, dass die Annahme einer Vakuumenergie in der Quantenfeldtheorie Beiträge zum Energie-Impuls-Tensor lieferte, die einem außerordentlich hohen Wert der kosmologischen Konstante entsprachen, was nicht beobachtet wurde (Problem der kosmologischen Konstante).

Die dunkle Strömung der Galaxienhaufen

Greenbelt (USA) - Eigentlich sollten sich Galaxienhaufen völlig regellos im Kosmos bewegen. Doch ein Team amerikanischer Astronomen ist bei einer Analyse der kosmischen Hintergrundstrahlung nun auf einen überraschenden Befund gestoßen: Alle Galaxienhaufen scheinen in ein und dieselbe Richtung zu strömen.

Eine solche Bewegung ist mit der üblichen Vorstellung eines homogenen Universums nicht in Einklang zu bringen, erklären die Forscher in einem demnächst im Fachblatt "Astrophysical Journal Letters" erscheinenden Bericht. Deshalb sei diese "Dunkle Strömung" ein Hinweis auf Materiekonzentrationen jenseits der Grenzen des sichtbaren Universums.

"Die Galaxienhaufen zeigen eine zwar geringe, aber doch messbare Geschwindigkeit, die unabhängig ist von der Expansion des Weltalls und die sich nicht mit der Entfernung der Haufen von uns ändert", erläutert Alexander Kashlinsky vom Goddard Space Flight Center der Nasa, der das Projekt leitet. Kashlinsky hat die Kollektivbewegung der Galaxienhaufen "Dunkle Strömung" (engl.: dark flow) getauft, in Anlehnung an die Dunkle Materie und die Dunkle Energie, jene rätselhaften

Substanzen, die unsichtbar den Löwenanteil des Materie- und Energiegehalt des Kosmos bilden.

"Die Galaxienhaufen zeigen eine zwar geringe, aber doch messbare Geschwindigkeit, die unabhängig ist von der Expansion des Weltalls und die sich nicht mit der Entfernung der Haufen von uns ändert", erläutert Alexander Kashlinsky vom Goddard Space Flight Center der Nasa, der das Projekt leitet. Kashlinsky hat die Kollektivbewegung der Galaxienhaufen "Dunkle Strömung" (engl.: dark flow) getauft, in Anlehnung an die Dunkle Materie und die Dunkle Energie,

jene rätselhaften Substanzen, die unsichtbar den Löwenanteil des Materie- und Energiegehalt des Kosmos bilden.

Galaxienhaufen enthalten Millionen von Grad heißes Wasserstoffgas, das Röntgenstrahlung aussendet. Dieses heiße Gas streut das Licht der kosmischen Hintergrundstrahlung, des "Echos des Urknalls". In Abhängigkeit von der Bewegung des Galaxienhaufens führt das Gas so zu einer kleinen Störung der Hintergrundstrahlung. Kashlinsky und seine Kollegen haben eine neue Methode entwickelt, diesen so genannten Sunyaev-Zel'dovich-Effekt mit großer Genauigkeit zu messen. Mit ihrem Verfahren analysierten die Forscher die Hintergrundstrahlung im Bereich von 700 Galaxienhaufen mit Entfernungen von bis zu sechs Milliarden Lichtjahren.

Das überraschende Ergebnis: Alle diese Galaxienhaufen bewegen sich offenbar mit einer Geschwindigkeit von etwa drei Millionen Kilometern pro Stunde (rund 800 Kilometer pro Sekunde) in Richtung einer Region, die von der Erde aus gesehen zwischen den Sternbildern Zentaur und Segel liegt. Nach den heutigen Vorstellungen der Astronomen ist das Universum sehr viel größer als der von uns überschaubare Bereich. Kashlinsky und seine Kollegen sehen in der gemeinsamen Bewegung der Galaxienhaufen deshalb einen Hinweis auf Materiekonzentrationen jenseits unseres kosmischen Horizonts. Mit weiteren und noch genaueren Messungen wollen die Forscher nun die "Dunkle Strömung" weiter untersuchen.

Neue Ergebnisse zur Dunklen Strömung - „Multiversum" eine mögliche Erklärung

Astronomen finden bisher stärkste Hinweise auf ein „Multiversum". Dunkle Strömung scheint über den Rand des kosmischen Horizonts zu reichen.

Greenbelt (USA) - Astronomen um Alexander Kashlinsky vom Goddard Space Flight Center der NASA in Greenbelt, Maryland (USA) haben neue Daten gesammelt, die die Theorie eines „Multiversums" stärker stützen als bisherige Messungen das konnten. Demnach könnten Paralleluniversen für die mysteriösen Dunkle Strömung verantwortlich sein, die das Forscherteam gefunden hat. Diese Strömung äußert sich in Form von spektralen Verschiebungen in der kosmischen Hintergrundstrahlung (siehe Nachricht "Die Dunkle Strömung der

Galaxienhaufen" in der Linkliste). Diese Verschiebungen deuten darauf hin, dass sich alle Galaxien mit einer unerwartet hohen Geschwindigkeit von bis zu 800 Kilometern pro Sekunde in ein und die selbe Richtung bewegen, zusätzlich zu der ohnehin vorhandenen Expansion des Universums.

Neue Erkenntnisse erweitern die Messungen der Gruppe nun auf einen Radius von 3 Milliarden Lichtjahren. Die neuen Ergebnisse wurden in einem Artikel an die Fachzeitschrift „The Astropyhsical Journal" übermittelt. Die entscheidende Frage ist die nach der Herkunft dieses unerwarteten Soges.

Eine Multiversumstheorie in der Paralleluniversen eine Rolle spielen, vermag diese Frage zu beantworten. Einige Theorien des frühen Universums beinhalten solche vielfachen Universen, die, ähnlich wie verschränkte Objekte in der Quantentheorie, in ihrem Verhalten miteinander gekoppelt sind. Die umstrittenen Theorien besagen, dass diese Paralleluniversen, obwohl für uns ansonsten nicht wahrnehmbar, eine Kraft auf unser Universum ausüben können, die die Dunkle Strömung erklärt. So könnte Materie außerhalb unseres kosmischen Horizonts, der durch das Licht, das wir aus dem Weltall empfangen begrenzt wird, gravitative Anziehung auf unser Universum ausüben.
„Falls sich die Strömung, wie unsere Daten es andeuten, bis zum kosmischen Horizont erstreckt, dann hängt ihr Ursprung wahrscheinlich mit der vorinflationären Gesamtstruktur der Raum-Zeit zusammen und deutet auf

ein irgendwie geartetes Multiversum hin", so Kashlinksky. „Wir führen das Projekt fort und erwarten, dass unsere zukünftigen Messungen diese Möglichkeit wesentlich deutlicher beleuchten".
Laut Laura Mersini-Houghton, Kosmologin an der University of North Carolina in Chapel Hill (USA) und Fürsprecherin einer Multiversums-Theorie, sind Kashlinkskys Entdeckungen „die direktesten Anzeichen für die Existenz des Multiversums". Mersini-Houghton betont, dass die Theorie der Paralleluniversen eine Dunkle Strömung voraussagt, und dass sogar deren Geschwindigkeit nahezu mit der die Kashlinskys Team gemessenen hat übereinstimmt.

Es sei zum Schluss betont, dass die Dunkle Strömung keineswegs einen Beweis für Multiversen darstellt. Zwar ist dieses Phänomen für die klassischen Kosmologen und deren Theorien, wie die Allgemeine Relativitätstheorie, bisher unverständlich. Klar ist aber auch, dass zum Beweis einer der zahlreichen Multiversums-Theorien mehr als nur ein einzelner Hinweis durch ein erst kürzlich entdecktes Phänomen nötig ist.

Die dunkle Strömung der Galaxienhaufen

Alle Galaxienhaufen scheinen sich in die gleiche Richtung zu bewegen - ein Hinweis auf Materieballungen jenseits des sichtbaren Kosmos?

Greenbelt (USA) - Eigentlich sollten sich Galaxienhaufen völlig regellos im Kosmos bewegen. Doch ein Team amerikanischer Astronomen ist bei einer Analyse der kosmischen Hintergrundstrahlung nun auf einen überraschenden Befund gestoßen: Alle Galaxienhaufen scheinen in ein und dieselbe Richtung zu strömen. Eine solche Bewegung ist mit der üblichen Vorstellung eines homogenen Universums nicht in Einklang zu bringen, erklären die Forscher in einem demnächst im Fachblatt "Astrophysical Journal Letters" erscheinenden Bericht. Deshalb sei diese "Dunkle Strömung" ein Hinweis auf Materiekonzentrationen jenseits der Grenzen des sichtbaren Universums.

"Die Galaxienhaufen zeigen eine zwar geringe, aber doch messbare Geschwindigkeit, die unabhängig ist von der Expansion des Weltalls und die sich nicht mit der Entfernung der Haufen von uns ändert", erläutert Alexander Kashlinsky vom Goddard Space Flight Center der Nasa, der das Projekt leitet. Kashlinsky hat die Kollektivbewegung der Galaxienhaufen "Dunkle Strömung" (engl.: dark flow) getauft, in Anlehnung an die Dunkle Materie und die Dunkle Energie, jene rätselhaften Substanzen, die unsichtbar den Löwenanteil des Materie- und Energiegehalt des Kosmos bilden.

Galaxienhaufen enthalten Millionen von Grad heißes Wasserstoffgas, das Röntgenstrahlung aussendet. Dieses heiße Gas streut das Licht der kosmischen Hintergrundstrahlung, des "Echos des Urknalls". In Abhängigkeit von der Bewegung des Galaxienhaufens führt das Gas so zu einer kleinen Störung der Hintergrundstrahlung. Kashlinsky und seine Kollegen haben eine neue Methode entwickelt, diesen so genannten Sunyaev-Zel'dovich-Effekt mit großer Genauigkeit zu messen. Mit ihrem Verfahren analysierten die Forscher die Hintergrundstrahlung im Bereich von 700 Galaxienhaufen mit Entfernungen von bis zu sechs Milliarden Lichtjahren. Das überraschende Ergebnis: Alle diese Galaxienhaufen bewegen sich offenbar mit einer Geschwindigkeit von etwa drei Millionen Kilometern pro Stunde (rund 800 Kilometer pro Sekunde) in Richtung einer Region, die von der Erde aus gesehen zwischen den Sternbildern Zentaur und Segel liegt.

Nach den heutigen Vorstellungen der Astronomen ist das Universum sehr viel größer als der von uns überschaubare Bereich. Kashlinsky und seine Kollegen sehen in der gemeinsamen Bewegung der Galaxienhaufen deshalb einen Hinweis auf Materiekonzentrationen jenseits unseres kosmischen Horizonts. Mit weiteren und noch genaueren Messungen wollen die Forscher nun die "Dunkle Strömung" weiter untersuchen.

Ein Blick auf das Universum vor dem Urknall?

Zusammenstoß Schwarzer Löcher im Vorgängerkosmos hat Spuren in der Hintergrundstrahlung hinterlassen - behaupten zwei Kosmologen

Oxford (Großbritannien)/Eriwan (Armenien) - In der kosmischen Hintergrundstrahlung - dem Strahlungsecho des Urknalls - gibt es konzentrische Ringe mit signifikant niedrigeren Temperaturschwankungen als im Durchschnitt. Das behaupten der bekannte britische Mathematiker, Physiker und Kosmologe Roger Penrose und sein armenischer Kollege Vahe Gurzadyan. Die beiden Forscher sehen in den Strukturen die Spuren von Zusammenstößen Schwarzer Löcher - in jenem Universum, aus dem unser Kosmos im Urknall hervorgegangen ist. Wenn sich dieser Fund bestätigt, wäre dies der erste Blick in die Zeit vor dem Urknall.

Das amerikanische Satelliten-Observatorium "Wilkinson Microwave Anisotropy Probe", kurz WMAP, hat die bislang genaueste Karte der kosmischen Hintergrundstrahlung geliefert. Diese Hintergrundstrahlung ist ein Überbleibsel des Urknalls, der extrem dichten und heißen Anfangsphase, aus der unser Universum vor 13,7 Milliarden Jahren entstanden ist. Geringfügige Temperaturschwankungen in der Hintergrundstrahlung liefern den Astronomen Informationen über den genauen Verlauf des Urknalls und die Entstehung der ersten Strukturen im Kosmos.

Penrose und Gurzadyan sind nun bei einer umfangreichen Analyse der WMAP-Daten auf eine Vielzahl konzentrischer Ringe gestoßen, in denen die Temperatur deutlich weniger schwankt als im Durchschnitt. Die Wahrscheinlichkeit für ein zufälliges Auftreten solcher Muster in den Daten sei geringer als 1 : 10 Millionen, so die Forscher. Nochmal erheblich niedriger sei die Wahrscheinlichkeit dafür, dass - wie beobachtet - mehrere Ringe konzentrisch auftreten, sich also um den gleichen Mittelpunkt gruppieren. Um ihren Fund weiter zu untermauern, haben Penrose und Gurzadyan außerdem Daten der Boomerang-Mission ausgewertet, eines Ballon-Teleskops, das die Hintergrundstrahlung in Teilbereichen des Himmels mit hoher Genauigkeit untersucht hat. Tatsächlich zeigten sich in den Boomerang-Daten die Ringe an den gleichen Stellen wie in den WMAP-Daten. Um einen Instrumenten-Effekt der WMAP-Detektoren kann es sich also nicht handeln.

Penrose sieht in der Entdeckung einen Beweis für die von ihm propagierte "konforme zyklische Kosmologie". Danach entsteht zyklisch aus einem alternden Universum durch einen neuen Urknall wieder ein neuer Kosmos. Bei den konzentrischen Ringen handelt es sich in diesem Modell um Überreste der Gravitationswellen, die beim Zusammenstoß supermassiver Schwarzer Löcher in Galaxienhaufen im Vorgänger-Kosmos unseres Universums freigesetzt worden sind. Die konforme zyklische Kosmologie ist allerdings unter Kosmologen umstritten. Und auch die Entdeckung der Ringe dürfte für Kontroversen sorgen - eine unabhängige Bestätigung durch weitere Forscherteams ist nötig, um Zweifel an der Realität des Phänomens zu beseitigen.

Entstehung und Entwicklung von Galaxien

Rund zweihundert Milliarden Galaxien existieren im Universum, so schätzt man. Form und Farbe dieser Sternansammlungen verraten viel über ihr Alter und ihre Entwicklungsgeschichte. Franziska Konitzer sprach mit Thorsten Naab vom Max-Planck-Institut für Astrophysik in Garching darüber, was Astronomen inzwischen alles über Galaxien wissen.

In einer klaren Nacht sind am Himmel nicht nur unzählige Sterne zu beobachten. Schaut man im Sternbild Andromeda genauer hin, lässt sich ein verschwommener Lichtfleck erkennen: der Andromedanebel.

Hierbei handelt es sich allerdings nicht um eine diffuse Gas- oder Staubwolke, sondern um eine Galaxie – ähnlich dem Milchstraßensystem. Zu diesem Schluss kam erstmals der Astronom Edwin Hubble im Jahr 1923. Inzwischen ist bekannt, dass die Milchstraße und der Andromedanebel nur zwei von Milliarden von Galaxien sind und dass es unterschiedliche Arten von Galaxien gibt.

Thorsten Naab: *„Also es gibt große Galaxien, die wir ‚Giant Galaxies‘ nennen. Diese elliptischen Galaxien sind die größten im Universum. Darüber hinaus gibt es Spiralgalaxien sowie kleinere Galaxien. Das sind Zwerggalaxien, und diese besitzen viel weniger Masse, also viel weniger Sterne. Man nennt sie auch irreguläre Galaxien. Ein Beispiel dafür sind die Große und die Kleine Magellansche Wolke. Das sind Satellitengalaxien der*

Milchstraße und die haben viel weniger Masse als die Milchstraße selbst."
Als theoretischer Astrophysiker erforscht Thorsten Naab die Galaxieentstehung und -entwicklung anhand von Computermodellen. Eine Galaxie ist dabei grundsätzlich definiert als eine durch Schwerkraft zusammengehaltene Ansammlung von Materie, also von Gas, Staub, Planeten und Sternen. Form und Farbe dieser Systeme geben den Forschern Hinweise auf das Alter der Galaxie.
„Die elliptischen Galaxien sind sehr alte Galaxien. Sie bestehen typischerweise aus massearmen Sternen, weil die massereichen Sterne alle schon explodiert sind.

Das Licht von massearmen Sternen ist rot, weshalb auch diese elliptischen Galaxien eher rötlich sind. Spiralgalaxien hingegen sind sehr blau, da es dort noch sehr viele junge Sterne gibt. Dort findet auch noch aktive Sternentstehung statt, wie zum Beispiel in den Spiralarmen der Milchstraße."

Das Milchstraßensystem ist eine Spiralgalaxie, genau wie die benachbarte Andromedagalaxie. Schätzungen zufolge gibt es insgesamt rund zweihundert Milliarden Galaxien im Universum. Die meisten davon sind jüngere Spiralgalaxien. Der nächstgrößere Anteil entfällt auf die älteren elliptischen Galaxien. Doch wie alt ist alt? Der Urknall, also der Anfang des Universums, hat sich vermutlich vor rund 13,7 Milliarden Jahren ereignet. Kurz nach dem Urknall war das gesamte Universum angefüllt mit heißem Gas, hauptsächlich Wasserstoff und Helium. Zu diesem

Zeitpunkt gab es noch keine Sterne, geschweige denn Galaxien.

„Die ersten Galaxien bildeten sich schon sehr früh nach dem Urknall. Betrachtet man die kosmische Sternentstehungsrate, also wann in der Entwicklung des Universums die meisten Sterne entstanden, dann gibt es vor ungefähr zehn Milliarden Jahren einen Höhepunkt. Es wird angenommen, dass sich – relativ gesehen – zu diesem Zeitpunkt die meisten Sterne gebildet haben und auch hauptsächlich die massereichen Galaxien."

Mit dem Weltraumteleskop Hubble spürten Astronomen die bislang ältesten Galaxien auf: Vermutlich entstanden diese lediglich rund fünfhundert Millionen Jahre nach dem Urknall. Das deutet darauf hin, dass die ersten Galaxien sehr schnell entstanden.
„Wir wissen, dass es vor zehn Milliarden Jahren schon Galaxien mit 10^{11} Sonnenmassen gab. Das ist ungefähr zehnmal schwerer als die Milchstraße. Diese Galaxien existierten zu diesem Zeitpunkt aber schon. Deshalb vermuten wir, dass sich diese Galaxien in sehr überdichten Gebieten befinden, wo die Prozesse der Sternentstehung und des Kollapses sehr, sehr schnell voranschreiten und die daher ihre Entwicklung schon relativ früh abgeschlossen haben."

Die frühen Systeme besaßen eine flache und spiralartige Form. Astrophysiker erklären diese Struktur mithilfe der

Dunklen Materie – jener unsichtbaren Materie, die mit normaler Materie nur über ihre Schwerkraft in Wechselwirkung tritt.

„Wir stellen uns vor, dass jede Galaxie von einem Dunkle-Materie-Halo umgeben ist. Und innerhalb dieses Dunklen-Materie-Halos kann dort Gas einfallen, das seinerseits Energie in Form von Strahlung abgibt. Das Gas fällt also ins Zentrum, aber sein Drehimpuls kann nicht einfach abgegeben werden. Daher fällt das Gas ins Zentrum, kühlt ab und bildet eine dünne Scheibe. Wenn in dieser dünnen Scheibe die Gasdichte hoch genug ist, dann können sich dort Sterne bilden.“

Während in Spiralgalaxien wie dem Milchstraßensystem die Sternentstehungsrate rund drei Sonnenmassen pro Jahr beträgt, bilden sich in elliptischen Galaxien so gut wie keine Sterne mehr. Bis vor einigen Jahren nahmen Forscher an, elliptische Galaxien entstünden ausschließlich durch das Verschmelzen zweier Spiralgalaxien. Auch das Milchstraßensystem könnte in ferner Zukunft Teil einer neuen Galaxie werden: Die Andromedagalaxie und unsere Galaxis befinden sich nämlich auf Kollisionskurs. Allerdings vergehen noch mindestens fünf Milliarden Jahre, bis die beiden Systeme vielleicht einmal aufeinandertreffen. Aus solchen Zusammenstößen gehen hauptsächlich masseärmere elliptische Galaxien hervor.

„Wir glauben nicht, dass alle elliptischen Galaxien auf diese Weise entstehen. Der Grund sind relativ spektakuläre

Beobachtungen in den letzten Jahren. Man hat nämlich vor etwa zehn Milliarden Jahren Populationen von elliptischen Galaxien gefunden, die sehr massereich, aber schon sehr kompakt sind. Wahrscheinlich werden diese noch sehr viel größer, bis sie unserer heutigen Population entsprechen. Und dieser Größenzuwachs kann nicht durch eine Verschmelzung von Spiralgalaxien erklärt werden."

Die massereichen elliptischen Galaxien sind stattdessen aufgrund ihrer enormen Schwerkraft gewachsen. Sie haben sich kleinere Galaxien sozusagen einverleibt und verschmolzen mit ihnen. Dieses Szenario erklärt auch ihre Form.

„Die elliptische Form kommt daher, dass sich diese Galaxien hauptsächlich dadurch bilden, dass Sternsysteme miteinander verschmelzen, die relativ wenig Gas haben. Scheibengalaxien können nur dann entstehen, wenn sehr viel Gas im System ist. Wenn aber diese verschmelzenden Systeme aus sehr vielen Sternen entstehen, dann ist das Verschmelzungsprodukt rund."

Zwar haben Forscher inzwischen die groben Abläufe bei der Galaxieentstehung verstanden. Durch Beobachtungen erhalten sie aber nur Momentaufnahmen, die es zu verbinden gilt. Dabei helfen Computersimulationen, mit denen sich eine Galaxie über Jahrmilliarden Jahre hinweg verfolgen lässt – vom Gaskollaps in einer Ansammlung Dunkler Materie über den Höhepunkt der Sternentstehungsrate bis hin zur Verschmelzung mit anderen Galaxien. Anhand dieser Modelle können

Forscher auch ein wenig in die kosmische Zukunft schauen: Demnach verschmelzen immer mehr Galaxien miteinander und bilden elliptische Galaxien. Der Mangel an freiem Gas führt letztlich dazu, dass keine neuen Sterne mehr entstehen können. Das Universum der fernen Zukunft wird also ein völlig anderes sein als das heutige, voller elliptischer Galaxien und erfüllt vom rötlichen Licht alter Sterne.

Spirale im frühen Universum

Bereits 1,4 Milliarden Jahre nach dem Urknall gab es eine scheibenförmige Galaxie mit einer spiralförmigen Struktur, die den Spiralgalaxien im heutigen Kosmos ähnelt.

Das zeigen nun zwei Astrophysiker, indem sie Archivdaten der Radioteleskopanlage ALMA in Chile neu analysierten. Wie die Wissenschaftler im Fachblatt „Science" berichten, bilden sich spiralförmige Galaxien demnach deutlich früher als bislang angenommen und lange bevor die kosmische Sternentstehung ihren Höhepunkt erreichte. „Spiralgalaxien enthalten ganz bestimmte Strukturen: eine Scheibe, Spiralarme und eine Verdichtung von Sternen im Zentrum", erläutern Takafumi Tsukui und Satoru Iguchi von der SOKENDAI in Tokio. Wann genau solche Strukturen im Kosmos entstehen, war bislang jedoch noch nicht bekannt. Nach bisherigen Modellen der Galaxienentwicklung beginnen Sternsysteme zu entstehen, wenn kleine, unstrukturierte Vorläufer von Galaxien, sogenannte Protogalaxien, zufällig miteinander verschmelzen. Danach dauert es mehrere Milliarden Jahre, bis sich daraus die heute bekannten stabilen Formen von Spiralgalaxien und elliptischen Galaxien bilden.

Doch in den Daten der Radioteleskopanlage ALMA in den nordchilenischen Anden stießen Tsukui und Iguchi nun auf eine auffällig junge Galaxie. Das Alter des Objekts mit der Bezeichnung BRI 1335-0417 bestimmten die Forscher anhand der Rotverschiebung: Je stärker die elektromagnetischen Wellen, die ein Stern oder eine Galaxie aussendet, aufgrund der Expansion des Weltalls gestreckt wurden, desto weiter ist ein solches Objekt von uns entfernt. Die Radiostrahlung der Galaxie BRI 1335-0417 ist so stark rotverschoben, dass sie bereits vor 12,4 Milliarden Jahren ausgesendet worden sein muss.

Wir sehen die Galaxie also so, wie sie gerade einmal 1,4 Milliarden Jahre nach dem Urknall ausgesehen hat. Die beiden Wissenschaftler stellten außerdem fest, dass die Materie im Zentrum der jungen Galaxie bereits stark verdichtet ist, und entdeckten dort ein supermassereiches Schwarzes Loch. Auch eine ausgedehnte Scheibe mit zwei ausgeprägten Spiralarmen weist die Galaxie bereits auf. Das ist in dieser frühen Epoche des Kosmos überraschend. Denn die frühesten Spiralstrukturen, die von ALMA bislang entdeckt wurden, sind erst 2,4 Milliarden Jahre nach dem Urknall entstanden. Zu jener Zeit erreichte auch die Entstehung neuer Sterne im Universum ihren Höhepunkt.

Solche spiralförmigen Strukturen im jungen Kosmos beeinflussen womöglich die Entwicklung von Galaxien stark, spekulieren Tsukui und Iguchi. Die Spiralen könnten den Zustrom von Gas in das Innere von Galaxien verstärken und so die Entstehung neuer Sterne auslösen. Möglicherweise treibt also die Entstehung von Spiralstrukturen die Entstehung neuer Sterne an – und nicht umgekehrt.

Warum Spiralgalaxien in der Supergalaktischen Ebene fehlen

Seit Jahren gilt es als eines der großen Rätsel der Kosmologie: In einer bestimmten Himmelsregion, Supergalaktische Ebene genannt, gibt es fast nur elliptische Galaxien.

Spiralgalaxien sind dort hingegen auffällig selten vertreten. Warum das so ist, wurde in der Fachwelt bereits viel diskutiert – manche Forscherinnen und Forscher spekulierten sogar über neue Physik jenseits bisheriger kosmologischer Modelle. Doch mit neuen Simulationen gelangte ein Forschungsteam jetzt zu einer überraschend einfachen Erklärung für das Problem. Wie die Forschenden im Fachblatt „Nature Astronomy" darlegen, liege es schlicht an unterschiedlichen physikalischen Bedingungen innerhalb und außerhalb der Supergalaktischen Ebene.

Als Supergalaktische Ebene bezeichnen Astronominnen und Astronomen den Bereich bis in eine Entfernung von etwa zwei Milliarden Lichtjahren, in dem sich viele große Galaxienhaufen befinden. Doch nicht alle Galaxien gehören zu solchen Haufen, viele ziehen ihre Bahnen als kosmische Einzelgänger abseits solcher Zusammenballungen. Die zwei Galaxienarten – Spiralgalaxien und elliptische Galaxien – sind jedoch nicht überall gleich häufig vertreten: Anders als außerhalb der Supergalaktischen Ebene sind innerhalb vor allem große elliptische Galaxien zu finden, aber nur wenige Spiralgalaxien. Eine Erklärung hierfür ließ sich bislang nicht finden – trotz zahlreicher Simulationen mit Supercomputern.

Neuer Simulationsansatz führte zur Lösung

Die bisherigen Analysen beruhen auf Simulationen von Ausschnitten des Kosmos, aus denen man wiederum auf andere Regionen des Weltalls schloss.

Einen anderen Ansatz verfolgten nun Till Sawala von der Universität Helsinki und sein Team. Mit ihrer Simulation SIBELIUS DARK verfeinerten sie die Anfangsbedingungen ihrer Berechnungen. Auf diese Weise gelang es dem Team, eine der Supergalaktischen Ebene verblüffend ähnliche Struktur am Computer zu simulieren. Mehr noch: In der Simulation stießen sie genau auf die beobachtete unterschiedliche Verteilung von elliptischen Galaxien und Spiralgalaxien.

SIBELIUS DARK lieferte zudem eine Erklärung für das Phänomen: Da es in der Supergalaktischen Ebene – insbesondere innerhalb der Galaxienhaufen – sehr viel mehr Galaxien als außerhalb gibt, stoßen Galaxien dort häufiger zusammen. Daraufhin verschmelzen sie und bilden mehr große elliptische Galaxien, da die Struktur der

Spiralen beim Verschmelzen verloren geht. Gleichzeitig nimmt also die Anzahl der Spiralgalaxien ab. Bisherige kosmologische Modelle können also die Beobachtungen vollständig erklären – neue Physik ist dafür nicht nötig.

Kosmische Struktur beeinflusste Galaxienentwicklung

Die größten Galaxien zeigen bereits im jungen Kosmos eine ähnliche Orientierung wie ihre Galaxienhaufen. Das zeigt die Beobachtung von 65 Galaxienhaufen mit dem Weltraumteleskop Hubble durch ein internationales Forscherteam.

Das deute darauf hin, so die Wissenschaftler im Fachblatt „Nature Astronomy", dass die großräumige Struktur im Weltall die Entstehung und Entwicklung dieser großen Galaxien entscheidend beeinflusst habe.
„Früher glaubten Astronomen, dass Galaxien rein zufällig im Raum orientiert sind", schreiben Michael West vom Lowell Observatory in den USA und seine Kollegen. Für die meisten Sternsysteme sei das auch korrekt, doch nicht für alle: „Einige zeigen eine Ausrichtung, die von der Materieverteilung in ihrer Umgebung abhängt. Das gilt insbesondere für die großen elliptischen Galaxien im Zentrum großer Galaxienhaufen." Allerdings konnte eine solche Korrelation zwischen der Orientierung der großen Galaxien und ihrer Galaxienhaufen bislang nur in unserer näheren kosmischen Umgebung bis zu einer Entfernung von etwa einer Milliarde Lichtjahren nachgewiesen

werden. Damit blieb bislang unklar, wann in der kosmischen Geschichte sich diese Korrelation etabliert hatte – und über welchen physikalischen Mechanismus. Denn der Blick in große kosmische Entfernungen ist für Astronomen zugleich ein Blick zurück in die kosmische Geschichte: Wenn das Licht von einer Galaxie eine Milliarde Jahre zu uns benötigt, sehen wir diese Galaxie heute so, wie sie vor einer Milliarde Jahren ausgesehen hat.

West und seine Kollegen haben jetzt mit dem Weltraumteleskop Hubble eine repräsentative Auswahl großer Galaxienhaufen im Entfernungsbereich von 2,5 bis 10 Milliarden Lichtjahren untersucht.

Und stellten auch dort eine deutliche Korrelation zwischen den Orientierungen der großen zentralen Galaxien und ihrer Galaxienhaufen fest. Die Korrelation zeigt sich also bereits früh – etwa vier Milliarden Jahre nach dem Urknall – in der kosmischen Geschichte. „Das deutet darauf hin, dass die größten Galaxien über einen speziellen Prozess entstehen", so West und seine Kollegen, „der von der Entwicklung der großräumigen, netzartigen Verteilung der Materie im Kosmos abhängt."

Warum Spiralgalaxien in der Supergalaktischen Ebene fehlen

Seit Jahren gilt es als eines der großen Rätsel der Kosmologie: In einer bestimmten Himmelsregion, Supergalaktische Ebene genannt, gibt es fast nur elliptische

Galaxien. Spiralgalaxien sind dort hingegen auffällig selten vertreten. Warum das so ist, wurde in der Fachwelt bereits viel diskutiert – manche Forscherinnen und Forscher spekulierten sogar über neue Physik jenseits bisheriger kosmologischer Modelle. Doch mit neuen Simulationen gelangte ein Forschungsteam jetzt zu einer überraschend einfachen Erklärung für das Problem. Wie die Forschenden im Fachblatt „Nature Astronomy" darlegen, liege es schlicht an unterschiedlichen physikalischen Bedingungen innerhalb und außerhalb der Supergalaktischen Ebene.

Als Supergalaktische Ebene bezeichnen Astronominnen und Astronomen den Bereich bis in eine Entfernung von etwa zwei Milliarden Lichtjahren, in dem sich viele große Galaxienhaufen befinden. Doch nicht alle Galaxien gehören zu solchen Haufen, viele ziehen ihre Bahnen als kosmische Einzelgänger abseits solcher Zusammenballungen. Die zwei Galaxienarten – Spiralgalaxien und elliptische Galaxien – sind jedoch nicht überall gleich häufig vertreten: Anders als außerhalb der Supergalaktischen Ebene sind innerhalb vor allem große elliptische Galaxien zu finden, aber nur wenige Spiralgalaxien. Eine Erklärung hierfür ließ sich bislang nicht finden – trotz zahlreicher Simulationen mit Supercomputern.

Neuer Simulationsansatz führte zur Lösung

Die bisherigen Analysen beruhen auf Simulationen von Ausschnitten des Kosmos, aus denen man wiederum auf andere Regionen des Weltalls schloss. Einen anderen Ansatz verfolgten nun Till Sawala von der Universität Helsinki und sein Team. Mit ihrer Simulation SIBELIUS DARK verfeinerten sie die Anfangsbedingungen ihrer Berechnungen. Auf diese Weise gelang es dem Team, eine der Supergalaktischen Ebene verblüffend ähnliche Struktur am Computer zu simulieren. Mehr noch: In der Simulation stießen sie genau auf die beobachtete unterschiedliche Verteilung von elliptischen Galaxien und Spiralgalaxien.

SIBELIUS DARK lieferte zudem eine Erklärung für das Phänomen: Da es in der Supergalaktischen Ebene – insbesondere innerhalb der Galaxienhaufen – sehr viel mehr Galaxien als außerhalb gibt, stoßen Galaxien dort häufiger zusammen. Daraufhin verschmelzen sie und bilden mehr große elliptische Galaxien, da die Struktur der Spiralen beim Verschmelzen verloren geht. Gleichzeitig nimmt also die Anzahl der Spiralgalaxien ab. Bisherige kosmologische Modelle können also die Beobachtungen vollständig erklären – neue Physik ist dafür nicht nötig.
79

Schwarzes Loch

Ein Schwarzes Loch ist ein Objekt, dessen Masse auf ein extrem kleines Volumen konzentriert ist und infolge dieser

Kompaktheit in seiner unmittelbaren Umgebung eine so starke Gravitation erzeugt, dass nicht einmal das Licht diesen Bereich verlassen oder durchlaufen kann. Die äußere Grenze dieses Bereiches wird Ereignishorizont genannt. Nichts kann einen Ereignishorizont von innen nach außen überschreiten – keine Information, keine Strahlung und schon gar keine Materie. Dass ein „Weg nach außen" nicht einmal mehr denkbar ist, beschreibt die allgemeine Relativitätstheorie schlüssig durch eine extreme Krümmung der Raumzeit.
Außerhalb des Ereignishorizonts verhält sich ein Schwarzes Loch wie ein normaler Massenkörper und kann von anderen Himmelskörpern auf stabilen Bahnen umrundet werden.

Der Ereignishorizont erscheint von außen visuell als vollkommen schwarzes und undurchsichtiges Objekt, das in seiner Umgebung als Gravitationslinse wirkt und den dahinterliegenden Raum visuell verzerrt. Eine direkte visuelle Beobachtung weit entfernter Schwarzer Löcher wird in der Praxis allerdings häufig durch interstellare Materie erschwert.
Es gibt unterschiedliche Klassen von Schwarzen Löchern mit ihren jeweiligen Entstehungsmechanismen. Stellare Schwarze Löcher entstehen, wenn in einem gealterten massereichen Stern der Strahlungsdruck von innen dem Gasdruck der äußeren Schichten nicht mehr standhalten kann und der Stern kollabiert. Supermassereiche Schwarze Löcher von millionen- bis milliardenfacher Sonnenmasse dagegen stehen im Zentrum von Galaxien und spielen eine wichtige Rolle in deren Entwicklung.

Die Bezeichnung *Schwarzes Loch* wurde im Jahr 1967 durch John Archibald Wheeler etabliert. Zu jener Zeit galt die Existenz der erst theoretisch beschriebenen Schwarzen Löcher zwar als sehr wahrscheinlich, war aber noch nicht durch Beobachtungen bestätigt. Später wurden zahlreiche Beispiele für Auswirkungen Schwarzer Löcher beobachtet, z. B. ab 1992 die Untersuchungen des supermassereichen Schwarzen Lochs Sagittarius A* im Zentrum der Milchstraße im Infrarotbereich. 2016 wurde die Fusion zweier Schwarzer Löcher über die dabei erzeugten Gravitationswellen durch LIGO beobachtet und 2019 gelang eine radioteleskopische Aufnahme eines Bildes des supermassereichen Schwarzen Lochs M87* im Zentrum der Galaxie M87 mit dem Event Horizon Telescope.

2022 gelang die Abbildung des Schwarzen Lochs Sagittarius A* im Zentrum der Milchstraße ebenfalls mit dem Event Horizon Telescope.
Die Anzahl stellarer schwarzer Löcher im beobachtbaren Universum wird auf 40 Trillionen geschätzt, wobei sie rund ein Prozent der gewöhnlichen Materie umfassen.

Physikalische Beschreibung

Entstehungsdynamik

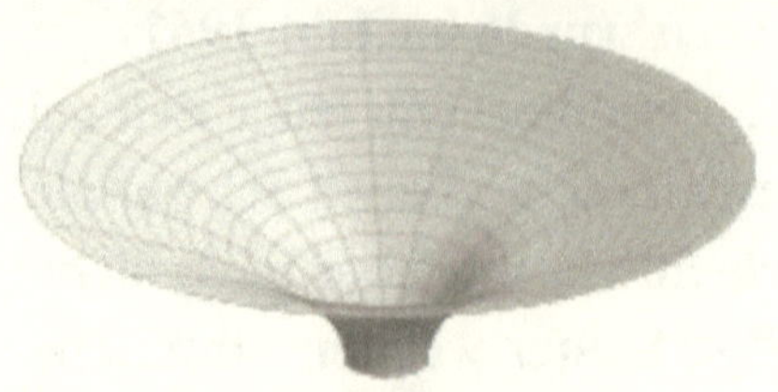

Äußere

Schwarzschildlösung

Allgemein hat die Masse eines Körpers immer Gravitationskräfte zur Folge. Wenn die Masse auf ein genügend kleines Volumen begrenzt ist, hält sich der Körper von allein zusammen: Die Gravitationskraft führt zu einer Kompression des Körpers. Normalerweise gibt es Gegenkräfte im Inneren, die eine weitere Kompression aufhalten, was zu einem Gleichgewicht zwischen Gravitation und den Gegenkräften führt. Bei den Gegenkräften kann es sich je nach Objektgröße um den thermodynamischen Druck, um die Abstoßung zwischen den Atomen oder Nukleonen oder um den Fermi-Druck handeln.

Die letzte stabile Massengrenze liegt bei etwa 1,5 bis 3,2 Sonnenmassen (Tolman-Oppenheimer-Volkoff-Grenze); bei Objekten, die leichter sind, kann der Entartungsdruck in der in entartetem Zustand vorliegenden Materie einem Gravitationskollaps erfolgreich entgegenwirken.
Wenn eine kritische Dichte überschritten wird, reichen die Gegenkräfte nicht mehr aus, um die Gravitation zu kompensieren. Ein Gravitationskollaps ist die Folge: Die Gravitationskraft steigt schneller an als die durch

Abstoßung der Teilchen resultierenden Gegenkräfte. Dadurch beschleunigt sich der Prozess selbst. Die Masse fällt auf ein verschwindendes Volumen zusammen. Die immer weiter ansteigende Gravitation verzerrt lokal den Raum und den Ablauf der Zeit, und zwar derart, dass – von einer hinreichenden Entfernung aus betrachtet – der Kollaps sich verlangsamt, die vom Geschehen abgegebenen Lichtstrahlen immer energieärmer werden, und sich das Volumen nie auf einen einzelnen Punkt zusammenzieht. Schwarze Löcher können aus massereichen Sternen am Ende ihrer Sternentwicklung entstehen. Sterne der Hauptreihe oberhalb von ca. 40 Sonnenmassen enden über die Zwischenstufen Wolf-Rayet-Stern und Supernova als Schwarzes Loch.[9] Sterne mit Massen zwischen ca. 8 und ca. 25 Sonnenmassen sowie alle massereichen Sterne mit hoher Metallizität enden als Neutronenstern. Liegt ihre Masse zwischen ca. 25 und ca. 40 Sonnenmassen, können Schwarze Löcher durch Rückfall des bei der unvollständigen Supernova abgesprengten Materials entstehen.

Gravitative Auswirkungen
Da die Masse erhalten bleibt, wächst die Dichte des Körpers über alle Grenzen. Solche Körper krümmen die Raumzeit um sich herum so stark, dass man anschaulich von einem Loch im Gefüge des Raums sprechen könnte, man nennt sie jedoch exakter Singularität. Die Singularität wird von einem Raumzeitbereich umgeben, aus dem weder Materie noch Information nach außen gelangen kann. Die Grenze dieses Bereichs ist der sogenannte Ereignishorizont,

die Entfernung des Ereignishorizontes von der Singularität ist der sogenannte Schwarzschildradius.
Der Ereignishorizont ist kein physisches Gebilde, er bezeichnet nur einen Ort oder genauer eine Grenzfläche. Ein Beobachter, der durch den Ereignishorizont hindurchfällt, würde daher selbst nichts davon bemerken. Relativistische Effekte (allgemeine Relativitätstheorie) führen aber dazu, dass ein von einem zweiten, weit entfernten Beobachter betrachteter Körper aufgrund der Zeitdilatation unendlich lange braucht, um den Ereignishorizont zu erreichen, wobei er zunehmend in rotverschobenem Licht erscheint und lichtschwächer wird.
Das Gravitationsfeld im Außenraum kugelförmiger, nichtrotierender und elektrisch ungeladener Körper wird durch die Schwarzschild-Metrik beschrieben. Sie gilt nicht nur für Schwarze Löcher, sondern für alle Körper mit diesen Eigenschaften und stellt für Sterne oder Planeten aufgrund deren geringer Rotationsgeschwindigkeit meist eine gute Näherung dar.

Der Schwarzschildradius eines hypothetischen Schwarzen Loches mit der Masse der Sonne betrüge etwa 2,9 Kilometer, eines mit Erdmasse etwa 9 Millimeter. Die verbreitete Ansicht, das Gravitationsfeld eines Schwarzen Lochs sei so gigantisch, dass es früher oder später alle Materie im Raum um sich schluckt, hat keine wissenschaftliche Grundlage. Schwarze Löcher werden von derselben Metrik beschrieben wie andere Massekörper und können ebenso stabile Umlaufbahnen ausbilden. Würde beispielsweise unsere Sonne durch ein Schwarzes Loch derselben Masse ersetzt, würde sich an den Kräfteverhältnissen im Sonnensystem nichts ändern. Die Umlaufbahnen der Planeten blieben unverändert. In einem Abstand, der deutlich kleiner als der Radius des Vorgängerobjekts ist, stellt sich jedoch ein enormer Zuwachs der Gravitationsbeschleunigung ein.

Ebenso kann der Begriff des „Verschluckens" von Materie in die Irre führen, denn Materie, die von der Gravitation eines Schwarzen Loches zu diesem hin bewegt wird, wird auf eine Kreisbahn um das Schwarze Loch gezwungen und bildet typischerweise eine Akkretionsscheibe. Auch wenn ein Teil der Materie letztlich in das Schwarze Loch fällt, so entweicht doch aufgrund der inneren Reibung eine erhebliche Menge in Form von Strahlungsenergie und häufig auch als extrem beschleunigter Teilchenstrom (Jet).

Schwarze Löcher in der allgemeinen Relativitätstheorie
Formell ergibt sich ein Schwarzes Loch aus einer speziellen Vakuumlösung der allgemeinen Relativitätstheorie, der sogenannten Schwarzschild-Lösung (nach Karl Schwarzschild, der diese Lösung als erster fand), bzw. für rotierende und elektrisch geladene Schwarze Löcher aus der Kerr-Newman-Lösung. Eine „Vakuumlösung" ist eine Lösung der Vakuumfeldgleichungen – also etwa im Außenraum um einen Stern herum, wo sich

näherungsweise keine Materie aufhält und damit der Energie-Impuls-Tensor verschwindet. Im Innern des Schwarzen Lochs bildet sich, wie Stephen Hawking und Roger Penrose gezeigt haben (Singularitäten-Theorem), im Rahmen der Beschreibung durch die klassische allgemeine Relativätstheorie eine Singularität, ein Punkt mit unendlich hoher Raumkrümmung. Allerdings ist hier der Gültigkeitsbereich der allgemeinen Relativitätstheorie überschritten und zur Beschreibung dieses Ortes eine Theorie der Quantengravitation notwendig.

Die Grenze, ab der keine Information mehr zu einem im Unendlichen befindlichen Beobachter gelangen kann, heißt Ereignishorizont. Da ein nichtrotierendes Schwarzes Loch von außen gesehen kugelförmig ist, hat der Ereignishorizont die Form einer Kugeloberfläche. Der Radius dieser Kugeloberfläche ist der Schwarzschildradius. Schwarze Löcher können bei gegebener Masse weder eine beliebig große Ladung noch einen beliebig großen Drehimpuls besitzen.

Setzt man nämlich in die entsprechenden Lösungen der allgemeinen Relativitätstheorie eine zu hohe Ladung und/oder einen zu hohen Drehimpuls ein, so ergibt sich statt eines Schwarzen Loches eine sogenannte nackte Singularität: Es bildet sich zwar eine zentrale Singularität aus, jedoch ist diese nicht von einem Ereignishorizont umgeben: Man kann sich vorstellen, dass durch die Drehung der Raumzeit die einfallende Materie so stark beschleunigt würde (Zentrifugalkraft), dass sie die

Gravitation wieder aufhebt. Im Ergebnis würde es somit keinen Ereignishorizont geben, da die Materie wieder entkommen könnte. Allerdings kann man zeigen, dass aus einem normalen Schwarzen Loch durch Zufuhr von Ladung oder Drehimpuls keine nackte Singularität entstehen kann, denn die gleichzeitig zugeführte Energie würde seine Masse ausreichend erhöhen, sodass also stets verhindert wird, dass aus dem gewöhnlichen Schwarzen Loch eines mit einer nackten Singularität entsteht. Roger Penrose nannte dies Kosmische Zensur, der Beweis der Nichtexistenz nackter Singularitäten innerhalb der allgemeinen Relativitätstheorie ist aber offen.

Der Ereignishorizont wird bei Sternen, die zu nicht rotierenden Schwarzen Löchern kollabierten, von Lichtstrahlen begrenzt (der sogenannten Photonensphäre). Diese Lichtstrahlen sind die letzten, die noch nicht von der Gravitation des Schwarzen Loches angezogen wurden. Im Falle von rotierenden Schwarzen Löchern (siehe oben) gibt es nicht nur einen Radius, auf dem Lichtstrahlen die Singularität umkreisen können, sondern unendlich viele innerhalb der Ergosphäre.

Nahe der Singularität, also deutlich innerhalb des Schwarzschildradius, ist die Verzerrung der Raumzeit so stark, dass für ein hineinfallendes Objekt auch der Empfang von Nachrichten sich auf einen schrumpfenden Horizont beschränkt. Dieses nur theoretisch zugängliche Phänomen wird asymptotisches Schweigen genannt.

Thermodynamik

Für Schwarze Löcher folgen aus der allgemeinen Relativitätstheorie Gesetze, die auffallend jenen der Thermodynamik gleichen („Hauptsätze der Schwarzloch-Dynamik"):

Der Erste Hauptsatz der „Schwarzloch-Dynamik" ist, wie in der gewöhnlichen Thermodynamik, der Energieerhaltungssatz, jedoch unter Berücksichtigung der relativistischen Energie-Masse-Äquivalenz. Zusätzlich gelten die anderen Erhaltungssätze der Mechanik und Elektrodynamik: Neben der Energie bleiben Impuls, Drehimpuls und Ladung erhalten.

Der Zweite Hauptsatz der „Schwarzloch-Dynamik" – von Stephen W. Hawking postuliert – besagt, dass die Summe der Flächen der Ereignishorizonte niemals abnehmen kann, egal was mit den Schwarzen Löchern passiert. Dies gilt nicht nur, wenn Materie in das Schwarze Loch fällt (was dessen Masse – und damit dessen Ereignishorizont – vergrößert), sondern auch für die Verschmelzung zweier Schwarzer Löcher und für jeden anderen denkbaren Prozess.

Dies entspricht dem Zweiten Hauptsatz der Thermodynamik, wobei die Fläche des Ereignishorizonts die Rolle der Entropie übernimmt.

Hawking erkannte 1974 nach Vorarbeiten des israelischen Physikers Jacob Bekenstein, dass Schwarze Löcher eine formale Entropie und eine Temperatur haben. Die formale Entropie eines Schwarzen Lochs (Bekenstein-Hawking-Entropie) ist proportional zur Oberfläche seines Horizonts und sonst nur von Naturkonstanten abhängig.

$$S_{\mathrm{SL}} = \frac{A k_{\mathrm{B}} c^3}{4 \hbar G} \quad \text{oder} \quad S_{\mathrm{SL}}/A = 1{,}321 \cdot 10^{46}\ (\mathrm{J/K}) \cdot \mathrm{m}^{-2}$$

Dabei ist die reduzierte Planck-Konstante und die Boltzmann-Konstante.

Die Temperatur entspricht dem thermischen Energiespektrum (Strahlung eines Schwarzen Körpers) der Hawking-Strahlung und ist umgekehrt proportional zur Masse des Schwarzen Lochs:

$$T = \frac{\hbar c^3}{8\pi k_{\mathrm{B}} G M} \quad \text{oder} \quad T \cdot M = 1{,}43 \cdot 10^{23}\ \mathrm{K} \cdot \mathrm{kg}$$

$$\text{oder} \quad T \cdot r_{\mathrm{s}} = \frac{\hbar c}{4\pi k_{\mathrm{B}}} = 0{,}182\,223\ \mathrm{K} \cdot \mathrm{mm}.$$

Daraus lässt sich berechnen, dass ein Schwarzes Loch mit einer Masse der Erdmasse ($6e^{24}$ kg) eine Temperatur von 0,02 K hätte, ein Schwarzes Loch von 3 Sonnenmassen ($3{\times}1e^{30}$ kg) eine Temperatur von 48 nK.

Lebensdauer

Da ein Schwarzes Loch stetig Energie in Form von Hawking-Strahlung verliert, wird es nach einer bestimmten Zeitspanne vollständig zerstrahlt sein, sofern es während

dieser Zeitspanne keine neue Masse aufnehmen kann. Diese Zeitspanne berechnet sich durch

$$\Delta t = \frac{M^3}{3\Lambda_t} \quad \text{mit } \Lambda_t \approx 4 \cdot 10^{15} \, \frac{\text{kg}^3}{\text{s}},$$

Ablenkung von Photonen am Schwarzen Loch:

Es gilt:

$$\mathbf{g}_s = \frac{G \frac{m\,ms}{r\,s^{\frac{2}{}}}}{m} = \mathbf{G} \times \frac{m\,s}{r\,s^{\frac{2}{}}} \gg \mathbf{g}_s = 6{,}67 \times 10^{-11} \frac{m^{\frac{3}{}}}{kg \times s^{\frac{2}{}}} \times$$

$$\frac{10^{\frac{12}{}} \times 1{,}989 \times 10^{\frac{30}{}}}{\left(1{,}9 \times 10^{\frac{13}{}}\right)^{\frac{2}{}}} = 367496{,}6759$$

$$\gg \frac{367496{,}6759}{\left(1{,}9 \times 10^{\frac{13}{}}\right)^{\frac{2}{}}} \times 2 \times (1{,}9 \times 10^{13}) = 155{,}1652632$$

$$\gg 155{,}1652632 \, / \, 2\,\pi \times 160 \times 1600$$

$$= 62395654{,}51 \text{ Grad Bogen}$$

80

Hawking-Strahlung

Die Hawking-Strahlung ist eine von dem britischen Physiker Stephen Hawking 1975 vorhergesagte Strahlung Schwarzer Löcher. Sie wird aus Konzepten der

Quantenfeldtheorie und der allgemeinen Relativitätstheorie abgeleitet. Eine Möglichkeit, die Existenz der Strahlung experimentell zu verifizieren, ist nach dem derzeitigen Stand der Technik nicht in Sicht.

Die Hawking-Strahlung ist auch für die aktuelle Forschung von Interesse, weil sie als potenzielles Testfeld für eine Theorie der Quantengravitation dienen könnte.

Heuristische Überlegungen führten J. D. Bekenstein bereits 1973 zu der Hypothese, dass die Oberfläche des Ereignishorizontes ein Maß für die Entropie eines Schwarzen Loches sein könnte (Bekenstein-Hawking-Entropie). Dann müsste nach der Thermodynamik einem Schwarzen Loch aber auch eine endliche Temperatur zugeordnet werden können und es müsste im thermischen Gleichgewicht mit seiner Umgebung stehen. Das ergab ein Paradoxon, da man damals davon ausging, dass keine Strahlung aus Schwarzen Löchern entkommen könne. Hawking stellte quantenmechanische Berechnungen an und fand zu seiner eigenen Überraschung, dass doch eine thermische Strahlung zu erwarten sei.

Ähnliche Phänomene wie in der Hawking-Strahlung treten in der Kosmologie auf (Gibbons-Hawking-Effekt) und bei beschleunigten Bezugssystemen (Unruh-Effekt).

Es wurden auch Experimente durchgeführt, Analoga von Hawking-Strahlung in anderen physikalischen Systemen zum Beispiel in Optik und Akustik mit Schwarze-Loch-Analoga nachzuweisen.

Anschauliche Interpretation

Hawking hat in seiner Veröffentlichung im Jahre 1975 und auch in mehreren populärwissenschaftlichen Büchern intuitive Erläuterungen geboten, die gemäß eigener Aussage allerdings nicht allzu wörtlich zu nehmen sind: Im Gegensatz zur klassischen Physik ist in der Quantenelektrodynamik (und anderen Quantenfeldtheorien) das Vakuum kein „leeres Nichts", sondern erlaubt vielmehr Vakuumfluktuationen. Vakuumfluktuationen bestehen aus virtuellen Teilchen-Antiteilchen-Paaren. Solche Paare können sowohl massebehaftete als auch masselose Teilchen wie etwa Photonen sein. Derartige Vakuumfluktuationen existieren auch in der unmittelbaren Nähe des Ereignishorizontes Schwarzer Löcher. Fällt ein Teilchen (oder Antiteilchen) in das Schwarze Loch, so werden die beiden Partner durch den Ereignishorizont getrennt. Der in das Schwarze Loch fallende Partner trägt negative Energie, während der zweite Partner, der als reales Teilchen (oder Antiteilchen) in den freien Raum entkommt, positive Energie trägt.

„Nach der einsteinschen Gleichung $E=mc^2$ ist die Energie proportional zur Masse. Fließt negative Energie in das Schwarze Loch, verringert sich infolgedessen seine Masse". An anderer Stelle benutzt Hawking eine andere Interpretation von Teilchen-Antiteilchen-Paaren, um die Hawking-Strahlung zu veranschaulichen: Da ein Teilchen oder Antiteilchen negativer Energie auch als Antiteilchen oder Teilchen positiver Energie aufgefasst werden kann, das rückwärts in der Zeit läuft, könnte man ein in das

Schwarze Loch fallendes Teilchen/Antiteilchen so interpretieren, dass es aus dem Schwarzen Loch kommt und am Ereignishorizont durch das Gravitationsfeld in die Zeit-Vorwärtsrichtung gestreut wird.

Diejenigen Teilchen oder Antiteilchen, die dem Schwarzen Loch entkommen, bilden die Hawking-Strahlung. Sie ist thermischer Natur in der Art von Schwarzkörperstrahlung und mit einer bestimmten Temperatur verbunden, der sogenannten Hawking-Temperatur, die sich umgekehrt proportional zur Masse des Schwarzen Lochs verhält.

Da die Vakuumfluktuationen durch eine starke Krümmung der Raumzeit begünstigt werden, ist dieser Effekt besonders bei Schwarzen Löchern geringer Masse bedeutsam. Schwarze Löcher geringer Masse sind von geringer Ausdehnung, d. h., sie haben einen kleineren Schwarzschildradius. Die den Ereignishorizont umgebende Raumzeit ist entsprechend stärker gekrümmt. Je größer und damit massereicher ein Schwarzes Loch ist, desto weniger strahlt es also. Je kleiner ein Schwarzes Loch ist, umso höher ist seine Temperatur und aufgrund stärkerer Hawking-Strahlung verdampft es umso schneller.

Große Schwarze Löcher, wie sie aus Supernovae entstehen, haben eine so geringe Strahlung (überwiegend Photonen), dass diese im Universum nicht nachweisbar ist. Kleine Schwarze Löcher haben dagegen nach dieser Theorie eine deutliche Wärmestrahlung, was dazu führt, dass ihre Masse rasch abnimmt. So hat ein Schwarzes Loch der Masse 10^{12} Kilogramm – der Masse eines Berges – eine Temperatur von etwa 10^{11} Kelvin, so dass neben Photonen auch massebehaftete Teilchen wie Elektronen und

Positronen emittiert werden. Dadurch steigt die Strahlung weiter an, sodass ein so kleines Schwarzes Loch in relativ kurzer Zeit völlig zerstrahlt (verdampft). Sinkt die Masse unter 1000 Tonnen, so explodiert das Schwarze Loch mit der Energie mehrerer Millionen Mega- bzw. Teratonnen TNT-Äquivalent. Die Lebensdauer eines Schwarzen Loches ist proportional zur dritten Potenz seiner ursprünglichen Masse und beträgt bei einem Schwarzen Loch mit der Masse unserer Sonne ungefähr 10^{64} Jahre. Sie liegt damit jenseits sämtlicher Beobachtungsgrenzen.

Die Ableitung der Formel für die Temperatur erfolgte in der ursprünglichen Arbeit von Hawking in semiklassischer Näherung. Da ein Teil der erzeugten Strahlung durch das Gravitationsfeld in das Schwarze Loch zurückgestreut wird, sind Schwarze Löcher eher als „graue Strahler" zu verstehen, mit einer gegenüber dem Modell des schwarzen Körpers verminderten Strahlungsintensität.

Die Näherungen bei der Herleitung gelten nur für Schwarze Löcher mit großer Masse, da angenommen wurde, dass die Krümmung des Ereignishorizontes vernachlässigbar klein ist, so dass „gewöhnliche" Quantenmechanik in der Hintergrund-Raumzeit (im Fall des Schwarzen Lochs die Schwarzschild-Metrik oder deren Verallgemeinerungen) betrieben werden kann. Für sehr kleine Schwarze Löcher sollte die Intensitätsverteilung deutlich von der eines schwarzen Strahlers abweichen, weil in diesem Fall die quantenmechanischen Effekte so bestimmend werden, dass die semiklassische Näherung nicht mehr gilt.

Aus der von Hawking gefundenen Formel für die Temperatur ergab sich über

$$\mathrm{d}E = T\mathrm{d}S \text{ mit } E = Mc^2$$

$$\frac{1}{T_\mathrm{H}} = \frac{8\pi k_\mathrm{B} G}{\hbar\, c^3} \cdot M = \frac{8\pi k_\mathrm{B} G}{\hbar\, c^5} \cdot E = \frac{\mathrm{d}S}{\mathrm{d}E} \quad \Rightarrow \quad \mathrm{d}S = \frac{8\pi k_\mathrm{B} G}{\hbar\, c^5} \cdot E\,\mathrm{d}E$$

durch Integration eine Formel für die Entropie

$$S = \frac{4\pi k_\mathrm{B} G}{\hbar\, c^5} \cdot E^2 = \frac{4\pi k_\mathrm{B} G}{\hbar\, c} \cdot M^2 = \frac{k_\mathrm{B} c^3}{4\hbar G} \cdot 4\pi \left(\frac{2GM}{c^2}\right)^2$$

$$= \frac{k_\mathrm{B} c^3}{4\hbar G} \cdot 4\pi r_\mathrm{S}^2 = \frac{k_\mathrm{B} c^3}{4\hbar G} \cdot A_\mathrm{H}$$

mit dem Schwarzschildradius
und der Fläche des Ereignishorizonts . Diese Entropie stimmt bis auf Vorfaktoren mit der von Bekenstein mit heuristischen Argumenten abgeleiteten Formel

$$S_\mathrm{Bekenstein} = \frac{\ln 2}{2\pi} \cdot \frac{k_\mathrm{B} c^3}{4\hbar G} \cdot A_\mathrm{H}$$

überein.

Abschätzungen

Von der Größenordnung her lässt sich die Hawking-Temperatur folgendermaßen herleiten:[8] **Das Wiensche Verschiebungsgesetz ergibt ein Maximum der Schwarzkörperstrahlung bei Wellenlängen Bei Schwarzen Löchern kommt als Längeneinheit nur der Schwarzschildradius in Betracht, so dass und sich die Temperatur (in Kelvin) ergibt:**

$$T/\mathrm{K} \approx \frac{\hbar c^3}{k_\mathrm{B}\,GM}/\mathrm{K} \approx 10^{-6}\frac{M_\odot}{M}$$

mit der Sonnenmasse .
Auf ähnliche Weise lässt sich die Strahlungsleistung nach dem Stefan-Boltzmann-Gesetz abschätzen:

$$P \approx c\frac{(k_\mathrm{B}T)^4}{(\hbar c)^3}A \approx c\frac{\hbar c}{r_\mathrm{S}{}^4}r_\mathrm{S}{}^2 \approx \frac{\hbar c^6}{G^2 M^2}$$

mit der Fläche , dem Schwarzschildradius und der oben abgeschätzten Temperatur . In der Maßeinheit Watt ergibt sich:

$$P/\mathrm{W} \approx 2\cdot 10^{37}(M/\mathrm{kg})^{-2} \approx 5\cdot 10^{-24}(M/M_\odot)^{-2}$$

Die Lebensdauer ergibt sich der Größenordnung nach aus zu:

$$\tau \approx \frac{G^2 M^3}{\hbar c^4}$$

bzw.

$$\tau \approx 10^{-20} \left(\frac{M}{\text{kg}}\right)^3 \text{Sekunden}$$

$$\approx 10^{63} \cdot \left(\frac{M}{M_\odot}\right)^3 \text{Jahre.}$$

Die korrekte Berechnung nach Hawking führt zu

$$\tau = \frac{5120\pi G^2 M^3}{\hbar c^4} = \frac{480 c^2 V}{\hbar G} \approx 2{,}1 \cdot 10^{67} \cdot \left(\frac{M}{M_\odot}\right)^3 \text{Jahre}$$

mit dem Volumen des Schwarzen Lochs

$$V = \frac{4\pi}{3} r_s^3.$$

Details

Hawking betrachtet die freie Klein-Gordon-Gleichung

$$-g^{ab}\nabla_a\nabla_b\phi = 0$$

eines masselosen Skalarfeldes.

Er führt nun die beiden Hyperflächen und ein, welche den Außenraum des Schwarzen Loches in der fernen, asymptotischen Vergangenheit (-) und der fernen Zukunft (+) darstellen. Auf diesen Hyperflächen gibt es vollständige Funktionensysteme und , mittels derer der Feldoperator als Fouriersumme von Erzeugern und Vernichtern dargestellt werden kann:

$$\phi = \sum_i [f_i a_i + \bar{f}_i a_i^\dagger]$$

$$\phi = \sum_i [p_i b_i + \bar{p}_i b_i^\dagger] + \dots$$

"…" steht dabei für ein weiteres Funktionensystem auf der lichtartigen Hyperfläche des Ereignishorizontes. Das ist zwar prinzipiell notwendig, um ein eindeutig lösbares Anfangswertproblem zu erhalten, aber für die weitere Rechnung nicht weiter wichtig.

Hawking definiert dann den Vakuumzustand

$$a_i |0_-\rangle = 0$$

bezüglich der von einlaufenden Teilchen.

Der allgemeine Zusammenhang zwischen den beiden Familien von Erzeugern und Vernichtern besteht nun in der Bogoljubov-Transformation

$$p_i = \sum_j \left[\alpha_{ij} f_j + \beta_{ij} \bar{f}_j \right]$$

$$b_i = \sum_j \left[\bar{\alpha}_{ij} a_j - \bar{\beta}_{ij} a_j^\dagger \right]$$

Hawking zeigt im Folgenden, dass die Streuung der aus einlaufenden Moden am Schwarzen Loch dazu führt, dass ein Beobachter auf dem Zustand einen nicht-verschwindenden Teilcheninhalt

$$\langle 0_- | b_i^\dagger b_i | 0_- \rangle = \sum_{ij} |\beta_{ij}|^2 > 0$$

zuschreibt. Die Erzeugungsrate der Teilchen folgt dabei direkt aus den Koeffizienten der Bogoljubov-Transformation. Diese mischen den Vernichtern auf einen Anteil von Erzeugern auf bei.
Die Streuung der Moden erfolgt dabei sowohl an der äußeren Schwarzschildgeometrie als auch an der Geometrie des Innenraums des kollabierenden Sterns.

Letztere ergibt einen nicht-trivialen Beitrag zu den   -Moden, die dann die spezielle Form der Bogoljubov-Koeffizienten bewirken.

Der Beitrag einer Mode mit Radialfrequenz ist dabei

$$p_i \sim \frac{1}{e^{2\pi\omega/\kappa} - 1}$$

mit . D. h., es liegt thermische Strahlung mit Temperatur (in natürlichen Einheiten**) entsprechend der Bose-Einstein-Statistik vor.**

Hawking erläutert grob, dass für Fermionen ein Verlauf

$$p_i \sim \frac{1}{e^{2\pi\omega/\kappa} + 1}$$

entsprechend der Fermi-Dirac-Statistik zu erwarten ist. Der Beitrag massebehafteter Teilchen ist exponentiell unterdrückt, da in diesem Fall in der Frequenz bzw. der die Masse entsprechend zu berücksichtigen ist.

Neutronenstern

Ein Neutronenstern ist ein astronomisches Objekt, dessen wesentlicher und namensgebender Bestandteil Neutronen sind. Ein Neutronenstern stellt ein Endstadium in der Sternentwicklung eines massereichen Sterns dar. Neutronensterne sind kugelförmige Körper mit typischen Radien von etwa 10 bis 12 km, nach stellaren Maßstäben also sehr klein. Die Massen der bislang entdeckten Neutronensterne liegen zwischen etwa 1,2 und 2,35 Sonnenmassen, damit sind sie extrem kompakt. Ihre Dichte nimmt von etwa $1e^9$ kg/m^3 (1 Tonne pro

Kubikzentimeter) an ihrer Kruste mit der Tiefe bis auf etwa $6e^{17}$ bis $8e^{17}$ kg/m^3 zu, was etwa der dreifachen Dichte eines Atomkerns entspricht. Die mittlere Dichte eines Neutronensterns beträgt etwa 3,7 bis $5.9e^{17}$ kg/m^3. Damit sind Neutronensterne die dichtesten bekannten Objekte ohne Ereignishorizont. Typische Sterne dieser Art rotieren durch die Erhaltung des Drehimpulses sehr schnell und haben ein starkes Magnetfeld.

Der am schnellsten rotierende bekannte Neutronenstern ist der 2004 entdeckte PSR J1748-2446ad mit 716 Umdrehungen pro Sekunde. Das bedeutet bei einem angenommenen Radius von 16 km, dass die Umfangsgeschwindigkeit an seinem Äquator etwas über 70.000 km/s beträgt, was fast einem Viertel der Lichtgeschwindigkeit entspricht. Eine für den 1999 entdeckten Neutronenstern XTE J1739-285 angenommene noch höhere Rotationsfrequenz von 1122 Hz konnte in späteren Untersuchungen nicht bestätigt werden.

Neutronensternen gilt intensives Forschungsinteresse, da Details ihres dynamischen Verhaltens und ihrer Zusammensetzung noch unbekannt sind und an ihnen extreme Materieeigenschaften unter in der Natur beobachtbaren Bedingungen untersucht werden können.

Entstehung

Neutronensterne entstehen aus massereichen Sternen der Hauptreihe am Ende ihrer Entwicklung. Zwei Wege der Entwicklung zum Neutronenstern werden unterschieden.

1. Wenn die Masse des ursprünglichen Hauptreihen-Sterns zwischen 8 und etwa 12 Sonnenmassen lag, resultiert ein Neutronenstern mit einer Masse von ca. 1,25 Sonnenmassen. Durch das Kohlenstoffbrennen entsteht ein Sauerstoff-Neon-Magnesium-Kern. Ein Vorgang der Entartung schließt sich an. Infolge Überschreitens der Roche-Grenze kommt es durch Wind Roche-Lobe Overflow zu Masseverlust. Nach Annäherung an die Chandrasekhar-Grenze kollabiert er zum Neutronenstern. Dieser bewegt sich mit ähnlicher Geschwindigkeit wie der ursprüngliche Stern durch den Raum. Diesen Weg können Sterne durchlaufen, die Teil eines wechselwirkenden Doppelsternes waren, während Einzelsterne dieser Masse sich zum AGB-Stern entwickeln, dann weiter Masse verlieren und so zum Weißen Zwerg werden.

2. Wenn die Masse des ursprünglichen Hauptreihen-Sterns größer als etwa 12 Sonnenmassen war, resultiert ein Neutronenstern mit einer Masse von mehr als 1,3 Sonnenmassen. Nachdem durch das Kohlenstoffbrennen ein Sauerstoff-Neon-Magnesium-Kern entstanden ist, folgen als weitere Entwicklungsstufen das Sauerstoffbrennen und das Siliciumbrennen, sodass ein Eisen-Kern entsteht. Sobald dieser eine kritische Masse überschreitet, kollabiert er zum Neutronenstern. Ein auf diesem Weg entstandener Neutronenstern bewegt sich

wesentlich schneller durch den Raum als der ursprüngliche Stern und kann 500 km/s erreichen. Die Ursache wird in den enormen Bewegungen der Konvektion im Kern während der letzten beiden Phasen des Brennens gesehen, die die Homogenität der Dichte des Sternenmantels derartig beeinträchtigt, dass Neutrinos in asymmetrischer Weise ausgestoßen werden. Diesen Weg können Sterne durchlaufen, die Einzelsterne oder Teil eines nicht wechselwirkenden Doppelsterns waren.

Beiden Wegen ist gemeinsam, dass als späte Entwicklungsphase ein unmittelbarer Vorläuferstern entsteht, dessen Kernmasse gängigen Modellen zufolge zwischen 1,4 Sonnenmassen (Chandrasekhar-Grenze) und etwa 3 Sonnenmassen (Tolman-Oppenheimer-Volkoff-Grenze) liegen muss, damit über eine Kernkollaps-Supernova (Typen II, Ib, Ic) der Neutronenstern entsteht.

Liegt die Masse darüber, entsteht stattdessen ein Schwarzes Loch, liegt sie darunter, erfolgt keine Supernovaexplosion, sondern es entwickelt sich ein Weißer Zwerg. Astronomische Beobachtungen zeigen jedoch Abweichungen von den genauen Grenzen dieses Modells, denn es wurden Neutronensterne mit weniger als 1,4 Sonnenmassen gefunden.

Sobald sich durch das Siliciumbrennen im Kern Eisen angereichert hat, ist keine weitere Energiegewinnung über Kernfusion mehr möglich, da für eine weitere Fusion aufgrund der hohen Bindungsenergie pro Nukleon des

Eisens Energie aufgewendet werden müsste, anstatt freigesetzt zu werden. Ohne diese Energiegewinnung nimmt der Strahlungsdruck im Inneren des Sterns ab, der der Gravitation im Inneren des Sterns entgegenwirkt. Nur solange sich die einander entgegenwirkenden Kräfte von Strahlungsdruck und Gravitation im Gleichgewicht befinden, bleibt der Stern stabil – durch die Abnahme des Strahlungsdrucks wird der Stern instabil und kollabiert. Wenn der Stern durch die Abnahme des Strahlungsdrucks kollabiert, wird der Kern durch die auf ihn einstürzenden Massen der Sternenhülle und durch seine eigene, nun „übermächtige" Gravitation stark komprimiert. Dadurch wird die Temperatur auf ca. 10^{11} Kelvin erhöht. Dabei wird Strahlung abgegeben, wovon Röntgenstrahlung den größten Anteil hat. Die so freigesetzte Energie ruft eine Photodesintegration der Eisen-Atomkerne in Neutronen und Protonen hervor sowie den Elektroneneinfang der Elektronen von den Protonen, sodass Neutronen und Elektron-Neutrinos entstehen.

Da die Umwandlung der Protonen und Elektronen in Neutronen endotherm ist, wird diese Energie letztlich aus der Gravitation beim Kollaps gespeist.
Auch nach diesem Prozess schrumpft der Kern noch weiter, bis die Neutronen einen so genannten Entartungsdruck aufbauen, der die weitere Kontraktion schlagartig stoppt. Bei dem Kollaps des Sterns werden etwa 10 % seiner Gravitationsenergie freigesetzt, und zwar im Wesentlichen durch die Emission von Neutrinos. Im Kern des Sterns entstehen Neutrinos in durch diese Vorgänge bedingter großer Zahl und stellen ein heißes Fermigas dar.

Diese Neutrinos entfalten nun kinetische Energie und streben nach außen. Andererseits fällt Materie äußerer Schichten des kollabierenden Sterns auf seinen Kern zurück. Dieser weist aber bereits extreme Dichte auf, sodass die Materie abprallt. Sie bildet eine Hülle um den Kern und unterliegt starker, durch Entropie getriebener Konvektion. Sobald sich durch die Neutrinos genügend Energie angesammelt hat und einen Grenzwert überschreitet, prallen die zurückfallenden äußeren Schichten an den Grenzflächen endgültig ab und werden durch die Neutrinos stark beschleunigt, sodass sich das kompakte Sternenmaterial explosiv auf einen großen Raum verteilt. Dies ist eine der wenigen bekannten Situationen, in denen Neutrinos wesentlich mit normaler Materie wechselwirken. Somit wurde die thermische Energie in elektromagnetische Wellen umgewandelt, die innerhalb weniger Minuten explosiv freigesetzt wird und die Kernkollaps-Supernova weithin sichtbar macht.

Durch diese Supernova werden zudem per Nukleosynthese schwerere Elemente als Eisen gebildet.
Bei sehr massereichen Hauptreihe-Sternen von mehr als ca. 40 Sonnenmassen kann die Energie der nach außen strebenden Neutrinos die Gravitation des zurückfallenden Materials nicht kompensieren, sodass anstelle der Explosion ein Schwarzes Loch entsteht.
Bemerkenswert ist, dass die Bildung des Neutronensterns zunächst vollständig im Kern des Sternes abläuft, während der Stern äußerlich unauffällig bleibt. Erst nach einigen Tagen wird die Supernova nach außen sichtbar. So können

Neutrinodetektoren eine Supernova früher nachweisen als optische Teleskope.

Auch gibt es einen Nebenweg der Entwicklung zu Neutronensternen, der für weniger als 1 % dieser Sterne zutrifft. Dabei überschreitet ein Weißer Zwerg eines wechselwirkenden Doppelsternes die Chandrasekhar-Grenze, indem er Material von dem anderen Stern aufnimmt. Er bildet keine feste Hülle und explodiert daher.

Aufbau

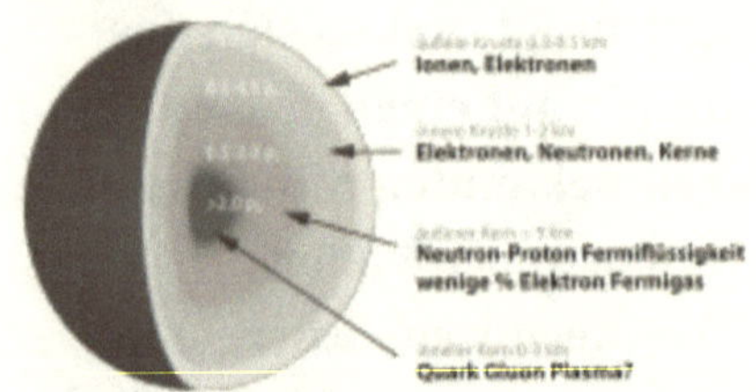

Aufbau eines Neutronensterns Die spezifische Dichte ist in Einheiten von ρ_0 angegeben.

Das ist die Dichte, bei der die Nukleonen sich zu berühren

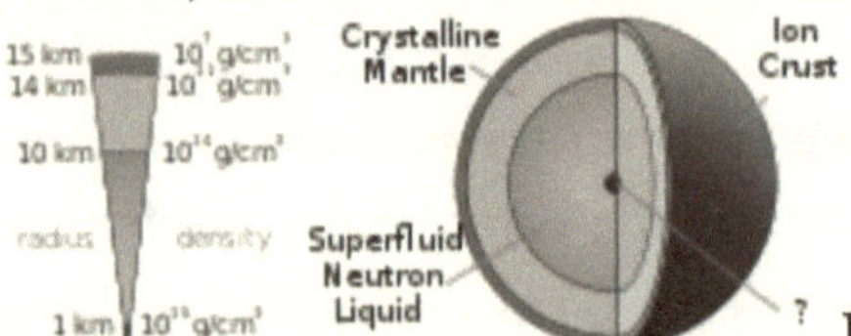

beginnen. **Dichteverteilung**

Aus den bekannten Eigenschaften der beteiligten Teilchen ergibt sich für einen Neutronenstern von 20 km Durchmesser folgende Schalenstruktur:

An der Oberfläche herrscht der Druck null. Da freie Neutronen in dieser Umgebung instabil sind, gibt es dort nur Eisenatomkerne und Elektronen. Diese Atomkerne bilden ein Kristallgitter. Aufgrund der enormen Schwerkraft sind jedoch die höchsten Erhebungen auf der Oberfläche maximal einige Millimeter hoch. Eine mögliche Atmosphäre aus heißem Plasma hätte eine maximale Dicke von einigen Zentimetern.

Die Zone aus kristallinen Eisenatomkernen setzt sich bis in eine Tiefe von etwa 10 m fort. Dabei steigt die mittlere Dichte des Kristallgitters auf etwa ein Tausendstel der Dichte von Atomkernen. Ferner nimmt der Neutronenanteil der Atomkerne zu. Es bilden sich neutronenreiche Eisenisotope, die nur unter den dortigen extremen Druckverhältnissen stabil sind.

Ab einer Tiefe von 10 m ist der Druck so hoch, dass auch freie Neutronen Bestand haben. Dort beginnt die sogenannte *innere Kruste*: eine Übergangsschicht, die eine Dicke von 1 bis 2 km hat.

In ihr existieren Bereiche aus kristallinen Eisenatomkernen neben solchen aus Neutronenflüssigkeit, wobei mit zunehmender Tiefe der Eisenanteil von 100 % auf 0 % abnimmt, während der Anteil der Neutronen entsprechend zunimmt. Ferner steigt die mittlere Dichte auf die von Atomkernen und darüber hinaus. Am unteren Rand der inneren Kruste kann sich eine nukleare Pasta bilden.

Im Anschluss an die innere Kruste besteht der Stern überwiegend aus Neutronen, die mit einem geringen Anteil von Protonen und Elektronen im thermodynamischen Gleichgewicht stehen. Sofern die Temperaturen hinreichend niedrig sind, verhalten sich die Neutronen dort supraflüssig und die Protonen supraleitfähig. Für einen typischen Neutronenstern liegt die zugehörige kritische Temperatur bei etwa 10^{11} Kelvin; Neutronensterne werden also bereits sehr kurz nach ihrer Entstehung supraflüssig. Welche Materieformen ab einer Tiefe vorliegen, bei der die Dichte auf das Fünf- bis Zehnfache der von Atomkernen steigt, ist unbekannt, da sich derartige Dichten bisher auch bei Kollisionen von Atomkernen in irdischen Teilchenbeschleunigern nicht erzeugen und damit auch nicht studieren lassen.

Schon darunter beginnt möglicherweise eine Kernzone mit Pionen oder Kaonen. Da diese Teilchen Bosonen sind und nicht dem Pauli-Prinzip unterliegen, könnten einige den gleichen energetischen Grundzustand einnehmen und damit ein sogenanntes Bose-Einstein-Kondensat bilden. Dabei könnten sie dem enormen Außendruck wenig entgegensetzen, so dass ein zweiter Kollaps zu einem Schwarzen Loch möglich wäre.

Eine weitere Möglichkeit wäre das Vorliegen freier Quarks. Da neben Up- und Down-Quarks auch Strange-Quarks vorkämen, bezeichnet man ein solches Objekt als „seltsamen Stern" (engl. *strange* = seltsam) oder Quarkstern. Eine derartige Materieform würde durch die starke Wechselwirkung stabilisiert und könnte daher auch ohne den gravitativen Außendruck existieren. Da Quarksterne dichter und damit kleiner sind, sollten sie rascher rotieren können als reine Neutronensterne. Ein Pulsar mit einer Rotationsperiode unter 0,5 ms wäre bereits ein Hinweis auf die Existenz dieser Materieform.

Bei vier Pulsaren wurde mehrfach ein plötzlicher winziger Anstieg der Rotationsfrequenz beobachtet, gefolgt von einer mehrtägigen Relaxationsphase. Dabei könnte es sich um eine Art Beben handeln, bei dem ein Austausch von Drehimpuls zwischen der kristallinen Eisenkruste und den weiter innen reibungsfrei rotierenden Wirbeln aus supraflüssiger Neutronenflüssigkeit stattfindet.

Ablenkung von Photonen am Schwarzen Neutronenstern:

Es gilt:

$$g_s = \frac{G\,\frac{m\,ms}{r\,s^2}}{m} = G \times \frac{m\,s}{r\,s^2} \gg g_s = 6{,}67 \times 10^{-11}\,\frac{m^3}{kg \times s^2} \times$$

$$\frac{2{,}16 \times 1{,}989 \times 10^{30}}{(11000)^2} = 2{,}605083709 \times 10^{16}$$

$$\gg \frac{2{,}605083709 \times 10^{16}}{\left(3{,}00 \times 10^8\right)^2} \times 2 \times (11000000) = 0{,}5789074909$$

$$\gg 0{,}5789074909 \,/\, 2\,\pi \times 160 \times 1600$$

$$= 232792{,}5146 \text{ Grad Bogen}$$

81

Pulsar

Ein Pulsar (Kunstwort aus englisch *pulsating source of radio emission*, „pulsierende Radioquelle") ist ein schnell rotierender, stark magnetisierter Neutronenstern. Sie bestehen zu annähernd 90 % aus Neutronen, besitzen eine Masse, die etwa dem Eineinhalbfachen der Sonnenmasse entspricht aber komprimiert auf einen Radius von nur ca. 10 km. Neutronensterne sind damit quasi überdimensionale Atomkerne in den Weiten des Universums. Das starke, mit dem Neutronenstern rotierende Magnetfeld führt zu starken elektromagnetischen Feldern die wiederum geladene Teilchen entlang der Magnetfelder beschleunigen. Da die Magnetfelder gekrümmt sind und geladene Teilchen, die sich auf gekrümmten Bahnen bewegen, eine beschleunigte Bewegung ausführen, strahlen die Teilchen intensive Krümmungsstrahlung (quasi Synchrotronstrahlung) ab.

Während es sich bei der von Neutronensternen abgegebenen Radiostrahlung um kohärente Strahlung handelt, quasi 10^{27} Elektronen bewegen sich gleichphasig entlang der Magnetfeldlinien, handelt es sich bei der von Pulsaren im optischen, Röntgen- und Gammastrahlenbereich detektierten Strahlung um Einteilchenprozesse. Zur gepulsten Strahlung (die diesen Sternen den Namen gegeben hat) kommt es dabei, wenn die Rotationsachse und Magnetfeldachse des Neutronensterns in ihrer Ausrichtung voneinander abweichen. Liegt die Erde in dem engen Strahlungskegel der von

Neutronensternen abgegebenen Strahlung, beobachtet man mit Teleskopen wie von Leuchttürmen periodisch wiederkehrende Signale. Pulsare strahlen bei allen Wellenlängen über das gesamte elektromagnetische Spektrum. Je nach galaktischer Absorption und Empfindlichkeit des Beobachtungsinstrumentes ist diese breitbandige elektromagnetische Strahlung jedoch nicht von allen Pulsaren gleich gut zu beobachten. Von den heute mehr als 3300 bekannten Radiopulsaren ließen sich bisher nur etwa 2 % im sichtbaren Bereich beobachten. Im Röntgen- und Gammastrahlenbereich sind es etwa 10 %

Entstehung eines Pulsars

Nach einer Supernova eines massereichen Sterns, einer sehr komplexen Explosion, bleibt in einem heißen, ionisierten Gasnebel ein Neutronenstern zurück,

dieser besteht aus einem Teil der Materie des ursprünglichen Sterns (1,44 bis 3 Sonnenmassen) auf kleinstem Raum (Durchmesser um 20 Kilometer). Darüber hinaus behält der gesamte Supernova-Überrest aus Neutronenstern und Gasnebel seinen Drehimpuls bei, und das Magnetfeld des ursprünglichen Sterns wird im Neutronenstern komprimiert. Des Weiteren gibt es elektrische Potentialdifferenzen in der Größenordnung von 10^{11} Volt.
Ein Pulsar bezieht seine Strahlungsenergie
  • aus Akkretion, siehe Röntgendoppelstern,

- **aus dem Magnetfeld, siehe Magnetar,**
- **und im Normalfall aus der Rotationsenergie.**

Durch die Erhaltung des Drehimpulses und die starke Verkleinerung der räumlichen Ausdehnung beschleunigt sich die Rotation des Neutronensterns so sehr, dass die Rotationsdauer statt mehrerer Tage nur noch Sekunden oder Sekundenbruchteile beträgt. Die Folge ist ein sehr kompakter Himmelskörper mit einem starken Magnetfeld (typische Flussdichten von 10^8 Tesla), der sich innerhalb des ionisierten Gasnebels schnell dreht.

Entstehung der gepulsten Strahlung
Pulsare sind wie alle Neutronensterne unterhalb einer festen Kruste suprafluid sowie supraleitend und haben eine Dichte im Bereich der von Atomkernen, d. h. rund $2 \cdot 10^{17}$ kg/m^3 = $2 \cdot 10^{14}$ g/cm^3.
Die Magnetfeldrichtung des Neutronensterns schließt mit der Drehachse einen bestimmten Winkel ein.

Wenn die Magnetfeldrichtung von der Drehachse abweicht, bewegen sich die Magnetfeldlinien schnell durch den ionisierten Gasnebel. Da elektrisch geladene Teilchen sich nur längs der Feldlinien frei bewegen können, werden sie von dem rotierenden Magnetfeld mitgenommen und strahlen dabei elektromagnetische Wellen ab. Infolge der Rotation streichen die elektromagnetischen Wellen wie das Licht eines Leuchtturms über die Umgebung. Nur wenn die Erde innerhalb des Doppelkegels liegt, der von der Richtung der elektromagnetischen Strahlung überstrichen wird, kann die gepulste Strahlung beobachtet werden.

Ein Pulsar strahlt die elektromagnetischen Wellen über einen weiten Wellenbereich ab, die vorwiegenden Anteile können im Frequenzbereich von Radiowellen (Radiopulsar), sichtbarem Licht oder im Bereich der Röntgenstrahlung (Röntgenpulsar) liegen. Jüngere Pulsare neigen eher dazu, höherenergetische Strahlung abzugeben.

Abschätzungen

Unter vereinfachten Annahmen lassen sich die Rotationsgeschwindigkeit und Rotationsenergie eines Pulsars abschätzen. Der Ausgangskörper sei sonnenähnlich und habe eine konstante Dichte, genauso wie der kontrahierte Neutronenstern.

Ausgangsgrößen:

- Sonnenradius: 7×10^8 m
- Sonnenmasse: 2×10^{30} kg
- Rotationsdauer: 25,4 Tage; Winkelgeschwindigkeit: 3×10^{-6} s^{-1}

Endgrößen:

- Radius des Neutronensterns: $1,6 \times 10^4$ m (16 km)
- Masse: unverändert 2×10^{30} kg

Das Trägheitsmoment Θ ($\Theta = 2/5 \cdot M \cdot R^2$) verringert sich quadratisch, wenn der Radius R sich verkleinert, bei konstanter Masse M. Da der Drehimpuls L ($L = \Theta \cdot \omega$) erhalten bleibt, muss sich die Umdrehungsgeschwindigkeit ω um das Verhältnis der Trägheitsmomente von Sonne und Neutronenstern vergrößern. Um den gleichen Faktor erhöht sich die Rotationsenergie E ($E_{rot} = 1/2 \cdot \omega \cdot L$). Daraus ergeben sich folgende Werte:

- Verhältnis der Trägheitsmomente von Sonne und Neutronenstern: 2×10^9
- Rotationsenergie der Sonne: $1,5 \times 10^{36}$ J
- Rotationsenergie des Neutronensterns: 3×10^{45} J
- Rotationsdauer: $0,001$ s $= 1$ ms

In der einfachen Abschätzung würde die Umlaufgeschwindigkeit am Äquator der Oberfläche ein Mehrfaches der Lichtgeschwindigkeit betragen. Da dies unmöglich ist, kann ein Stern nur kontrahieren, wenn er Masse abstößt und seinen Drehimpuls verringert. Die Rotationsenergie liegt im Bereich um 10^{40} J.

Millisekundenpulsare

Ein Pulsar ist ein schnell rotierender Neutronenstern.

Die Symmetrieachse seines Magnetfelds weicht von der Rotationsachse ab, weshalb er Synchrotronstrahlung entlang der Dipolachse aussendet.
Pulsare mit einer Rotationsdauer unterhalb von 20 Millisekunden (d. h. mehr als 50 Rotationen pro Sekunde) werden Millisekundenpulsare genannt. Neben der schnelleren Rotation unterscheiden sie sich von anderen Pulsaren auch durch

- ihr schwächeres Magnetfeld von weniger als 10^4 Tesla,
- ihre langsame Rotationsabnahme,

- ihr hohes charakteristisches Alter
- sowie ihr bevorzugtes Vorkommen in Doppelsternsystemen (75 Prozent) im Vergleich zu anderen Pulsaren (weniger als 1 Prozent).

Die maximale Rotationsfrequenz für Neutronensterne dürfte bei ca. 1500 Hertz liegen, da bei höheren Rotationsgeschwindigkeiten eine starke Abstrahlung von Gravitationswellen einsetzen müsste.

Für das Entstehen von Millisekundenpulsaren sind zwei Szenarien bekannt:

- Beim Recycling alter Pulsare in Doppelsternsystemen wird über die Akkretion von Materie, die vom Begleiter auf den Neutronenstern fließt, Drehimpuls auf den erlöschenden Pulsar übertragen und damit die schnelle Rotation erreicht. Als unmittelbare Vorgänger der Millisekundenpulsare gelten die Röntgendoppelsterne geringer und mittlerer Masse.

  Da die Rotationsachse des Pulsars aufgrund der Akkretion senkrecht auf der Bahnebene steht, trifft die Strahlung den Begleiter und heizt ihn soweit auf, dass er Masse verliert. Diese Millisekundenpulsare werden als Schwarze-Witwen-Pulsare bezeichnet, weil sie langfristig den Begleitstern vollständig auflösen.

- Ein direkter Kanal ist der akkretions-induzierte Kollaps eines ONeMg-Weißen Zwerges. Überschreitet der Weiße Zwerg durch das Aufsammeln von Materie die Chandrasekhar-

Grenze von 1,4 M$_\odot$, so kommt es nicht zu einer Supernova vom Typ Ia, sondern es entsteht direkt ein schnell rotierender Neutronenstern. Durch intensive Radio-Beobachtungen von Kugelsternhaufen wurden in den letzten Jahren zahlreiche Millisekundenpulsare gefunden, darunter der schnellste derzeit bekannte Millisekundenpulsar, PSR J1748-2446ad im Kugelsternhaufen Terzan 5 mit einer Rotationsfrequenz von 716 Hertz (1,4 ms Rotationsdauer). Die auffallende Häufung in Kugelsternhaufen wird mit der hohen Sterndichte in diesen Sternaggregaten in Verbindung gebracht, wobei Neutronensterne sich einen Begleiter einfangen können, von dem sie Materie akkretieren. In dieser Phase als Röntgendoppelstern geringer Masse (LMXB) wird die Rotation des Neutronensterns auf die für Millisekundenpulsare typischen Werte beschleunigt.

Überraschenderweise wurden in den Kugelsternhaufen neben einer großen Anzahl an Millisekundenpulsaren auch normale junge Pulsare mit einer Rotationsdauer von einigen hundert Millisekunden und Magnetfeldern um die 10^7 Tesla entdeckt. Dies ist deshalb erstaunlich, weil in den alten Kugelsternhaufen keine massereichen Sterne mehr existieren, die über eine Supernova zu der Geburt eines normalen Pulsars führen können. Möglicherweise wurden diese Pulsare von den Kugelsternhaufen gravitativ eingefangen und gebunden. Generell weisen Pulsare häufig eine hohe Eigenbewegung auf, die auf asymmetrische

Supernovaexplosionen oder durch die Zerstörung eines Doppelsternsystems in der Supernovaphase zurückgeht.[15] Die Idee des Einfangs eines Begleiters und dem nachfolgenden Recycling des Pulsars durch die Akkretion der Materie des Begleiters wird durch die teilweise beobachtete große Bahnexzentrizität von Pulsaren in Kugelsternhaufen bestätigt. Da die Bahnen in engen Doppelsternsystemen sich innerhalb weniger 10 Millionen Jahre aufgrund von Gezeiteneffekten zirkularisieren, können diese Pulsare erst vor kurzer Zeit wiederbelebt worden sein.

Im Gegensatz zu den normalen Pulsaren zeigen die Millisekundenpulsare eine sehr geringe Fluktuation der Pulsankunftszeiten, da diese schnell rotierenden Neutronensterne keine Instabilitäten durch eine differentielle Rotation zeigen.

Daher sind die Millisekundenpulsare gute Kandidaten, um über den Lichtlaufzeiteffekt nach Begleitern zu suchen, die über eine Ortänderung aufgrund der Keplerschen Gesetze zu einer Variation der Pulsankunftszeiten führen. Dadurch sind Neutronensterne, Weiße Zwerge, Braune Zwerge, Exoplaneten und eventuell Asteroidengürtel um Millisekundenpulsare entdeckt worden. Exoplaneten und Asteroidengürtel dürften sich aus den Akkretionsscheiben gebildet haben, welche die Millisekundenpulsare wieder beschleunigt haben.

Eigenbewegung

Junge Pulsare zeigen im Mittel eine Eigenbewegung von typischerweise um die 400 km/s mit Spitzenwerten von mehr als 1000 km/s. Diese Geschwindigkeiten sind zu hoch, um als ein Ergebnis eines Aufbrechens eines Doppelsterns während einer Supernovaexplosion interpretiert zu werden. Für die hohen Eigenbewegungen sind die folgenden Hypothesen aufgestellt worden, die alle auf eine Asymmetrie in der Supernova zurückgeführt werden:

- Eine unipolare Asymmetrie im Aufbau des Vorläufersterns der Supernova und des Pulsars. Diese Hypothese wird aber nicht durch aktuelle Sternmodelle unterstützt.
- Eine asymmetrische Abstrahlung der Neutrinoemission während der Supernova. Bereits eine Abweichung von 1 Prozent kann zu einer Eigenbewegung von 300 km/s führen.

- Die Gravitationskräfte einer ungleichmäßig ausgestoßenen Hülle können dem frisch geborenen Neutronenstern in den ersten Sekunden seiner Entstehung einen *Kick* von einigen 100 km/s geben.

Ablenkung von Photonen am Pulsar:

Es gilt:

$$g_s = \frac{G\,\frac{m\,ms}{r\,s^2}}{m} = G \times \frac{m\,s}{r\,s^2} \gg g_s = 6{,}67 \times 10^{-11}\,\frac{m^3}{kg \times s^2} \times$$

$$\frac{1{,}989 \times 10^{30}}{\left(1{,}6 \times 10^4\right)^2} = 5{,}182277344 \times 10^{11}$$

$$\gg \frac{5{,}182277344 \times 10^{11}}{\left(3{,}00 \times 10^8\right)^2} \times 2 \times (1{,}6 \times 10^4) = 0{,}5789074909$$

$$\gg 0{,}18435874 \;/\; 2\,\pi \times 160 \times 1600$$

$$= 74094{,}83973 \text{ Grad Bogen}$$

81

Quasar

Ein Quasar ist der aktive Kern einer Galaxie, der im sichtbaren Bereich des Lichts nahezu punktförmig erscheint (wie ein Stern) und sehr große Energiemengen in anderen Wellenlängenbereichen ausstrahlt.

Der Name *Quasar* wurde vom englischen *quasi-stellar radio source* abgeleitet, was als „stern(en)artige …" oder auch „stern(en)ähnliche Radioquelle" übersetzt werden kann. Die Strahlungsemission eines Quasars stammt von einer rotierenden Scheibe leuchtender Materie, der Akkretionsscheibe, die ein supermassereiches Schwarzes Loch umgibt.

Entdeckung und Namensgebung

Historisch bezeichnete der Begriff kosmische Radioquellen, die in den 1950er Jahren nicht als Radiogalaxien identifiziert werden konnten, sondern in optischen Beobachtungen blau und „sternförmig" (also nicht flächig) erschienen. 1963 stellte Maarten Schmidt durch Spektralanalyse fest, dass die Radioquelle 3C 273 kein naher Stern ist, sondern mit einer Rotverschiebung von 0,158 im Bereich ferner Galaxien liegt, also nicht wirklich ein Stern, sondern nur *quasi* sternartig ist. Spätere Beobachtungen zeigten, dass die hellen sternartigen Quasare doch in die Kerne von Galaxien eingebettet sind, die aber wegen der großen Entfernung schwach erscheinen. Durch die starke Rotverschiebung aufgrund der Expansion des Universums wurden Quasare als sehr weit entfernte Objekte erkannt. Diese Folgerung konnte seit der Entdeckung von Gravitationslinsen unabhängig bestätigt werden. Quasare wurden inzwischen bis zu einer Rotverschiebung von 7,1 entdeckt.

Mit der im Jahr 2010 gemachten Entdeckung, dass der 1,6 Mrd. Lichtjahre entfernte Quasar SDSS J0013+1523 als Gravitationslinse für eine 5,9 Mrd. Lichtjahre dahinterliegende Galaxie wirkt, ergibt sich eine direkte Möglichkeit zur Massenbestimmung eines Quasars.
Die Bezeichnung *QSO (quasi-stellar object)* schließt nicht nur die klassischen radiolauten Quasare ein, sondern auch radioleise Objekte mit schwacher Radioemission, aber

sonst ähnlichen Eigenschaften. Häufig wird aber der Begriff Quasar etwas ungenau für beide Klassen benutzt.

Physikalische Eigenschaften

Quasare erscheinen trotz ihrer großen Entfernung relativ hell und gehören somit zu den leuchtkräftigsten Objekten im Universum. Nur sehr kurzzeitig hell aufleuchtende Phänomene (Supernova, Gammastrahlenblitz) sind möglicherweise energiereicher. Quasare sind über weite Bereiche der elektromagnetischen Strahlung hell und haben charakteristische Spektren mit sehr breiten Emissionslinien, die in rascher Bewegung befindliches Gas anzeigen. Die leuchtende Materie kreist mit hoher Geschwindigkeit um den galaktischen Kern, dabei erfährt der Teil der Materie, der sich vom Beobachter wegbewegt, eine Rotverschiebung und der Teil, der sich auf den Beobachter zubewegt, eine Blauverschiebung. Insgesamt verbreitern sich dadurch die Spektrallinien. Photometrisch lassen sich daher Quasare von einem Stern durch die sehr breiten Spektrallinien unterscheiden.

Quasare gehören wie die schwächeren Seyfertgalaxien zur Klasse der aktiven Galaxien. Die Trennung anhand der Leuchtkraft ist rein historisch bedingt. Nach heutiger Annahme befindet sich im Zentrum aller Galaxien mit einem Bulge ein sehr massereiches Schwarzes Loch, das mehrere Millionen bis Milliarden Sonnenmassen umfassen kann. Aktive Galaxien unterscheiden sich von anderen Galaxien dadurch, dass dieses Schwarze Loch mit der Zeit an Masse zunimmt, da Materie aus der umgebenden Galaxie (interstellares Gas oder zerrissene Sterne) durch die Gravitation des Schwarzen Loches angezogen wird. Dieser Vorgang des Ansammelns von Materie wird in der Astronomie Akkretion genannt. Aufgrund der Drehimpulserhaltung bei der einfallenden Materie kann diese nicht direkt in das Schwarze Loch fallen, sodass sich um dieses herum eine Akkretionsscheibe bildet. Durch Reibung heizt sich diese Scheibe auf, wobei gleichzeitig Teile der Materie Drehimpuls verlieren und so in das Schwarze Loch fallen können. Die Emission der aufgeheizten Akkretionsscheibe ist das, was man als typische Strahlung des Quasars beobachtet. Sie kann eine Leuchtkraft ähnlich der von vielen Milliarden Sternen erreichen und somit mehr Licht abstrahlen als die gesamte umgebende Wirtsgalaxie. Die leuchtkräftigsten Quasare erreichen bis über 10^{14}-fache Sonnenleuchtkraft.

Die Beobachtung des Quasars Q0957+561 legt nach David Shiga nahe, dass dieser kein Schwarzes Loch im Zentrum enthält. Er wird durch die Forscher als ein Magnetospheric eternally collapsing object (kurz MECO) bezeichnet.

Sofern die Akkretionsscheibe über ein starkes Magnetfeld verfügt, wird ein kleiner Anteil des Materiestromes in zwei Teile gerissen und in Bahnen entlang der Feldlinien des Magnetfeldes gezwungen. Anschließend werden beide Ströme senkrecht zur Ebene der Akkretionsscheibe (einer auf jeder Seite) mit relativistischer Geschwindigkeit in die umgebende Galaxie und den weiteren Weltraum

abgestoßen. Diese Jets können im Radiowellen-
längenbereich beobachtet werden.

Nutzung als Referenzsystem
Quasare sind sehr hell, sodass sie auf große Entfernungen
sichtbar sind. Zugleich sind sie sehr weit entfernt, sodass
ihre Bewegung am Himmel vernachlässigbar klein und
faktisch nicht mehr messbar ist. Diese Eigenschaft wird
genutzt, um aus den Quasaren ein Referenzsystem
aufzubauen. Der International Celestial Reference Frame
(ICRF) ist ein Katalog von Quasaren und anderen
Objekten, deren Positionen in einem aufwendigen
Verfahren mit Radioteleskopen über viele Jahre mittels
VLBI auf ca. 30 µas (Mikrobogensekunden) genau
vermessen wurde. Dieser Katalog lässt sich als
Bezugssystem für astronomische Kataloge und für die
Geodäsie einsetzen. Der ICRF3 enthält 4.536
extragalaktische Radioquellen. Im Rahmen der
Veröffentlichung der Gaia-Mission wurden mehrere
Versionen des Gaia Celestial Reference Frame
veröffentlicht.

Dieser Referenzrahmen wurde benutzt, um die Objekte der
Gaiakataloge auszurichten. GCRF3 enthält 1.614.173
Quasare, die im optischen Bereich erfasst wurden. Der
Katalog enthält damit wesentlich mehr Referenzpunkte.
Vereinheitlichtes Modell zur Klassifikation
Yue Shen und Luis C. Ho fanden ein Modell zur
vereinheitlichten Beschreibung vielfältiger Quasar-

Erscheinungsformen. Quasare strahlen unterschiedlich viel Strahlung ab, die in ganz verschiedenartigen Spektrallinien auftritt. Auch bei nahezu massegleichen Quasaren findet man im Spektrum völlig verschiedene Emissionslinien. Als vereinheitlichende Parameter schlugen Shen und Ho vor, zu untersuchen, wie viel und wie schnell Materie in das Schwarze Loch fällt sowie von welcher Blickrichtung man den Quasar beobachtet und seine Emissionslinien erhält. Bedeutsam ist dabei die Orientierung der Rotationsachse des Schwarzen Lochs und damit die Lage der Akkretionsscheibe relativ zur Blickrichtung von der Erde. Dank der 1926 von Arthur Stanley Eddington beschriebenen Eddington-Grenze und der Eddington-Akkretionsrate, des Verhältnisses der Menge einfallender Materie zur abgestrahlten Energie des Quasars, lässt sich bei bekannter Entfernung die Masse des Materie verschlingenden Objekts abschätzen und die Masse des Quasars ermitteln.

Besondere Entdeckungen

☐ 1998 wurde der besonders lichtstarke Quasar APM 08279+5255 entdeckt. Er erzeugt atypische Dreifachbilder, enthält eines der größten Schwarzen Löcher und wird von einer sehr großen Menge Wasser umkreist.

☐ 2013 entdeckten Astronomen den Quasar SDSS J010013.02+280225.8 (verkürzt SDSS J0100+2802) aus dem

Katalog des Sloan Digital Sky Survey (SDSS). Er ist etwa 12,8 Milliarden Lichtjahre von der Erde entfernt (Lichtweg) und enthält ein extrem massereiches Schwarzes Loch von 12,9 Milliarden Sonnenmassen aus einer Zeit, als das Universum weniger als 900 Millionen Jahre alt war. Diese Entdeckungen ermöglichen Einblicke in das Wachstum von Schwarzen Löchern und Galaxien im jungen Universum.

☐ 2021 entdeckte das Team um Feige Wang von der University of Arizona den bisher fernsten und ältesten Quasar J0313-1806. Er ist 13,11 Milliarden Lichtjahre von der Erde entfernt und besteht aus einem Schwarzen Loch mit einer Masse von 1,6 Milliarden Sonnenmassen. Das Alter von nur ~670 Millionen Jahre nach dem Urknall wurde mithilfe der kosmologischen Rotverschiebung ermittelt, deren Wert $z=7,642$ beträgt.

☐ 2024 wurde mit J0529-4351 der bislang hellste Quasar entdeckt. Das Objekt von ca. 17 Milliarden Sonnenmassen strahlt eine Leistung von $2e^{41}$ W ab

Ablenkung von Photonen am Quasar:

Es gilt:

$$g_s = \frac{G\,\frac{m\,ms}{r\,s^2}}{m} = G \times \frac{m\,s}{r\,s^2} \gg g_s = 6{,}67 \times 10^{-11}\,\frac{m^3}{kg \times s^2} \times$$

$$\frac{17 \times 10^{12} \times 1{,}989 \times 10^{30}}{\left(330000 \times 9{,}54 \times 10^{8}\right)^2} = 22755{,}4228$$

$$\gg \frac{22755{,}4228}{\left(3{,}00 \times 10^{8}\right)^{2}} \times 2 \times \left(330000 \times 9{,}54 \times 10^{8}\right) =$$

159,1969379

$$\gg \ 159{,}1969379 \: / \: 2 \, \pi \times 160 \times 1600$$

= 64016887,12 Grad Bogen

82

Quellenverzeichnis:

1   **Paul A. Tipler (P.A.T.) Seite 1114-1116 (Eigene Aufgaben)**

2   **Skurrile Quantenwelt (S.Q.) Seite 52-58**

3   **S.Q. Seite 59 (eigene Aufgaben)**

4   **S.Q. Seite 210-212 (Text)**

5   **S.Q. Seite 212-213 (Text)**

64   P.A.T. Seite 1410 (Text)

65   P.A.T. Seite 1411-1413 (Eigene Berechnungen)

66   P.A.T. Seite 1415-1416 (Text)

67   P.A.T. Seite 1416-1417 (Text)

68   P.A.T. Seite 1417-1418 (Eigene Berechnungen)

69   P.A.T. Seite 1428-1430 (Eigene Berechnungen)

70   P.A.T. Seite 1438 (Eigene Berechnungen)

71   Schüler-Duden „Physik" (Text)

72   P.A.T. Seite 1168-1169 (Eigene Berechnungen)

73   P.A.T. Seite (Eigene Formel)

74   P.A.T. Seite 1171-1172 (Eigene Formel)

75   P.A.T. Seite 1174-1176 (Eigene Formel)

76   P.A.T. Seite 1176-1180 (Eigene Formel)

77   P.A.T. Seite 1164-1167Eigene Formel)

78   Internet

79   Internet

80   Internet

81   Internet

82   Internet

83   Internet

Die Biographien der wichtigsten Physiker

Henry Becquerel

**Henry Becquerel lebte von 1852 bis 1908. Er war
französischer Physiker und Nobelpreisträger. Er entdeckte
die Radioaktivität des Urans. Sein Vater Edmond**

Becquerel hatte sich auf dem Gebiet der Photochemie und der Phosphoreszenz einen Namen gemacht. Sein Großvater Antoine Cesar Becquerel zählt zu den Mitbegründern der Elektrochemie. Becquerel wurde in Paris geboren. 1891 übernahm er die Professur für Physik am Musée d`Histoire Naturelle. Zuvor hatte er von 1872 bis 1874 an der Ecole Polytechnique sowie von 1874 bis 1877 an der Ecole des Ponts et Chaussee studiert und diese als Ingenieur verlassen. 1895 entdeckte er zufällig, im Rahmen seiner Forschungen, zur Fluoreszenz, das Phänomen der Radioaktivität. Nachdem er Uranmineralien in einem dunklen Raum auf eine Fotoplatte gelegt hatte, bemerkte Becquerel, dass die Platte eingeschwärzt worden war. Dies war ein Beweis dafür, dass Uran Energie abstrahlt. Später bezeichnete man diese unbekannte Strahlung als Radioaktivität. Becquerel wies nach, dass die Radioaktivität Stoffe in allen Aggregatzuständen durchdringt. Ferner entdeckte er in der Strahlung Elektronen, also die später sog. Betastrahlung. Becquerel führte daneben wichtige Forschungen zur Phosphoreszenz, Spektroskopie und Absorption von Licht durch.

1903 teilte er sich den Nobelpreis für Physik mit dem französischen Physikehepaar Pierre und Marie Currie für ihre Arbeit zur Radioaktivität - ein von Marie Currie geprägter Begriff. Zu seinen Werken zählen Recherchen sur la phosphorescence (1882-1897, Forschung zur Phosphoreszenz) und Découvert des Radiation invisibles emises par Lunarium (1896-1897, Entdeckung der unsichtbaren, vom Uran abgegebenen Strahlung). Die 1970 eingeführte Maßeinheit für die Radioaktivität - genauer: für die Strahlenaktivität im Unterschied zur Strahlendosis - ist nach Becquerel benannt. Die Einheit 1 Becquerel entspricht 1 Zerfall pro Sekunde, sie beschreibt einen statischen Vorgang.

Aber Becquerels Entdeckungen schien sich zu jener Zeit nicht der von Röntgen messen können, und sie rief nicht die gleiche Aufregung wie jene hervor. Die Zeitgenossen, noch viel zu sehr mit Röntgens Entdeckung und deren Untersuchung beschäftigt, überließen „Becquerels Strahlen" im Großen und Ganzen ihrem Entdecker. Am 9. März 1896 konstatierte dieser, dass die Uranstrahlung nicht nur photographische Platten schwärzt, sondern darüber hinaus auch Gase ionisiert und sie elektrisch leitend macht. Von nun an war es möglich, die „Aktivität" einer Probe einfach anhand der von ihrer erzeugten Ionisierung zu messen. Das Instrument, mit dem man das tat, war ein Einfaches, mit einem Goldplättchen arbeitendes Elektroskop.

Marie und Pierre Curie

Marie lebte von 1867 bis 1934, ihr Ehemann von 1859 bis 1906. Sie waren beide angesehene Physiker und Nobelpreisträger. In gemeinschaftlicher Forschungsarbeit entdeckten sie die chemischen Elemente Radium und Polonium und untersuchten radioaktive Strahlung. Sie legten damit eine der Grundlagen für die moderne Kernphysik. Pierre Curie wurde am 15. Mai 1859 in Paris geboren und studierte an der Sorbonne Physik. 1880 beobachtete er gemeinsam mit seinem Bruder Jacques, dass ein elektrisches Potential entsteht, wenn man einen Quarzkristall mechanisch deformiert. Die Brüder nannten das Phänomen Piezoelektrizität. Pierre Currie entdeckte ferner, dass magnetische Substanzen bei bestimmten Temperaturen - dem Curie-Punkt - ihren Magnetismus verlieren. 1895 wurde er Professor an der Ecole de physique et de Chemie in Paris. Marie Curie wurde als Marya Sklodowska am 7. November 1867 in Warschau geboren. Ihr Vater war Physiklehrer und ihre Mutter die Vorsteherin einer Mädchenschule. Die junge Frau ging 1891 nach Paris (wo sie ihren Namen in Marie änderte) und schrieb sich an der Sorbonne ein. Zwei Jahre später bestand sie ihre Abschlussprüfung für Physik, in der sie den ersten Platz belegte. 1895 heirateten Marie und Pierre Curie. Marie interessierte sich für die jüngsten Entdeckungen von Strahlungen. Wilhelm Conrad Röntgen hatte Röntgenstrahlung,

die er anfangs mit X-Strahlung bezeichnete - 1895 entdeckt; 1896 hatte Henry Becquerel das Element Uran mit ähnlichen Strahlungseigenschaften gefunden. Curie begann, diese Strahlung des Urans zu untersuchen. Mittels piezoelektrischer Verfahren, die ihr Ehemann entwickelt hatte, verfolgte sie die von Pechblende - einem uranhaltigen Erz - ausgehende Strahlung. Als sie feststellte, dass die

Strahlung des Erzes intensiver war als die des Urans, folgerte sie, dass im Erz noch unbekannte Elemente vorhanden sein müssen, deren Radioaktivität die des Urans übersteigt. Marie Curie war die Erste, die den Begriff radioaktiv zur Beschreibung von Elementen verwendete, die bei der Spaltung ihrer Atomkerne Strahlung abgeben. Pierre Curie beendete seine eigene Arbeit zum Magnetismus, um sich an der Forschung seiner Ehefrau zu beteiligen; 1898 gaben die Curies dann die Entdeckung zweier neuer Elemente bekannt: Polonium (von Marie zu Ehren Polens so genannt) und Radium. Innerhalb der vier nächsten Jahre verarbeitete die Curies eine Tonne Pechblende, aus der sie in mühsamer Kleinarbeit den Bruchteil eines Gramms Radiums isolierten. 1903 erhielt sie gemeinsam mit Becquerel den Nobelpreis für Physik für die Entdeckung radioaktiver Elemente. Marie Curie war damit die erste Frau, die den Nobelpreis entgegennehmen konnte.
Pierre Curie wurde 1904 als Professor für Physik an der Sorbonne berufen und 1905 zum Mitglied der Französischen Akademie ernannt.

Derartige Positionen konnten damals noch nicht von Frauen eingenommen werden, so dass Marie ähnliche Anerkennung versagt blieb. Pierre wurde am 19. April 1906 von einem Pferdewagen überfahren und starb an seinen Verletzungen.
Seine Ehefrau übernahm seine Klassen und führte ihre eignen Arbeiter weiter. 1911 erhielt sie - ein noch nie

dagewesener Fall - einen zweiten Nobelpreis, dieses Mal für Chemie, für ihre Arbeit zum Radium und zu Radiumverbindungen. Sie wurde 1914 die Leiterin des Pariser Radiuminstitus und half bei der Gründung des Curie-Instituts.
Marie Curie erkrankte an perniziöser Anämie, die durch eine Überdosis Strahlung ausgelöst worden war.
Man sagte, selbst ihr Kochbuch strahlte noch viele Jahre nach ihrem Tode. Schließlich starb sie dann am 4. Juli 1934. Die Curies hatten zwei Töchter, von denen eine ebenfalls Nobelpreisträgerin wurde: Irene Joloit Curie und ihr Ehemann Frederic erhielten 1935 den Nobelpreis für Chemie für die Synthese neuer radioaktiver Elemente.

Ernest Rutherford, Lord of Nelson and Cambridge

Rutherford lebte von 1871 bis 1937. Er war britischer Physiker, der für seine bahnbrechende Arbeit in der Kernphysik und für seine Theorie zur Atomstruktur den Nobelpreis erhielt. Er wurde am 30. August 1871 bei Nelson in Neuseeland geboren und studierte an der Universität von Cambridge.

Er war von 1898 bis 1919 Professor für Physik an der Mc-Gill Universität in Montreal (Kanada) und während der darauffolgenden zwölf Jahre an der Universität von Manchester (England). Nach 1919 arbeitete er als Professor für Experimentalphysik und Direktor des Canvendish Laboratoryan der Universität von Cambridge und hatte nach 1920 auch einen Lehrstuhl an der Royal Institution of

Great Britain in London inne. Rutherford zählt zu den ersten und bedeuteten Forschern in der Kernphysik. Schon bald nach der Entdeckung der Radioaktivität 1896 durch den französischen Physiker Henry Becquerel, identifizierte Rutherford die drei Hauptbestandteile der Strahlung und nannte sie Alpha-, Beta- und Gammastrahlung. Er wies außerdem nach, dass die Alphateilchen Heliumkerne sind. Anhand von Strahlungsuntersuchungen stellte Rutherford seine Theorie der Atomstruktur auf, in der das Atom erstmalig als dichter Kern mit ihn umkreisende Elektronen beschrieben wurde. Im Jahr 1919 führte Rutherford ein wichtiges kernphysikalisches Experiment durch. Durch den Beschuss von Stickstoff mit Alphastrahlen wurden die Atome eines Sauerstoffisotops sowie Protonen freigelegt. Mit dieser Umwandlung von Stickstoff in Sauerstoff war die erste künstliche Kernreaktion vollzogen. Sie forderte die intensive Forschung späterer Wissenschaftler heraus. Die Theorie, die Rutherford und der britische Physiker Frederick Soddy über die Radioaktivität entwickelten, wird von Wissenschaftlern heute noch akzeptiert.

Eine Einheit der Radioaktivität wurde ihm zu Ehren Rutherford genannt. Rutherford wurde zum Mitglied der Royal Society (1903) gewählt und war von 1925 bis 1930 Präsident dieser Institution. Er erhielt 1908 den Nobelpreis für Chemie. 1914 wurde er zum Ritter geschlagen und 1931 zum Lord ernannt. Er starb am 19. Oktober 1937 in London und wurde im Westminster Abbey begraben. Zu seinen Schriften gehören Radioactivity (1904), Radations from Radioaktive Substances (1903), welche er gemeinsam mit den Physikern Sir James Chadwick und Charles Drummond Ellis verfasste.

Max Planck

Max, Karl, Ernst, Ludwig Planck lebte von 1858 bis 1947. Der deutsche Physiker war Nobelpreisträger, sowie Begründer der Quantentheorie. Er wurde am 23. April 1858 in Kiel geboren und besuchte die Universitäten München und Berlin. 1885 wurde er als Professor für Physik an die Universität Kiel berufen und übte das gleiche Amt von 1888 bis 1928 an der Berliner Universität aus. 1899 postulierte Planck, dass Energie in kleinen diskreten Einheiten abgestrahlt wird, die er als Quanten bezeichnete. Bei einer Weiterentwicklung dieser Theorie fand er eine universelle Naturkonstante, die als Planck'sches Wirkungsquantum bekannt wurde. Ein Jahr später leitete er aus seinen Ergebnissen das Planck'sche Strahlungsgesetz ab. Nach diesem Gesetz ist die Energie elektromagnetischer Strahlung gequantelt.

Plancks Entdeckungen hoben aber nicht die Theorie auf, dass sich Strahlung in Wellen ausbreitet. Die heutigen Physiker glauben, dass elektromagnetische Strahlung die Eigenschaften von Wellen und Teilchen in sich vereint (Welle-Teilchen-Dualismus). Plancks Entdeckungen, die später von anderen Wissenschaftlern bestätigt wurden, bildeten die Grundlagen für ein völlig neues Gebiet der Physik - die sog. Quantenmechanik.

Planck empfing viele Ehrungen für seine Arbeit, darunter 1918 den Nobelpreis für Physik. 1930 wurde Planck zum Präsidenten der Kaiser-Wilhelm-Gesellschaft zur Förderung der Wissenschaften, der führenden Vereinigung deutscher Wissenschaftler, gewählt. Diese wurde später in Max-Planck-Gesellschaft zur Förderung der Wissenschaften e.V. umbenannt. Als Kritiker des nationalsozialistischen Regimes wurde Planck dazu angehalten, aus der Gesellschaft auszutreten, nahm aber nach dem 2. Weltkrieg sein Amt als Präsident wieder wahr. Darüber hinaus war er 25 Jahre lang einer der vier Sekretäre der Preußischen Akademie der Wissenschaften und Vorsitzender der Deutschen Physikalischen Gesellschaft, die zu seinem 70. Geburtstag die Max-Planck-Medaille stiftete. Planck wurde in seinem Leben von schweren Schicksalsschlägen getroffen. Nach dem Tod seiner ersten Frau (1909) verlor er während des Ersten Weltkriegs drei seiner vier Kinder, den ältesten Sohn an der Front und zwei Töchter im Kindbett. Aus einer späteren geschlossenen Ehe ging noch ein Sohn hervor.

Im Alter von 75 Jahre erlebte Planck Hitlers Machtergreifung - für einen Patrioten wie ihn, der sich von der Propaganda und den Aufmärschen des Diktatorts nicht blenden ließ, ein schwerer Schlag. 1945 wurde sein überlebender Sohn aus erster Ehe als Beteiligter an der Verschwörung gegen Hitler vom 20. Juli 1944 von den

Nazis hingerichtet. Der nunmehr 87jähriger Planck verlor bei einem Bombenangriff sein Haus und geriet beim Rückzug der deutschen Truppen vor den Alleierten zwischen die feindlichen Fronten. Ein deutscher Physiker, davon in Kenntnis gesetzt, bat die Amerikaner, ihn nach Göttingen in Sicherheit zu bringen. Planck überlebte den Krieg und wurde zum Zeichen, dass Deutschland aus der Barbarei wiedererstanden war, verschiedentlich geehrt. Zu seinem 90. Geburtstag plante man eine große Feier, doch Planck starb einige Monate vorher am 4. Oktober 1947.

Niels Bohr

Niels Bohr wurde am 7. Oktober 1885 als Sohn des bekannten Physiologen Christian Bohr und seiner Frau Ellen Adler, die Tochter eines reichen jüdischen Bankiers, in Kopenhagen geboren. Die Familie bot Niels und seinem Bruder Harald, der später ein bekannter Mathematiker wurde, alle Möglichkeiten für eine akademische und kulturelle Erziehung. Von der Mutter und ihren Schwestern liebevoll umsorgt, wuchsen die Brüder in der gepflegten Atmosphäre der oberen Mittelschicht Dänemarks auf.

Sie genossen alle Vorteile der Teilnahme am kulturellen Leben und hatten in einem so kleinen Land wie Dänemark auch persönlichen Zugang zu allen geistig führenden Persönlichkeiten ihrer Zeit, hauptsächlich Philosophen und Mediziner. Es gibt keinen Hinweis darauf, dass Niels ein Wunderkind gewesen wäre, nur ein paar bemerkenswert

genaue Zeichnungen aus seiner Kindheit liegen vor. Und doch hatte er Schwierigkeiten gehabt, das Schreiben zu erlernen. Sowohl Niels als auch sein Bruder Harald waren in ihrer Jugend tüchtige Sportler. Beide spielten fast wie Profis Fußball. Niels liebte auch den Wintersport; er lief sehr gewandt Ski an den Hängen bei Los Alamos.
An der Oberschule überflügelten die beiden Brüder ihre Klassenkameraden rasch, und schon 1904, als Bohr neunzehn und sein Bruder siebzehn war, wurden sie von ihren Mitschülern als Genies bezeichnet. Niels Interesse an Physik war bereits auf der Grundschule von seinem Vater geweckt worden. So wählte er, als er sich für ein Studienfach an der Universität Kopenhagen zu entscheiden hatte, Physik und studierte bei Professor C. Christiansen. Er arbeitete über Flüssigkeitsstrahlen und Oberflächenspannungen, mit denen er sich an einem 1905 von der dänischen Akademie der Wissenschaften ausgeschriebenen Wettbewerb beteiligen wollte. Er gewann den Preis mit einer theoretischen und einer experimentellen Untersuchung. Die Experimente nahm er im Labor seines Vaters vor. Später allerdings konzentrierte er sich zunehmend auf die Theorie über die er seine Doktorarbeit schrieb.

Seine Provision schrieb er über die Elektronentheorie der Metalle und ging bald danach nach Cambridge, um bei J.J. Thomson am Cavendish-Laboratorium zu arbeiten. Thompson empfing ihn höflich, hörte sich auch seine Ausführungen über seine Dissertation an, fand jedoch nicht die Zeit, sie zu lesen - bei Thomsons Arbeitspensum und all den Studenten, die er zu betreuen hatte, war das nicht verwunderlich. In Cambridge traf Bohr mit Rutherford zusammen, der einen solchen Eindruck auf ihn machte, dass er im November 1911 nach Manchester ging, um an einem experimentellen Kurs über radioaktive Messungen teilzunehmen. Während er auf die Ankunft auf die radioaktive Quelle wartete, arbeitete er zunächst an einem Thema, das in Rutherford Labor gerade Mode war: am Durchgang von Alpha-Teilchen durch Materie. Er fand einige interessante Ergebnisse und blieb diesem Thema bis an sein Lebensende treu. Doch wechselte er bald auf ein weitaus wichtigeres, gleichfalls mit Rutherfords Arbeiten verknüpftes Gebiet über.

Nun, Rutherford war es, der ein Atommodell entwickelte, das für die zuweilen beobachteten starken Ablegungen von Alphateilchen beim Durchgang durch Materie eine Erklärung lieferte.

Um diese Erscheinung zu erklären zu können, hatte Rutherford ein „saturnisches" Atommodell oder, moderner gesprochen, ein nukleares Atommodell betrachtet. Bohr nahm dieses Modell bis auf seine mechanische und elektrische Instabilität sehr ernst. Die bereits von Rutherford erwähnte Schwäche war in verschiedener Hinsicht interessant.

Es war bekannt, bzw. es wurde angenommen, dass alle Atome einer Substanz gleich sind; aber das Modell enthielt nichts, was diese Gleichheit sichern konnte. Insbesondere ließ sich der Durchmesser eines Atoms durch nichts festlegen. Sollte das Modell überleben, so musste ein Mittel gefunden werden, das sowohl die Stabilität garantierte als

auch einen festen Durchmesser lieferte. Ladung und Masse des Elektrons waren Größen, die in eine solche Berechnung einbezogen werden mussten, aber sie genügten nicht, um den Durchmesser festzulegen. Welches war die andere universelle, von der jeweiligen Substanz unabhängige Konstante, die man noch brauchte, um eine Länge zu erhalten? Die Antwort fiel einem mit den Modernen Ideen von 1911 vertrauten Physiker nicht allzu schwer; das Wirkungsquantum, die Planck'sche Konstante, musste eine Rolle dabei spielen. Es gab verschiedene Möglichkeiten. Die Ansicht, der Atomradius sei die grundlegende Konstante und das Wirkungsquantum folge daraus, wurde von dem österreichischen Physiker A. Haas vertreten. Auch der britische Astronom J.W. Nicholson hatte versucht, h in das Atommodell einzuführen, und der dänische Chemiker N. Bjerrum hatte den gleichen Versuch bei Molekülmodellen gemacht. Diese Versuche waren aber unbestimmt oder in eine falsche Richtung abgeirrt.
Bohr setzte sich mit diesen Problemen und Gedanken auseinander und erwähnte sie in einem Brief vom 19. Juli 1912 an seinen Bruder. Im Juni oder Juli bereitete er ein Memorandum über das Thema für eine Besprechung mit Rutherford vor.

Offensichtlich begeisterte ihn das Modell sehr, aber er hatte es noch nicht am Wasserstoffspektrum überprüft. Die Spektren wurden der Schlüssel für viele Probleme, die später auftraten; damals galten sie als viel zu kompliziert und als unbehandelbare Erscheinung. Bohrs Theorie zur atomaren Struktur erschien zwischen 1913 und 1915 in verschiedenen Fachzeitschriften. Seine Arbeit war vom Rutherfordschen Atommodell abgeleitet, nach dem das Atom aus einem dichten Kern besteht, der von einem Schwarm viel leichteren Elektronen umgeben ist.

Bohrs Atommodell stützte sich auf die Quantentheorie und das Planck'sche Wirkungsquantum, also das Verhältnis zwischen der Energie des Quants und der Strahlungsfrequenz. Nach dem Modell emittier ein Atom nur dann elektromagnetische Strahlung, wenn ein Elektron im Atom von einem höheren Quantenniveau zu einem niederen übergeht. Bohrs Theorie erwies sich als außerordentlich brauchbar, um neue Spektralserien außer der Balmerschen, das Spektrum von ionisiertem Helium und die Auswirkung der endlichen Kernmasse auf die Spektrallinien usw. vorherzusagen. Trotzdem war sich Bohr der schweren Mängel dieser Theorie wohl bewusst und betonte immer wieder die unangenehme Wahrheit, dass sie bestenfalls ein Durchgangsstadium darstellen könne, bis eine konsistente Theorie entwickelt worden sei. Nur wenige Monate nach der Geburt von Bohrs Atommodell brach der erste Weltkrieg aus. Obwohl Dänemark Neutralität bewahrte, sympathisierte Bohr mit der Sache der Alliierten.

Er hatte in Kopenhagen eine wenig befriedigende Anstellung und nahm 1916 Rutherfords Angebot an, in seinem Labor in Manchester zu arbeiten. Im Jahr 1919 kehrte Bohr als Professor für Physik an die Universität Kopenhagen zurück, wo er ab 1920 dem neugegründeten Institut für theoretischen Physik vorstand. Dort entwickelte

Bohr eine Theorie, die die Quantenzahlen in große Systeme gliedert, die aus klassischen Gesetzen abgeleitet sind. Neben dieser Theorie lieferte Bohr weitere wichtige Beiträge zur theoretischen Physik. Seine Arbeit bereitete den Weg für die Vorstellung, dass sich Elektronen in Schalen aufhalten und dass Elektronen in der äußersten Schale die chemischen Eigenschaften des Atoms festlegen. Bohr lehrte an vielen Universitäten als Gastprofessor. Im Jahr 1939 überzeugte Bohr, nachdem er die Kernspaltungsexperimente der deutschen Physiker Otto Hahn und Fritz Strassmann in ihrer Tragweite erfasst hatte, die Teilnehmer einer wissenschaftlichen Konferenz in den USA von der Bedeutung dieser Experimente. Zusammen mit dem amerikanischen Physiker John A. Wheeler stellte Bohr eine Theorie der Kernspaltung auf. Nach seiner Auffassung sollte es im Fall des Urans der Kern des Isotops 235 sein, der bei dem Prozess gespalten wird - der experimentelle Beleg gelang nur kurze Zeit später. Bohr kehrte nach Dänemark zurück und wurde nach der deutschen Okkupation im Jahr 1940 zum Bleiben gezwungen. Im September 1943 informierte ihn die dänische Widerstandsbewegung, dass die Gestapo seine Verschleppung nach Deutschland plane.

Er entschloss sich zur Flucht nach Schweden, die ihm und seiner Familie unter Lebensgefahr gelang. Von Schweden aus setzte die Familie nach England über und reiste weiter in die USA. Dort arbeitete Bohr in Los Alamos an dem Projekt mit, das zur Entwicklung der Atombombe führte. Nach der Explosion der Bombe 1945 widersetzte sich der

Physiker der Geheimhaltungspflicht über das Projekt, weil er die Folgen dieser verhängnisvollen neuen Entwicklung fürchtete. Bohr engagierte sich für eine internationale Kontrolle von Atomwaffen. 1945 ging Bohr wieder an die Universität Kopenhagen, wo er unverzüglich an der friedlichen Nutzung der Kernenergie zu arbeiten begann. Er organisierte die erste „Konferenz zur friedlichen Nutzung der Atomenergie", die 1955 in Genf stattfang. Bohr starb am 18. November 1962 in Kopenhagen.

Louis Victor, Herzog von Broglie

eigentlich Louis Victor, Duc de Broglie genannt (1892-1987) war französischer Physiker und Nobelpreisträger. Broglie hat mit seinen Arbeiten über die Wellennatur von Elektronen und die Wellenmechanik das heutige physikalische Weltbild in bedeutender Weise geprägt. Broglie wurde am 15. August 1892 in Dieppe (Frankreich) geboren und war Angehöriger eines alten französischen Adelsgeschlechts. Nach Abschluss seiner Schulausbildung studierte er zunächst Geschichte und Philosophie, wechselte aber 1911 zur Mathematik und Physik.

Nach dem ersten Weltkrieg nahm der junge Wissenschaftler 1919 seine Studien wieder auf und befasste sich mit dem Photoeffekt.
In seiner Dissertation (Recherches sur la Theorie des Quanta) verwendete Broglie erstmals den Begriff Materiewellen. Ausgehend von einer Idee Alber Einsteins

stellte er in seinem Werk die Hypothese auf, dass Materie wie das Licht sowohl Teilchen- als auch Welleneigenschaften besitzt. Die Wellenlänge gab Broglie mit e = h / mv an, wobei h das Planck'sche Wirkungsquantum, m die Masse und v die Geschwindigkeit der Teilchen entsprechen. 1927 gelang schließlich der experimentelle Beweis für die Richtigkeit der Theorie. Die Physiker Clinton Davisson und Lester Germer wiesen erstmals Interferenzerscheinungen von Elektronenstrahlen nach: die Strahlen ließen sich an Kristallgittern beugen, d.h. die Elektronen zeigten das Verhalten von Wellen. Für seine Leistungen wurde Broglie 1929 der Nobelpreis für Physik verliehen. Der Laureat starb am 19. März 1987 in Louveciennes bei Paris.

Werner Heisenberg

Werner Karl Heisenberg war einer der Begründer der Quantenmechanik. Er wurde am 5. Dezember 1901 in Würzburg geboren und studierte mathematische Physik, Mathematik und Astronomie an der Universität München. 1923 habilitierte er sich bei Max Born an der Universität Göppingen.

Von 1924 bis 1927 hielt er sich zu Forschungszwecken bei dem dänischen Physiker Niels Bohr an der Universität Kopenhagen auf. 1927 wurde Heisenberg als Professor für theoretische Physik an die Universität Leipzig berufen. Anschließend wirkte er als Professor an der Universität Berlin (1941-1945). 1941 wurde er Direktor des Kaiser-

Wilhelm-Instituts für Physik. Von 1946 bis zu seinem Tod leitete er das Max-Planck-Institut in Göttingen, das 1958 nach München verlegt und zum Institut für Physik und Astrophysik erweitert wurde.

Während des 2. Weltkriegs war Heisenberg für die wissenschaftliche Forschung in Zusammenhang mit dem deutschen Kernenergieprojekt verantwortlich. Nach dem Krieg war er kurze Zeit in England interniert. Heisenberg, einer der bedeutendsten theoretischen Physiker des 20. Jahrhundert. Er war es, der die Physik und die Philosophie nachhaltig beeinflusste. Er leistete seine wichtigsten Beiträge zur Theorie der Atomstruktur. 1925 begann er mit der Entwicklung einer besonderen Form der Quantenmechanik. Die darin enthaltene mathematische Formulierung basiert auf den Frequenzen und Amplituden der Strahlung, die das Atom absorbiert und emittiert, sowie auf den Energieniveaus des atomaren Systems. Heisenbergs Unschärfe-Relation spielt eine wichtige Rolle bei der Entwicklung der Mechanik und übte großen Einfluss auf die moderne Philosophie aus, da das von ihm formulierte Prinzip den klassischen Determinismus in Frage stellte. 1932 wurde Heisenberg der Nobelpreis für Physik verliehen. Er starb am 1. Februar 1976 in München.

Wolfgang Pauli

Der schweizerisch-amerikanische Physiker österreichischer Herkunft (1900-1958) wurde durch die Definition des Ausschlussprinzips in der Quantenmechanik bekannt.
Seite 206

Pauli wurde am 25. April 1900 in Wien geboren. Er studierte Physik bei Arnold Sommerfeld an der Universität München. 1921 schloss Pauli sein Studium erfolgreich mit der Promotion ab. Anschließend folgten verschiedene Stationen: in den Jahren 1921-1922 die Universitäten Göttingen und Hamburg sowie 1923 die Universität von Kopenhagen. 1924 habilitierte Pauli sich an der Universität Hamburg, wo er ab 1926 als außerordentlicher Professor tätig war. Von 1928 bis 1935 war er Professor für theoretische Physik an der ETH in Zürich. Außerdem kam er mehrmals als Gastprofessor an das Institute for Advanced Study in Princeton (New Jersey).
1925 definierte Pauli das nach ihm benannte Ausschließungsprinzip. Nach dem Pauli-Prinzip - auch Pauli Verbot genannt - kann ein durch drei Quantenzahlen (Haupt- Neben- und magnetische Quantenzahl) beschriebenes Atomorbital maximal von zwei Elektronen besetzt werden, wobei sich die Elektronen in ihren Spinquantenzahlen unterscheiden ($+1/2$ und $- 1/2$). Mit anderen Worten ausgedrückt, kann ein Quantenzustand - beschrieben durch eine räumliche Wellenfunktion und eine Spinquantenzahl - von nur einem Teilchen (Elektron) besetzt werden.

Seine Hypothese von 1931 zur Existenz des Neutrinos war ein grundlegender Beitrag zur Mesonen- Theorie. 1945 erhielt Pauli den Nobelpreis für Physik. Er starb am 15. Dezember 1958 in Zürich.

Paul Dirac

(1902-1984), britischer Physiker. Er wurde in Bristol geboren und studierte an den Universitäten Bristol und Cambridge. Seine Theorie der Elektronenbewegung führte im Jahr 1928 zur Behauptung der Existenz eines mit dem Elektron identischen Elementarteilchens, welches sich lediglich durch seine Ladung vom Elektron unterscheidet. Das Elektron enthält eine negative Ladung, während das hypothetische Elementarteilchen mit einer positiven Ladung versehen sein sollte. Diracs Theorie wurde im Jahr 1932 bestätigt, als der amerikanische Physiker Carl Anderson das Positron entdeckte. 1933 teilte sich Dirac den Nobelpreis für Physik mit dem österreichischen Physiker Erwin Schrödinger. Im Jahr 1939 wurde er Mitglied der Royal Society. Als Professor für Mathematik lehrte er in Cambridge von 1932 bis 1968, als Professor für Physik an der State University in Florida von 1971 bis zu seinem Tod. In den Jahren zwischen 1934 und 1959 war er zeitweise Mitglied des Institute for Advanced Study.

Erwin Schrödinger

Erwin Schrödinger lebte von 1887 bis 1961.

Er wurde weltbekannt durch seine mathematischen Studien zur Wellenmechanik. Schrödinger wurde in Wien geboren und studierte an der dortigen Universität. Später lehrte er Physik an den Universitäten von Stuttgart, Breslau, Zürich, Berlin, Oxford und Graz. An der Schule für Theoretische Physik des Institute of Advanced Study in

Dublin war er von 1940 bis zu seiner Pensionierung im Jahr 1955 als Direktor.

Schrödingers bedeutendster Beitrag zur Physik lag in der Entwicklung der nach ihm benannten Gleichung. Es handelt sich dabei um eine nichtrelativistische Bewegungsgleichung für ein quantenmechanisches System. Schrödinger bewies die mathematische Äquivalenz zwischen seiner 1926 veröffentlichen Theorie und der Matrizenmechanik des deutschen Physikers Werner Heisenberg, die dieser im vorhergehenden Jahr entwickelt hatte. Die Theorien der beiden Wissenschaftler bildeten zusammen einen wesentlichen Teil der Grundlagen für die Quantenmechanik. Schrödinger teilte sich 1933 den Nobelpreis für Physik mit dem britischen Physiker Paul Dirac für seinen Beitrag zur Entwicklung der Quantenmechanik. Seine Forschungen bereicherten auch das Wissen über Atomspektren, statische Thermodynamik und Wellenmechanik.

Enrico Fermi

Enrico Fermi war ein italienischer Physiker, der durch die erste kontrollierte Kernreaktion bekannt geworden ist. Fermi wurde in Rom geboren und studierte an der Universität von Pisa und an einigen führenden Zentren der theoretischen Physik in Europa. Im Jahr 1926 wurde Fermi Professor an der Universität Rom und entwickelte dort eine neue Art von Statistik, mit der man das Verhalten von Elektronen erklären konnte. Er entwickelte auch eine Theorie des Beta-Zerfalls und forschte ab 1934 an der Erzeugung künstlicher Radioaktivität, indem er Elemente mit Neutronen beschoss. Für letztere Arbeit wurde Fermi 1938 der Nobelpreis für Physik verliehen.

Um sich nicht der politischen Willkür im faschistischen Italien auszusetzen - Fermis Ehefrau war Jüdin - emigrierte Fermi und seine Familie in die USA, wo er Professor für Physik an der Columbia University wurde. Zu dieser Zeit war sich Fermi schon sehr genau der Bedeutung seiner experimentellen Arbeit zur Erzeugung von Kernenergie bewusst. Er zündete im Dezember 1942 an der University of Chicago die erste kontrollierte Kernspaltungskettenreaktion und arbeitete bis zum Ende des 2. Weltkriegs in Los Alamos an der Atombombe mit. Später widersetzte er sich der Entwicklung der Wasserstoffbombe. Nach dem Krieg (1946) wurde Fermi Professor für Physik und Direktor des neu eröffneten Institute of Nuclear Studies an der Universität of Chicago. Wie schon in Rom, so kamen auch jetzt Studierende aus aller Welt, um bei ihm zu lernen.

Er starb am 28. November 1954 in Chicago. Der Enrico-Fermi-Preis wird jährlich für besondere Leistungen in der Kernforschung verliehen.

Lawrence Orlando

(1901-1958), war amerikanischer Physiker und Nobelpreisträger. Lawrence wurde am 8. August 1901 in Canton (South Dakota) geboren. Er studierte an den Universitäten von South Dakota, Minnesota sowie an der Yale University. 1927 wurde er zum außerordentlichen Professor an die University of California berufen. 1930 konstruierte der junge Wissenschaftler das erste Zyklotron. Mit Hilfe dieses Teilchenbeschleunigers erzeugte Lawrence verschiedene radioaktive Elemente, darunter einige Transurane. Das Element mit der Quantenzahl 103 erhielt zu seinen Ehren den Namen Lawrencium. 1931 gründete Lawrence das Strahlenlabor der Universität in Berkeley - ab 1936 war er dort leitender Direktor. Für die Entwicklung und die Arbeit mit dem Zyklotron wurde Lawrence 1939 der Nobelpreis für Physik verliehen. Kurz vor seinem Tod erhielt der Physiker 1957 den Enrico-Fermi-Preis. Lawrence starb am 27. August in Palo Alto (Kalifornien).

Karl Wien

Karl Wien (1864-1928) war deutscher Physiker und Nobelpreisträger und lieferte Arbeiten zur Korpuskularstrahlung.

Wien wurde am 13. Januar 1864 in Gaffken (ehemals Ostpreußen) geboren und besuchte die Universitäten Göttingen, Heidelberg und Berlin. 1890 wurde er Assistent des deutschen Physikers Hermann Ludwig von Helmholtz an der Kaiserlichen Physikalisch-Technischen Reichsanstalt in Berlin-Charlottenburg. Von 1910 bis zu seinem Tod hatte Wien verschiedene Professuren an den Universitäten Aachen, Gießen, Würzburg und München inne. 1913 besuchte er die Vereinigten Staaten, um Vorlesungen an der Columbia -Universität zu halten. Wien entwickelte eine Form zur Bestimmung der Dichte von Energie von Strahlungskörpern - von besonderem Interesse waren dabei die Temperaturstrahlung des sog. schwarzen Körpers. Seine Beiträge im Bereich der Strahlungsforschung legten den Grundstein für die Entwicklung der Quantentheorie. Wien stellte auch Forschungen an anderen Gebieten an, etwa der Optik und der Röntgenstrahlung. Für die Entdeckung der Gesetze der Wärmestrahlung erhielt er 1911 den Nobelpreis für Physik. Wien starb am 30. August in München.

Otto Hahn

Otto Hahn lebte von 1879 bis 1968 und war Chemiker und Nobelpreisträger, dessen bedeutendste Beiträge auf dem Gebiet der Radioaktivität lagen. Hahn wurde in Frankfurt am Main geboren und studierte an den Universitäten von Marburg und München. 1912 wurde er Mitarbeiter des Kaiser-Wilhelm-Institutes für Chemie in Berlin-Dahlem; von 1928 bis 1945 war er dessen Direktor.

Hahn beschäftigte sich bereits ab 1904 mit der Untersuchung radioaktiver Stoffe. 1917 entdeckte er mit dem österreichischen Physikerin Lise Meitner das Element Protactinium. Gemeinsam mit seinen Mitarbeitern Meitner und dem Chemiker Fritz Strassmann setzte Hahn die Forschungsarbeiten fort, die der italienische Physiker

Enrico Fermi durch den Beschuss von Uran mit Neutronen begonnen hatte. Bis 1939 glaubten die Wissenschaftler, dass die Elemente mit Ordnungszahlen größer als 92 - die sog. Transurane - entstehen, wenn man Uranatome verwendet.

83